Xinjiang Discovery Series

新疆探索发现系列丛书

总主编/李翠玲

主　编/巫新华

穿过亚洲

（上）

[瑞典]斯文·赫定/著

赵书玄　张　鸣　王　蓓/译

新疆人民出版社

（新疆少数民族出版基地）

图书在版编目（ＣＩＰ）数据

穿过亚洲：上、中、下/(瑞典)斯文·赫定著；
赵书玄，张鸣，王蓓译.－－乌鲁木齐：新疆人民出版社，
2023.5
（新疆探索发现系列丛书）
ISBN 978-7-228-21128-9

Ⅰ.①穿… Ⅱ.①斯… ②赵… ③张… ④王… Ⅲ.
①科学考察－史料－亚洲 Ⅳ.①N83

中国国家版本馆 CIP 数据核字（2023）第 092270 号

穿过亚洲(上、中、下)
CHUANGUO YAZHOU

总 策 划	李翠玲	
执行策划	范聪卓	罗卫华
	邢建刚	高 珊
责任编辑	钟 鸣	张雪艳
封面绘画	张永和	
设 计	张永和	赵 磊
	刘堪海	
技术编辑	杨 爽	

出 版	新疆人民出版社	
	（新疆少数民族出版基地）	
地 址	乌鲁木齐市解放南路348号 830001	
电 话	0991-2825887	
网 址	www.xjrmcbs.com	
购书服务热线	0991-2837939	
印 刷	上海雅昌艺术印刷有限公司	
开 本	710 mm × 1000 mm 1/16	
印 张	51.75	
字 数	880 千字	
版 次	2023 年 5 月第 1 版	
印 次	2023 年 5 月第 1 次印刷	
定 价	366.00 元（上、中、下）	

如有印装质量问题,请与本社发行部(0991-2837939)联系调换。

总 序

党的二十大报告指出，全面建设社会主义现代化国家，必须坚持中国特色社会主义文化发展道路，增强文化自信，增强中华文明传播力影响力。坚守中华文化立场，提炼展示中华文明的精神标识和文化精髓，加快构建中国话语和中国叙事体系，讲好中国故事、传播好中国声音，展现可信、可爱、可敬的中国形象。第三次中央新疆工作座谈会上，习近平总书记强调，要以铸牢中华民族共同体意识为主线，将中华民族共同体意识根植于心灵深处。

新疆地处亚欧大陆腹地，是东西方文化和世界文明的十字路口。清代、民国治西域史学者归纳西域历史地位就一句话——"总万国之要道"。

亚欧大陆的地理条件决定了帕米尔高原和昆仑山脉、喀喇昆仑山脉以南高原、激流、雨林等的天然险阻，制约了较大规模的东西方向人类迁徙与商贸活动。只有昆仑山、天山和阿尔泰山这三大东西向山脉地带，成为亚欧大陆中部可以进行大规模人力、畜力交通活动的唯一天然通道。

如此，古代亚欧大陆其他文明区域与东亚中国文明区域的文化交流必然要取道西域，因而形成了西域在中国乃至世界文明史上的显赫地位。中华文明优秀成果向世界其他地区传播，中国汲取其他文明成果的重要通道就是西域，这也是中国没有再出现"东域""北域""南域"等并列名称的原因。

新疆作为中华文明发展、繁荣、壮大历史过程中与外界文明交流的通道，很早就是中国核心文化要素的覆盖区域，并因此成为中国历史上令人瞩目的亮点。

新疆曾经发生过无数影响亚欧大陆文明进程和地缘政治格局的重大历史事件，曾经运输过各个文明区域的无数奇珍异宝。新疆沙漠、绿洲、草原上各类遗址中仍然保留有古代文明的印迹，仍然镌刻着无数改变世界的部族迁移、交流、交融的记忆。正是缘于丝绸之路重要的十字路口作用与地位，人类文明丰富且独一无二的文化遗产才得以保存于新疆的大漠、山川和草原。19世纪末20世纪初，中国西部地区历史文化、地理、自然宝藏引起世纪性的探险考察热潮，形成世界性的持续关注。

今日新疆作为"一带一路"关键核心区依然魅力无限。新疆人民出版社（新疆少数民族出版基地）策划出版"新疆探索发现系列丛书"，以新疆历史为背景，以丝绸之路上的沙漠戈壁和天山腹地路线为地理依托，以著名历史人物和重大历史事件为主线索，以世界级物质文化珍品和多元文化底蕴的古代遗址为内涵，用多学科协作的考古发掘、研究手段与方法，从厚重的历史尘埃中重新发掘出这些失落的丝绸之路文化内涵，向世界展示中国新疆作为世界文明十字路口的昨日精彩与今日辉煌。

丛书选收19世纪末至21世纪初中外探险家、学者在新疆探险考察的经历、考古成果、个人行记等经典著述，以及现当代中国学者经典的历史地理探险考察、历史考古探险著述等形成系列以飨读者，为读者了解新疆历史提供重要的参考依据；借鉴古今中外关于新疆考古探险与历史探察的重要成果，为研究新疆历史文化提供更加开阔的视野和翔实的基础资料。

丛书收录的探险家考古发掘、个人游记等著述，大多带有明显的时代印记与特定意识形态倾向，表现出多方面的时代局限性、政治局限性和社会局限性。对此，在出版过程中，我们按照"取其精华、去其糟粕"的原则，对某些内容做出必要的技术处理。

需要说明的是，"西域探险考察大系"曾由新疆人民出版社出版，杨镰先生为其出版倾注了辛劳与心血，"新疆探索发现系列丛书"沿用了其部分内容。本套丛书的付梓出版，得到了有关部门和专家学者的大力支持和帮助，在此一并致谢。

虽然全力以赴，但是挂一漏万、失于偏颇之处在所难免。希望图书梓行之后，广大读者多多批评指正。

2023 年 2 月

前言

　　本书是我于1893—1897年横贯亚洲探险考察的纪实，初衷是为社会大众展现出我的考察过程以及值得纪念的经历，当然，这些内容无论如何都不能代表我全部的经历。如果将我的笔记本中所记录的内容都发表的话，恐怕其厚度会比读者手中拿到的这本书增加一倍。然而，我相信在我的旅程中仅仅被提及或被忽略的部分是不会一起被遗漏的。假若我能大胆为这本书争取到我所期望的版权，我打算再出版一本增补版，它将包含许多不同的趣闻，以及未在本书中提及的重要内容。

　　由于以上原因所导致的篇幅问题，我做的大量科学观测都不能在本书中一一写出，尽管如此，我相信地理学家仍能在本书中找到他所感兴趣的章节。

　　我在本书中只写出对帕米尔高原与昆仑山脉东侧偏南地区的地质剖面绘图的科学成果所持续花费的时间、精力和注

● 在探险途中的斯文·赫定

意力，对柯尔克孜[1]族人体测量数据的收集，对游牧民族迁徙周期的调查，对地理词汇起源的研究，对我横穿过的每条河流的流量、湖泊水深的测量以及对植物标本的收集，尤其是对帕米尔高原及青藏高原高山地区藻类的收集。此外，我们每天都会有规律地进行三次特定的气象观测，这些观测是由尼尔斯·依克霍姆（Nils Ekholm）博士做的。另一项重要任务就是对庞杂繁多的原始材料进行收集整理，这些材料涉及地理特征、戈壁沙漠以及错综复杂的塔里木内陆河系。我们可以从许多不同的角度来研究塔里木河系，一直追溯到帕米尔高原以及青藏高原地区最后到达的河流终点——遥远的罗布淖尔。最后，我在书中还标注了中亚[2]内陆河流量的周期变化，以及它们在夏季是如何上涨到近似洪水的高度，而随后在冬季水量又有所减少，很多时候一些小溪流

---

① 柯尔克孜，本书中的"柯尔克孜"实际上涉及两个民族，即哈萨克族和柯尔克孜（吉尔吉斯）族。当时西方人将哈萨克人亦称为"吉尔吉斯人"。本书中的柯尔克孜在俄罗斯中亚部分称作"吉尔吉斯"，中国境内称作"柯尔克孜"。暂从原书，均称"柯尔克孜"。

② 中亚，全称"中亚细亚"。指亚洲中部地区。包括土库曼斯坦、乌兹别克斯坦、塔吉克斯坦、吉尔吉斯斯坦和哈萨克斯坦五国。广义的中亚还包括蒙古、中国新疆和内蒙古西部等地。本书采用广义的中亚概念。——本版编辑注

甚至完全干涸。这些变化是如何随着恒定的规律发生
的？——可以说，涨落是伴随着这个浩瀚大陆的心跳而搏
动的。

为了检测和控制我的仪器计算的天文观测，我在17个不
同的地点进行了纬度及时间的测定。我所使用的工具是一
个棱镜刻度盘，我所观察的对象是太阳，如果太阳已经西沉，那
就是月亮了。为我计算观测结果的罗森（Rosén）先生对每个
实例中的纬度观测误差不超过15秒以及所有例子中的时间
确定误差都低于1秒感到很满意。而且，所设的站点的经度
都被科学精确地测量出来了。我所采用的这些数据是基于对
剩余地区的经度而测定的。这种方法也使我能更有效地检验
经纬仪的准确性，这对于后来经常要通过艰险地区的旅程更
加有必要。我带回了7个新地区的纬度观测以及6个新地区
的经度观测数据。

1894年夏天，当我到达帕米尔高原地区之后，立刻开展
了严格的地形划分工作。对小喀拉库勒湖（Little Kata-kul）
的测量，我使用了测届光度仪器、平板仪以及测速器；接下来
我绘制出慕士塔格峰的众多冰川地形图；之后我测量了我于
1894年、1895年、1896年以及1897年初所走过的每一条线路。
对于这些重要的工作，我一天都没有松懈过。

贯穿整个我所标记的亚洲之旅的长长的红线，是我骑马
到达北京（1897年3月2日）之后又马不停蹄地继续前行的那
段亚洲之旅的实际经行路线，这些都记录在我长达552页的
调查笔记之中。

在测量中，我只用一个指南针和一条基线。基线从200
米（656英尺）到400米（1312.5英尺）不等，都是用米尺精确测
量的。测量了基线后，我仔细记录下了考察队在两地之间以
普通平均步速满载货物旅行所花费的时间，在计算时间时，我
严格地对地面的坡度和其他不平坦的地表留有充分的余地。

一般情况下，我是按1∶95000的比例尺绘制地图。在横
穿广袤沙漠平原地区时，我绘制的比例是1∶200000；在山区，

道路蜿蜒穿过峡谷,许多小山谷交会在一起形成大山谷,由于那里的地表形态经历了频繁的变化,所以我采用1:50000的比例尺。这样,我绘制的路线总长是1049瑞典里,相当于6520英里,也就是说差不多是伦敦到伊斯坦布尔之间距离的4.5倍,是纽约到旧金山之间距离的2.5倍,也是开罗到开普敦❶之间距离的1.5倍,换句话说,是地球周长的四分之一还多点。假如再加上我乘坐马车和火车穿过大陆较知名地方的8000多英里路程,我的全部旅程总共是14600英里,比从北极到南极的距离还要长。从整个旅程的角度计算下来,我的考察队平均每小时行进速度超过2.75英里。

前面所提及的6520英里,有不少于2020英里是欧洲人从未去过的区域。余下的4500多英里中,有些路程有一位旅行者先于我到达,另一些路程有两位旅行者领先于我,但从没有在哪个部分出现过超过三位旅行者比我先到的情况。尽管如此,我的观测甚至于那些扩展部分也都可以说是具有一定独创性的。由于我可以流利地说察合台语,可以发现翻译出错和有意隐瞒的内容,因而我能够更好地收集到大量的信息,并决定把它们或多或少地用在那些对大多数读者来说比较新鲜的重要章节中去。值得一提的是,我能记住大量的地名,而且这些地名都是迄今为止从未在任何一张欧洲或亚洲地图上出现过的。

出于好奇,我提到过的我标记出的路线,长度有121码❷,当然这里面还不包括我绘制的慕士塔格峰的冰川图。现在,我带回的那些原始记录和其他绘图资料都存放在哥达著名的地理研究院,在那里它们会被详细地制作出来,并最终印刷出版。

我已经完全意识到我的旅途中可能会出现错误以及我这本书中可能出现不足,同时我也知道,更有经验的旅行者将会从我

---

❶ 开普敦,南非西南部港口城市。

❷ 码,英美制长度单位,1码等于3英尺,即0.9144米。——本版编辑注

所努力奋斗的领域中得到更多更宝贵的收获,然而我从不会因为坚信自己已付出百分之百的努力而放松对自己的要求。

在此我还想多说几句,作为对本书的补充。最重要的两幅地图是在 H. 彼斯托姆(H.Byström)中尉监督之下,由(瑞典)总参谋部平版印刷所制作好的。我最初制定的线路分别作为寇松(Curzon)的帕米尔高原地图以及别夫佐夫(Pievtsoff)的中亚地图的基础,收录在这两个地图中。他们的原本目的只是想描绘清楚我的旅行线路,因此他们没有精确到微小的细节,他们确实也不可能做到,因为我的绘图材料还没有全部完成。

由于出版商的慷慨,通过瑞典艺术家绘制的插图,我能够幸运地为大家展现出更加全面的个人经历,以及我在旅途中某些令人激动和特有的事件。我提到的那些插图不应该仅仅被看作是艺术家想象的产物。我为每一幅图画都提供了充足的原始草图和照片,以达到我所希望的精准和详细的描绘。总而言之,每一张草图都是经过我的亲自观察,用我自己的双手一笔一笔画出来的。我不得不赞叹这些艺术家,他们在作品中体现出了敏捷的理解力,描绘出栩栩如生、妙趣横生的画面。

我要感谢尼尔斯·依克霍姆博士为本书中所有最初海拔高度的计算结果所提供的帮助。同样也要感谢负责任的译者,帮助我们将米制的高度和其他测量结果转化为英尺和英里,摄氏度转化为华氏度,以及对地名辗转翻译,等等。

最后,我还要特别感谢J.T.彼尔百(J. T. Bealby)先生以及《不列颠百科全书》、立法的百科全书前编辑部全体人员。J.T.彼尔百先生以他精湛的专业技巧、丰富的工作经验以及谨慎小心的工作态度将本书的瑞典原稿译成英文。本书的部分翻译工作是由 E. H.赫恩(E. H. Hearn)小姐协助J. T.彼尔百先生完成的。

斯文·赫定

1898年5月1日写于斯德哥尔摩

目 录

翻越帕米尔高原的冬季之旅

慕士塔格峰和它的冰川

中

穿过塔克拉玛干大沙漠

穿越戈壁沙漠前往罗布泊

---下---

穿越藏北和柴达木

从柴达木到北京

第
一
章

亚洲腹地探险概述

在地理大发现的历史进程中，一个新的时代正在到来。先驱者们将很快起到他们的作用，陆地地图上的空白区正逐渐减少，我们对海洋自然环境的了解正变得更加完善。十分清楚，先驱者们不畏惧危险和困难的工作方式已被当代的探险家所效仿，他们详尽地查勘地表以及认识地球生生不息的生命，并一如既往地发现新的空白去填补、找到新的问题去解决。

虽然许多地区已做了详尽的勘探，但仍有一些区域是先驱者们未曾抵达的，尤其是亚洲腹地，长期被人们遗漏，几乎难以进入的广袤戈壁沙漠以及青藏高原无边无际的荒野，在当今如同南北两极一样鲜为人知。

我在本书中所描述的亚洲之旅中所涉及的地理知识，就算是我的一点贡献，也是呈现此书的目的。我已准备在我的研究中亲自为之工作数年，在1890—1891年，我进入塔里木和喀什噶尔做了踏勘，目的是适宜性地调查那些地区以作为认识未知区域工作的基础。

从喀什噶尔返回之后，我最关心的就是为完成我的事业而掌握必要的方法。因此，我给瑞典和挪威的奥斯卡国王陛下写信，呈现我的计

1

划的详细内容，它们将最充分地显示出我要做到什么程度，采用什么方法。我将完成我亲自制定的任务。

稍作节略，我的备忘录如下：

在亚洲中心，昆仑山和喜马拉雅山两座高大的山脉之间，是我们这个行星表面被发现的最高的隆起带——青藏高原。它的平均高度是1.3万英尺，北边高度达到1.5万英尺，与欧洲最高的阿尔卑斯山脉同处一个海拔高度。它的面积是77万平方英里（是斯堪的纳维亚半岛的2.5倍）。根据中国地图，它的北部是亚洲从不为人知的地带，那里有一系列人迹罕至的内陆湖泊、盆地。再向南，西藏和蒙古的游牧民族过着游牧生活，是这个地区最南端唯一有人烟的地方。

西藏位于19世纪旅行家通行的大路之外的地方，只有少数几个欧洲人在我们目前对这个地区了解的基础上做出过一份努力，搜集到稀少的资料。它那难以逾越的高山，它那遥不可及的位置，仅只它位于一块巨大陆地的中心的事实，已震慑住探险者，迫使他们为在世界其他地区的探险活动去寻找目标——南北两极、海岛中或已提供某个出发点的海岸线。然而，世界上几乎没有任何地方能像西藏一样，使探险者为他的辛苦得到如此丰厚的回报，或因对其一无所知而渴求对它做各种探索。这个地区的神圣光芒影响了整个喇嘛教世界，正如它的水以强大的河流形态向前流动，给予它周围地区以生命和食粮。在西藏和戈壁沙漠中，仍有许多关于自然地理方面有待于解决的重要问题，这些问题都会为当今科学界带来意想不到的收获。就严格的地理学来说，西藏是世界上最不为人所知的地区，甚至连现在的非洲地图上也不可能出现像中亚地图上这样在西藏名下出现的如此大范围的空白。在这方面，只有两极可与西藏做比较。由罗马天主教教士提供的旅行记录，是在西藏比如今较容易接近的时期完成的，这份记录不可能在地图上明确标示有用的信息，从地理学来看毫无价值。❶

在亚洲高原，地质学家有难得的机会研究最可能关注的现象，引起兴趣不仅是由于山脉实际上正在那里经历着发展过程，而且因为那些

---

❶　为避免重复，以下略去对西藏探险史的综述。

山脉本身是鲜为人知的。青藏高原像一个巨大的平台，上升到一侧的印度斯坦低地和另一侧的塔里木盆地沙漠以上的平均高度为1.3万英尺。而塔里木盆地无论在哪一块陆地中心，都是最低的洼地之一。罗布泊湖的绝对高度不到2500英尺，在吐鲁番以南的鲁克沁（Luktchin），已发现的洼地实际位于海平线以下相当大的距离。另外，靠近塔里木盆地，青藏高原被喜马拉雅山脉和昆仑山脉所包围，而昆仑山脉的西端与帕米尔高原和它的南部区域相接壤。当较年长的地理学家们和探索者们把他们的注意力全部都集中在地貌或地表高度上时，现代的地理发现要求它的勘测者具有当前地球表面状况最初成因以及发生的联系、起源、年代和山脉之间相互关系的可靠知识，在这些地点上的亚洲高原中仍有重要的问题有待解决。在过去的25年间，只有4位坚持不懈的地质学家把所有注意力都集中在了昆仑山区域，他们是：斯托利柯孜卡（Stoliczka）、冯·李希霍芬（Von Richthofen）、罗克兹（Loczy）、波格丹诺维奇（Bogdanovitch）。

但原来巨大的空白，使他们对调查过的这些地区产生了分歧。在这次旅行期间，我已明确将会尽我所能去填补这些空白，我的每一次观测和每一条等高线都极具价值。

另一个引起浓厚兴趣的问题，是由冯·李希霍芬提出的罗布泊的位置问题。

马可·波罗是第一个向欧洲人公开介绍罗布泊沙漠的人，在清政府出版的亚洲地图上，罗布泊与注入它的河流首次被定位标示，其纬度在北纬42°20′。在普尔热瓦尔斯基（Przhevalsky）做罗布泊探险旅行前不久，湖泊被认为位于巨大的盆地中，并且其与包围它的山脉的距离，南面比北面更大。但普尔热瓦尔斯基发现湖泊位于罗布荒原南面，实际位置比来自中国地图和中国传统的描述远得多。他的实地考察结论是：亚洲腹地的地图呈现出的与它们到现在为止的外观有极大的不同。库尔勒和阿尔金山山脉之间的地区是不为人知的，塔里木河下游在东南方向延伸如此之长的距离，这一点也是事实。发现阿尔金山山脉的重要性，一点儿都不亚于通过了解亚洲腹地的自然地理知识判断出古商队路线的走向。为什么古丝绸商队从中国到西方一直尽可能地靠近罗布泊南边？现在可以得出结论：这样，他们才能顺利穿过荒野和湖泊之间非常令人畏惧的沙漠。

推论的一部分基于某些地质规律,另一部分基于1863年武昌府刊印的《大清一统舆图》❶。

冯·李希霍芬认为:普尔热瓦尔斯基在罗布泊所做的最伟大的事情,是他发现了一个淡水湖,由此,我们不得不假设咸水湖的存在。在以往地质时期形成来自一条大河的蓄水湖盆,没有沉积的盐碱,只含有淡水和淡水鱼群,是绝对不可能的事。即使整个塔里木河河道通过的是完全没有盐碱的地区,那也让人难以相信。事实上,为湖泊供水的所有地区含盐碱量都很高,以至于淡水湖的出现完全是一个例外,而且还只出现在靠近山脉的地方。塔里木河一定比世界上几乎任何其他大河都含有更多的盐分,这些盐分通过蒸发作用在塔里木巨大的蓄水池(罗布泊)中浓度非常大。因此,中国人自古就已经将罗布泊称为"盐泽"(盐湖)⋯⋯与所有的推论和历史描述相反,我们现在具有来自第一位欧洲目击者(而且是具有非凡观察力的人)的目击报告,他相当有把握地说,塔里木最后的蓄水池(罗布泊)是淡水湖。因此,这个表面上的矛盾的形成一定有特殊的原因。

也许可以假定,在蒸发作用微不足道的冬季,淡水在咸水之上抬高并漫延。但湖水太浅,使这种假定完全不能成立。另一种解释是:常常变换河道的塔里木河放弃了它以前的蓄水池而采用了另一个。这个假定是较近期才形成的。

最合理的解释:罗布荒原除了两个蓄水池——普尔热瓦尔斯基见过的喀拉库顺与武昌府刊印的地图所标示的,还有第三个蓄水池,由塔里木河的一条支流流入。中国地图没有标明塔里木河南边有支流存在,但北纬41°则标有一个大湖泊,即塔里木河延长的直接河段的终点,地图上叫作"罗布泊"。在考察途中,普尔热瓦尔斯基的确没有发现名叫"罗布泊"的湖泊。

另一个重要的争论是不明显的,事实上塔里木河在它与渭干河的

---

❶ 《大清一统舆图》,古地图名。此地图是清胡林翼在湖北巡抚任内请邹世诒、晏顾镇编制,于1863年(同治二年)在武昌刊印。区域范围北抵北冰洋,西及里海,东达日本,南至越南,远超出本国范围,故又名《皇朝中外一统舆图》。——本版编辑注

汇合处宽度为300～360英尺,水流湍急,而在众多支流的交汇处下游宽度只有180～210英尺,水流缓慢,很可能当普尔热瓦尔斯基在这些支流——更确切地说是在交织的支流中旅行时,最靠东边的支流向东排出了部分水量,流过另一条独立的河道进入难以到达的含盐碱的沙漠,而这位旅行者却忽略了这个河道。冯·李希霍芬用这样几句话结束了他的调查研究:"然而,由于他经历了如此之大的艰难困苦的缘故,我们高度评价普尔热瓦尔斯基对罗布泊的考察所做的一切,我们不能认为问题到目前为止已获得解决。"

在普尔热瓦尔斯基之后,有三支探险考察队进入罗布荒原,❶但这三支探险考察队却没有提供对这个著名湖泊新的认识,其原因是他们都与普尔热瓦尔斯基走的是同一条路线。

罗布泊位置问题的解释,对所有关注亚洲地理的人仍是一个迫切需要得到正确答案的热点。未来的旅行者一定不会满足于普尔热瓦尔斯基发现的湖盆的所在,一定会对罗布泊北面地区做系统和精确的调查,试图发现进入荒原的塔里木河与真正的罗布泊。

---

❶　进入罗布泊的三支探险队分别是:1889—1890年,格鲁姆尕什麦罗兄弟探险队;1893年,科兹洛夫探险队;1900年,罗布罗夫斯基探险队。

第
二
章

我的旅行计划和方案

　　我从事中亚地理研究已有几年了，一部分时间是在家里，一部分时间是在柏林大学，在中国地理方面的著名专家冯·李希霍芬指导下学习。我还独自进行了到波斯和中国西部的两次旅行，分别是1885—1886年和1890—1891年。在旅行期间，我趁此机会熟悉环境，直接与当地人交往，并学会了一两种最重要的语言，希望这些准备工作能够用在科学事业中。那里有许许多多的地理问题仍有待于解决。这次考察是在地理发现领域内最重要的任务之一。我未来的旅行方案是从西到东，从里海到北京，横贯亚洲，尤其是考察最不为人知的亚洲中间地带。

　　如果可能的话，瑞典考察团应在当年(1893年)5月离开斯德哥尔摩，它的设备计划在新疆和拉达克装备好，除了仪器和火器，从斯德哥尔摩没有什么东西需要带的了。由一个从事天文观测的助手陪同，我打算穿过俄罗斯到巴库，穿过里海到乌逊阿达(Usun-ada)，从那里改乘火车到撒马尔罕，再经由塔什干抵达奥什，从那里翻越泰瑞克达坂(Terek-davan)隘口，穿过中亚到中国西部的喀什噶尔。在喀什噶尔，我会租一辆马车,经由叶尔羌❶和喀拉库鲁姆(Kara-korum)隘口到列城。那里有一个英国代理局和几个英国商人。到喀什噶尔需要两个月时间,从那里到列城需要一个月,如果一切顺利,8月初应该到达列城。

这也是我最初的打算,从罗布泊周围地区穿越昆仑山进入藏北。但去年(1892年)12月,当我在圣彼得堡逗留时,遇见并结识了别夫佐夫将军,他曾于1889—1890年进入新疆。别夫佐夫劝我不要打算沿着我当时向他阐明的路线实施我的计划,他有过在那些地方遭遇困境的不幸经历,没能成功带着马匹和骆驼穿过那个地区。那个地区形成的困境在于天气恶劣、空气稀薄和草场几乎完全荒芜,直接后果则是牲畜大批死亡。别夫佐夫将军劝我去拉达克,以列城作为我进入西藏考察的出发点,在那里不仅能够获得必要的食物、必要的设备(例如帐篷、驮鞍、皮大衣、毡毯、家用器具、装采集物的箱子等),而且也能找到可靠的人,即西藏毗连省区的当地人。他告诉我,驯服的牦牛也能在列城找到,这种牲畜生来就在稀薄的空气中,在似乎是完全不能通行的地方也可以迈着步子以难以置信的动作找到它们的路。在地表绝对荒芜的地区,它们更能找到地衣和苔藓,从岩石上舔食。考察队将需要一支有15头牦牛和6个装备精良的本地人的护卫队伍。

在用牦牛交换骆驼之后,我们将向北出发,穿过一片完全未知的戈壁沙漠,一直到达塔里木河道。在沙漠中,除了一片荒凉和移动的沙丘,没有道路,没有泉水。普尔热瓦尔斯基告诉我,在它南缘的尼雅绿洲的居民冬季可能会横贯沙漠,因为在那个季节偶尔会有降雪,可能会获得水。我打算研究这片沙漠的特性及其沙丘的运动情况。

接着,我们将顺着塔里木河东岸前进,这是为了勘察河流是不是伸出一条向东的支流从而在北纬41°普尔热瓦尔斯基发现的罗布泊北面形成一个湖泊。罗布泊问题的调查将于1894年6月完成,那么,我们的考察就完成了它最重要以及最艰难的项目。

从罗布泊我们将沿着向东的笔直河道前进。开始通过库姆塔格(Kum-tagh)沙漠未知地带前进,然后继续由肃州到阿拉善,然后穿过

---

❶ 叶尔羌,今喀什地区莎车县。斯文·赫定途经时,是莎车直隶州。

7

黄河,穿过鄂尔多斯。我们将一直走在长城的北面,最终穿过中国北方的两个省份——山西和直隶(今河北)到达北京。我们应该于1894年11月到达那里。

在写字台前想出这种类型的计划比实施起来要容易得多,因此我的计划一定被看作我将尽力实现的最终目的。如果整个计划不能实现,我仍希望至少我可以有实力和能力完成其绝大部分。很明显,尤其是在像西藏这样如此鲜为人知的陆地上,是不可能预先确定一条详细的路线的,不可预知的情况一定会出现,在有必要时,对某些预定计划做出根本的改变则不可避免。

抵达北京,可以认为是考察结束了,我会派遣我的瑞典同事带着采集物、笔记和一般性成果从那座城市回国,如果我的资金能够维持的话,我可能会抓住机会熟悉了解一下蒙古南部和戈壁沙漠本身。因此我打算经由哈密和吐鲁番回国,因为无论如何,我要对我的随从安全返回到他们自己的故乡负责。

考察队从费尔干纳的奥什出发,在那里,俄罗斯境内的通信工具终止了。我估计,考察队行程约5300英里,整个考察的经费约3万克朗(1670英镑)。

应该完成的科学工作包括以下内容:

1.整条横贯路线的地形图的绘制,在任何可能的地方确定地形的纬度和经度,用沸点测高仪或沸点温度计和3个空盒气压表进行固定高度的确定,并在地图上标明。

2.地质调查,绘制轮廓线与等高线草图,采集岩石标本。

3.人类学研究和对我们所接触的人群进行人体测量,为不同种族典型人物拍照,半原始部落的宗教信仰以及他们的生活方式等的研究,语言研究。

4.考古学研究,著名城镇废墟、葬地等的描述、测量及绘图。

5.城镇及具有地质意义等地方的拍照。

6.气象观测,空气、大地、河流、湖水的温度测定,查明大气中的含水量、风向等。

7.水文调查,测量湖深,调查河流的水量和它们每年不同季节的变化、流速、流向,等等。

8.植物尤其是藻类的采集。

9.在整个考察期间坚持写日记。

这就是我摆在国王面前的计划,计划盖上了国王同意的印章。

由于我的工作已基本就绪,我就能够将我计划的旅行与我进行的实际旅行进行比较。我暗自庆幸,尽管在旅途中不可避免地有过明显的偏离,但总的来说,两条路线却恰好完成了横贯新疆、西藏和蒙古的目标。在第一个地方,我实际前进的路线比设计路线更长,包括我最初考虑完全进不去的区域。此外,我在刚一开始就改变了我的计划,而不是横渡我已十分熟知的里海。我从奥伦堡出发,穿过柯尔克孜大草原。帕米尔高原并不在我最初的计划内,但它成为三个补充考察的对象之一,尤其是在东部或中国的帕米尔高原,我从多方面对它进行了考察。塔克拉玛干、戈壁沙漠的西部巨大延长部分,我从两个方向横越它,在那里所取得的重大考古发现使我非常有成就感。最后,我进入喀什噶尔、阿克苏和和阗之间的地区,做了几次考察。

穿过沙漠到塔里木和罗布泊并返回到和阗的考察之后,唯一剩下未完成的计划的主要目标即西藏。当时,我听到达特维尔·德·瑞恩斯(Dutreuil de Rhins)❶和利特德尔(Littledale)❷的考察与我打算考察的路线有一部分几乎相同,他们两个试图到达拉萨,但失败了。因此,我考虑最好到一个仍是完全未被发现的地域去考察,比如藏北。那里所有的地方我都理应是第一个欧洲先行者,每一步都可以说是对地理学领域知识的更深入的拓展,那里的每一座山、每一个湖泊、每一条河流,都会是新的发现。

我成功地完成了这次任务,虽然并非没有困难。顺着穿过蒙古到卡拉根❸的绘制路线,我宁愿沿偏南的路线前进,即穿过柴达木、唐古

---

❶　达特维尔·德·瑞恩斯(1846—1894),即法国探险家杜特雷伊。1894年杜特雷伊与他的探险队考察三江源地区,为丢失了几匹马与当地居民发生冲突致死。

❷　利特德尔,英国探险家。1892年进入新疆,到达北京后出境。1897年又到新疆阿尔泰考察。

❸　卡拉根,即今张家口。

特❶地区以及库库淖尔❷和甘肃省,为此,我不得不屡次沿着或横切其他旅行者的路线。在阿拉善,我选择了一条迄今还没有被走过的路线,直到我到达鄂尔多斯、山西,进入一直都十分熟悉的地区——北直隶,这条路线才有人走过。

关于我的最初计划和我实际上实施的旅行之间的差异,我决定只在最后时刻单独提到:一方面是为了节省费用,一方面是出于不愿意陷入危险与困境。

而且我没有像最初打算的那样进行一次连续的旅行,我发现我的考察更适合分成几次进行。驻喀什噶尔的俄罗斯总领事M.彼得罗夫斯基(M.Petrovsky)非常殷勤好客,他对我的慷慨解囊及乐善好施,使这种分类考察更容易实现。因为对我的工作给予了无法估量的帮助,后来瑞典和挪威国王专门奖励了他。

1894年冬季和春季横穿帕米尔之后,我忙于为夏季和秋季进入帕米尔东部和中部的一次新的考察做准备,并把喀什噶尔作为我的出发点。1895年春季和夏季,我横穿塔克拉玛干大沙漠和塔里木北部,最后在同年夏秋两季进行了进入帕米尔南部的第三次考察。后来我又用同样的方法,将和阗作为一个新的行动计划的出发点,于1896年初离开那里,开始了我环绕塔里木到罗布泊的长途旅行。当我于1896年6月底离开和阗时,实际上我是破釜沉舟,切断了与外界的一切联系,直到我抵达最东端——北京。这个安排使旅行在距离和时间方面更长,但从另一方面说,其成果也更大。

在每一次考察之后,都要感谢俄罗斯邮局,使我能够把我的采集物寄回国去。如果说我现在很满足地回顾,那么我在这次旅行期间所做的许多重大地理发现对地理学家之间长期争论的问题提供了正确的答案,我认为我不必谦逊。

把我的整体旅行分成几次较短的考察是一个令人愉快的想法,每次这种考察完成,我都能够稍事休息,为新的出征恢复必要的体力。我

---

❶　唐古特,亦作"唐古忒",清代文献中对青藏地区及当地藏族的称谓。今蒙古语仍称青藏地区及当地藏族为唐古特。——本版编辑注

❷　库库淖尔,即今青海湖。

也临时做出决定,为下一次考察期间的工作做好准备。每次我都带着新的兴趣和新的观点出发。

在我这次的旅行叙述中,我的目的在于描述我在亚洲腹地漫长而孤寂的考察期间累积的见闻以及感想。耗时三年半的旅行,具体成果太丰富,以至于不可能包含在一本书中,我想更明智的做法是,把历尽艰辛获得的科学资料与纯粹的探险发现分开。

感谢奥斯卡国王的保护与无私援助,我毫无困难地得到我所需要的经费3万克朗或1670英镑,其中超过一半是由国王和诺贝尔家族提供以及维斯丁(Westin)先生在哥德堡的地理学界的朋友赞助的,另一半是由国家前部长巴罗·阿克哈尔姆(Baron Akerhielm)和麦瑟斯.E.塞德兰德(Messrs.E.Cederlund)、特斯肖(Treschow)、安德森(Andersson)、J.巴克斯托姆(J.Bäckström)、C.von普雷特(C.von Platen)、查尔·拉姆(Carl Lamm)、萨格(Sager)、大卫德森(Davidsson)与依玛·拜妮蒂克斯(Emma Benedicks)夫人和柯拉拉·斯查普(Clara Scharp)夫人赞助的。

以上这些人当中,有5个人已不在人世,但我希望借此机会表达我最诚挚的感谢。

一到北京,我不得不借了4000克朗或约220英镑,使得整个旅程包括仪器和设备的花费总计达到3.4万克朗或将近1900英镑。

在其他捐献物中,我必须提到来自W.泰姆(W.Tamm)先生的一杆哈斯克娃那(Husqvarna)双管步枪,一挺来自J.W.斯密特(J.W.Smitt)总领事的超速卡宾枪,来自G.瑞兹斯(G.Retzius)教授的一个铝制头盖骨测量仪和来自挪德斯科尔德(Nordenskiöld)男爵的一个航空地平仪。

我从斯德哥尔摩所携行李不是很多,因为我的全套装备中庞大的部分将在亚洲得到。我有以下仪器:一个带有两个地平的棱镜圈,两个精密记时表(一个来自斯德哥尔摩皇家科学院,一个来自塔什干气象台),三个法国空盒气压表,许多温度计和来自柏林的气象仪器。在它们当中,有黑球温度表、日射温度计、湿度计、最大和最小温度计。我还随身带了一台带架子的平板仪和指南针、华盛顿照相机、一架东方人的小型照相机、供应充足的胶片和底片、化学药品及其他必需品。此外,我还带了两块普通手表、一架单筒望远镜和一架小型铝制望远镜及约四十副眼镜和雪地护目镜。最后,还有地质学家用的锤子、米尺、一盒水彩、绘画材料，以及许多写生簿和笔记本等。

我的武器组成是在整个自始至终的旅行中的两把上面提到过的枪，一把俄罗斯造伯德（Berdan）枪，一把瑞典军官用的左轮手枪，六把其他的左轮手枪，还有两箱弹药。

书籍当然是减少到最小范围，只有几本重要的科学书籍和《圣经》。另外，我还随身携带了在过去10年间记下的非常完整的亚洲资料，也有俄罗斯人和英国人勘测的帕米尔地图、戈壁沙漠地图和西藏地图。

怀揣着一本中国护照，我于1893年10月16日离开了我亲爱的故土斯德哥尔摩，登上"冯多别林"（Von Döbeln）号轮船，追随着我未知的命运，向东驶去。

这是秋天的一个寒冷、黑暗的晚上，我将永生难忘。浓厚的雨云悬挂在斯德哥尔摩市的上空，这座城市的光亮很快就从视线中消失，在我面前是比一千零一夜更加孤寂和漫长的日子，我所珍视的一切都已远远留在我的身后。然而，那第一个夜晚是所有一切当中最难熬的，我从未再次经受过如此严重的思乡病。只有那些长期离开自己的国家，并且摆在他们面前的是一大堆未知数的人，才会有这种心情。但另一方面，我面对的是整个广阔的世界，我决心尽我所能去完成计划，解决我决心要解决的问题。

第
三
章

穿过俄罗斯到奥伦堡

在铁路上连续不断地走了1400英里,从奥伦堡到圣彼得堡的这段路对我而言,很难算是一种纯粹的愉悦。旅程碰上刮风、下雨和下雪的时候,将彻底磨灭旅行者临行前在月台上等待时的满心期盼。另外,因恼人的天气而变得烟雾弥漫的车厢和里面烧得过热的炉子也使人心里不痛快。

然而用这样的方式穿过俄罗斯的欧洲领土所耗的四天四夜,既不漫长也不单调。离开莫斯科后,火车里总是有许多空座位,可以任由你在尽可能舒适的环境里安顿在车厢的一隅,让你的目光不断地漫游在无边无际的原野和俄罗斯的大草原上。你可以非常安静地抽着烟斗,时不时地喝杯热茶,在地图上查找你的旅行进度,观察一个行政管理区域是如何与另一个接壤的,而时间则通常在谈话中消逝。在沙皇统治时期,一个人与他的同车旅伴闲聊是世界上最自然不过的事情,如果没有其他借口出现的话,你可以以问你的邻座此行目的地何在作为谈话的开始。我的旅伴们大多数准备去梁赞(Ryazan)、彭扎(Penza)和萨马拉(Samara)辖区内的地方。当轮到他们问我准备去哪里时,我告诉他们是北京,他们一点儿也不惊奇,他们一般都不知道这个地方究竟在哪里。

　　无边无际的大草原、耕地，戴着毛皮帽子、穿着长外套、蓄着胡子的农民，有着绿色洋葱头形状的圆屋顶的白色教堂，教堂周围环绕着的乡间小屋，在充足风源下转动着的风车——这些是车窗外所看到的主要景色。一小时又一小时，一天又一天，相同的景色在你的眼前闪过。我们路过的唯一一片森林，是在泰姆伯夫（Tamboff）东边，但树木都十分低矮，偶尔有一棵松树高耸于众矮树之间。

　　我们向东疾驰，穿过梁赞、泰姆伯夫、彭扎、萨拉托夫（Saratoff）和辛比尔斯克（Simbirsk）❶行政管理区域，最后到达欧洲最大的河流。我们通过世界上最长的大桥之一横渡过它，桥长为1625码。伏尔加河就像一个大湖而不像是一条河流。对岸消逝在一片雾霭中，混浊的灰褐色水体在巨大的铁路桥孔下缓慢流动，它们流过的桥下几乎没有一点儿生命的迹象，两三艘划船和一艘轮船停泊在岸边，这是我看到的唯一的生命迹象。我们不时地疾速驶过无边无际的大草原，在萨马拉和德兰伯格（Drenburg）之间的边境线上，开始接近乌拉尔山。路面变得更加起伏不定，铁路常常在山与山之间弯曲延伸，沿线相当大的一段距离被镶上木桩用以保护其免受大雪的侵袭。再向东走，景色变得更加荒凉，除了在车站，我们再未见到人，大草原上偶尔有星星点点的牛群、绵羊群和山羊群。天空灰暗沉闷，田野里一片黄色的枯草，这就是欧亚之间的交界地区。

　　在整整4天的铁路旅行之后，在相当大的震荡颠簸之后，我们到达了坐落于乌拉尔河交汇点附近的奥伦堡的重镇撒克玛（Sakmar）。这个城镇低矮的石房排列于宽阔的街道两边，路面没有铺砌，满是令人窒息的尘土。在高耸整洁的教堂中，仍未完工的喀山大教堂是最大的一个。

　　然而，城镇郊区吸引了我们关注的目光，因为那里有塔塔尔族人和柯尔克孜族人开设的市场，一部分是露天的，一部分是在低矮的木棚

● 奥伦堡重镇撒克玛的街道

里。有一处出售各种两轮马车和运输工具,大部分都是从乌法❶带来的。在另一处,大量的干草堆积在马车上,由4峰骆驼拉着。还有一处,有马、牛、绵羊、鹅、火鸡和各种其他家禽家畜。在奥伦堡5.6万居民中,8000人是伊斯兰教徒,绝大部分是塔塔尔族人,其余是柯尔克孜族人和俄罗斯巴什基尔人。塔塔尔族的大清真寺尤其漂亮,是由一个富商出资修建的。在伊斯兰教徒中,有许多来自基发和布哈拉的商人,他们出售从中亚进口的棉花。

　　奥伦堡在战争时期配备有18个哥萨克团,每团1000人,和平时期配备6个团。在和平时期,每6个团服役期为3年,有时由12个军团的士兵种地,君王准许他们变更职能。通常,政府给他们提供的无非就是一支步枪,马和军装必须自备。在任上的6个团通常驻扎在塔什干、马格兰(Margelan)❷、皮特阿利克塞德维斯克(Petro-Alexandrovsk)、基辅等地。奥伦堡的哥萨克兵在我来到期间只有3个团在任上,一个在撒

---

❶　乌法,俄罗斯城市,位于奥伦堡正北,卡马河边。
❷　马格兰,位于乌兹别克斯坦境内,在霍罕与安集延之间。又译作"马尔吉兰""玛尔噶朗"等。

马尔罕,两个在奥地利边境。这些士兵很富有,因为他们拥有在乌拉尔河下游捕鱼的特权。而在他们的主要城镇乌拉尔斯克上游,修建了几座水坝,以防止鲟鱼向上溯游到奥伦堡。哥萨克士兵的团长具有"阿塔曼"的称号,奥伦堡哥萨克的阿塔曼在叶斯肖夫(Yershoff)执政的时候,是奥伦堡的地方长官。

最后,我觉得有必要再加上几句。奥伦堡坐落在亚洲的大门口,俄罗斯的东端,有一所医院、一所养育院以及营房、学校、旅馆,最好的一家旅馆被夸张地称为"欧洲"。这里有一个剧院,上演的屠格涅夫和易卜生的话剧有最好的上座率。

奥伦堡基本上属于大陆性气候,夏季干燥、闷热,难以忍受,大气中充满了尘埃。冬季气温常常下降到-40°F(-40℃),寒冷不是特别明显,因为空气一般是静止不动的。有时暴风雪阻塞了街道,因为降雪太大,又没能及时把雪清除,常常整天不便于外出。但当大量的雪被铲走,雪橇就是理想的出行工具。漂亮的黑马沿着街道轻快地小跑着,它们的铃铛叮当作响,雪橇在地面上轻松地滑行。春秋两季气候变化无常,而当冰雪融化时,街道就变成了名副其实的沼泽地。

圣彼得堡和奥伦堡之间的距离是1400英里,奥伦堡和塔什干之间的距离是1300英里,摆在我面前的是一次几乎长达4天的铁路旅行。在11月份穿过大草原和荒地,路面不是硬如铺路石就是泥沼,还常常遇到大雪。

我不期盼这一段路比从斯德哥尔摩到罗马更远,或比从柏林到阿尔及尔更远,但我此前(1890—1891年)已经进行过前往撒马尔罕的铁路旅行,并希望借这个机会看看无边无际的柯尔克孜大草原和卡拉库姆沙漠。

对通过驿站旅行的人来说,这不难做到。但这意味着在每一个站点都要更换交通工具。因为有96个站点,一次次重复打开再重复收拾好你的行李,所引起的不便及浪费时间是很容易想象得到的。最好在旅行之初自己买一辆马车,把行李一次性了结地装载在车上,车底部用干草铺好,放上垫子和皮衣,尽可能使之舒适柔软——马车既没有弹簧又没有座位,只是在站点更换马匹而已。

　　动身之前,一批必需的物品要准备好,尤其是要贮备食物,因为通常在驿站找不到什么可吃的东西。付了钱,旅行者可以要求使用一个俄式茶炊,有时可以买到一块黑面包。除了食物以外,还要准备绳索、钉子、螺丝等,以备在用具发生损坏时能够进行修理。最后但并非最不重要的是润滑油,因为每三站车轮就必须进行一次润滑。一离开奥伦堡,你就把一切文明痕迹都留在了身后,投入到一片绝对荒凉的地带,一切都得靠自己。

最初180英里,我们仍在欧洲的土地上,穿过奥伦堡行政区域。第二段的330英里穿过特加(Turgai)省,剩余路段穿过锡尔河(Syr-daria)省。在阿拉尔湖和加克撒特斯(Jaxartes)或锡尔河旁边,这条路经过6个小镇以及许多小村庄。但通常驿站十分孤立地坐落于沙漠中,最近的邻居大概是一个柯尔克孜族人的冬季帐篷村❶,刷着白色油漆的驿站房屋带有四方院子,可以安置马匹和车厢。在草原深处,有些驿站极简单,站房只是一个柯尔克孜帐篷,被灯芯草攀过树枝的树篱围绕。而在较好的驿站,它们像屋子一样装饰有沙皇的画像,并提供有皮沙发、椅子和桌子等。

驿站的主人或职员通常是一个俄罗斯人,与他的家人在极为孤独寂寞的状态下度过一生。唯一打破他们单一的生活方式的是邮局信使的到来或某个旅行者坐着他的驿车摇摇晃晃地出现,而这种与外部世界的接触是短暂的,旅行者的想法就是尽快从这个孤寂的房子逃离出去。他更换了新的马匹,在安置它们的间隙喝了杯茶,然后急忙驱车飞速离开了。驿车车主一年的薪水是150~280卢布。他的手下有4个赶车人,一般是塔塔尔族人或柯尔克孜族人。他们的命运不会被人羡慕,因为他们必须有思想准备在各种天气条件下在全部时间内待在他们的座位上,两天之中在黑暗中或酷暑中或大风中,甚至在寒冷的大雪中,驱赶着他们的三套马车,走在他们走过成千上万次的同一条道路上。毫无疑问,他们有着不知不觉就入睡的习惯,这简直就和他们准备好动身的速度一样快,但想到他们只是临时在乘客们睡觉的时候也打个盹儿,就很容易被谅解了。每个赶车人一年的收入为60~65卢布,每月

---

❶ 帐篷村,是牧民临时的聚落地,由若干帐篷组成。

有微薄的补助工资,此外是面包、半只羊,食物及东西由专门的信使带来,信使的主要工作就是在驿站的全程线路上来回奔波。

　　所到之处,我与人们进行极为愉快的交谈。当时这条路是唯一通向"俄属中亚"的路,许多旅行者经常不断地来回走动,每个驿站都有9个或10个驿工,约30匹驿马。前往塔什干的邮政人员和大量的旅客宁愿选择新的路线——铁路,因为新路线路程更短、更便宜、更方便。穿过柯尔克孜大草原的老邮政线已危在旦夕,现在,旅行者是稀有的,城镇失去了重要性和规模性,中亚和俄罗斯本土之间曾经繁荣兴旺的车辆交通已改道行驶,载着棉花和羊毛到奥伦堡的商队变得越来越少,当地邮局与政治上的和战略上的利益结合起来,仅仅是防止这条道路被完全废弃。

　　我在奥伦堡短暂停留期间,副市长罗玛齐维斯基将军派了一名最忠诚的老部下听从我支配,他在镇上已服务45年,有了他的帮助,我可以既好又便宜地获得我需要的一切东西。我买了一辆理想的驿车,宽敞结实,轮缘一圈都装上了粗粗的铁边,共75卢布。我后来在马格兰以50卢布的价格把它卖了。车里装上我及我的行李(约6英担)是很轻松的事。19个日夜,没有一点儿破损,它是我唯一的住处。

第
四
章

穿过柯尔克孜大草原

　　11月14日,初冬的奥伦堡刮起一场猛烈的暴风雪,中午温度下降
到了21.2°F(−6°C)。但由于一切都已准备就绪,我没有推迟行期。我
的行李箱和弹药箱被整个缝进草席中,用结实的绳子捆在驿车的后部,
前面是赶车人的座位。照相机、食物箱以及地毯、垫子和皮衣等可能经
常要用的东西塞满了袋子。车辆被润滑好了,辕马被套好。然而,为出
发所做的一切准备工作都做好时,已是晚上了。罗玛齐维斯基市长和
旅馆的同住者好心地祝我一路平安,沉重的四轮马车蹒跚地走出院子
大门,它那叮当作响的铃声开始欢快地响彻奥伦堡大街。天黑之前,我
们到达了荒芜的大草原边缘。呼啸的风怒吼着在车篷周围吹起团团雪
花,打在我们的脸上,然后,风逐渐平静下来,星星出来了,在整个弥漫
着薄薄一层雪的地平线上方闪烁着。

　　在尼什卡(Neshinka),我被一周两次去塔什干的邮车赶上。邮车
只运送当地邮件,但邮袋总计重达16~17英担,第一个信使只到奥斯
克,从那个地方,第二个信使运送邮件到额济兹,第三个信使带着邮件
到喀扎林斯克(Kazalinsk),第四个到皮鲁维斯克(Perovsk),第五个到
中亚,最后一个到塔什干。我们搭伴一直到奥斯克。不久后,我们的3

19

● 我的驿车

匹负担沉重的驿马从站房动身出发，一路是丘陵地带，泥滑难走，但后来地面变得更加平缓。暴风雪减退，路上常常是光秃秃的，寸草不生。在到吉瑞尔（Gherial）的路上，我们偶遇第一批旅行者，即一个约有100峰骆驼的商队，运载着大包的棉花从奥斯克到奥伦堡。队列及其柯尔克孜族随从在这凄凉的背景中，构成了一幅非常别致的画面。这次，其中一个邮政驿车的车轴坏了，车辆不得不留下来，由于不断摩擦和震动，我的行李也松了，必须重新捆绑结实。天空乌云密布，刮起了风，但没有下雪，气温是27.5℉（−2.5℃），仍看不见乌拉尔河，我们通过小木桥渡过了它的几条支流，附近有许多小要塞，驻扎着奥伦堡哥萨克兵。

黎明时分，我们到达克拉斯那哥那亚（Krasnogornaya），停下来吃早饭。驭者是一个高大健壮、头发蓬乱的俄罗斯老人，叹惜日子过得太快。当时除了鱼以外，一切肉类都是禁食的，因此，当我给他一盒鲟鱼罐头时，他极为惊喜，慌张地吃掉鱼肉，在15分钟内喝光了11杯茶。他告诉我，在过去的20年间，他来来回回穿梭于奥伦堡和奥斯克之间（175英里），一年35次——也就是说，他走过的路程超过了地球和月球之间的距离。

在沃克尼奥瑟那亚(Verkhne Osernaya)的一个大村庄中间,有一座教堂坐落在一个深谷附近。妇女们出售山羊毛编织成的围巾,类似于克什米尔围巾。

大草原!除了大草原,什么都没有,尽管远处有山,道路沿结着冰、铺着雪的乌拉尔河向前,除了偶尔有一顶柯尔克孜族人的帐篷,景色极为荒凉。站与站之间的距离很长,但在坚硬结冰的路面上不停地颠簸,马匹铃铛那单调的响声有一种催眠的作用,使我不断坠入梦乡。

在波德哥那亚,土地变得更加破碎,我们的下一个停靠地是在格伯拉(Grberla)山区,在那里我得到了一辆四轮马车。驾车翻山越谷,两次横渡宽阔的古伯拉(Guberla)河。沿着这段路程,曾经有一个俄罗斯军官发生了一次事故,他的驭手死于事故中,从那以后,在整个比较危险的地段都建筑了围栏。

在一些条件较好的驿站,我们遇见了大的牛群,主要是公牛,被赶往奥伦堡,从那儿再被赶往俄罗斯。在经过48小时的旅途之后,我们终于到达奥斯克,这个地方有2万居民,坐落在乌拉尔河左岸,因此,它位于亚洲的地面上,由一座横跨壮阔的乌拉尔河的狭窄的木桥连接。房屋围绕着一座荒凉而又居高临下的小山,山顶上有一座钟楼,晚上这里有人值班,以防发生火灾。这里视野非常开阔,附近可以看到矮山,这个地区只有朝西南方向是平坦的,那里有条通向塔什干的路。镇长的房屋、公共机构以及学校、邮局、电报局和巴扎坐落于乌拉尔河和小山之间,那里的商人和自由民也有他们的房屋,在山南住着比较穷的农民,有塔塔尔族人和柯尔克孜族人。

镇上原本打算在山顶上修建一座大教堂,甚至部分地基已打好,但必要的资金尚未到位,建筑工程被中断。在数英里远的欧洲和亚洲都可以看到这座教堂。

春季,乌拉尔河河水上涨很高,有时会淹没奥斯克低矮的地区,并且在附近形成巨大的湖泊。那时居民们便爬上小山,大草原变成了大海。当春季冰雪开始融化时,会破坏简单修建在柱子上的桥梁,因此每年必须重新修建桥梁,在这种时刻,柱子是用小船载过河的。

在乌拉尔河、里海、阿拉尔湖、锡尔河和额尔齐斯河之间,连绵着广阔平坦的柯尔克孜大草原。柯尔克孜族游牧民人口稀少。大草原也是几种动物的家园,如狼、狐狸、羚羊、野兔等,也有某些多刺的草原植物与这个地区险恶的环境抗争。那里有足够的水分,大量生长着蒿草或芦苇,甚至在最干燥的沙质荒地,各种各样的丛生灌木常常达到6～7英尺高,其根部极为坚硬,为柯尔克孜族人提供了主要燃料,秋季被采集,冬季使用。几乎在每个帐篷村,你都可以看到大垛的芦苇根,我们也常常能遇见专门运载芦苇根的大型商队。

　　大草原常常被水渠横向穿过,尽管每年在这个季节河道是干涸的。渠水流进小盐湖里,在湖岸,春秋季有无数的水鸟迁徙到这里。靠着这些河岸,柯尔克孜族人搭建了他们的帐篷村,是由帐篷(Kara-uy)和芦苇搭建成的小棚组成。冬天,他们则是用泥土建成小屋。夏季他们与他们的牛群向北转移,远离闷热,追寻没有被太阳晒焦的草场。许多柯尔克孜族人拥有3000只绵羊、500匹马,当时被认为是在非常富裕的生活环境中。冬季,特加北部非常寒冷,在1月和2月,暴风雪极为猛

● 大草原上的柯尔克孜族骆驼骑手

烈,那时,柯尔克孜族人寻找他们冬天的老村落,用芦苇围起羊栏以保护羊群。总之,这里的气候是典型的大陆性气候。

柯尔克孜族人很能干、健康、性情温厚。他们喜爱称自己为"凯撒克",即"勇敢战斗的人",并满足于在大草原上孤独地生活,崇尚自由,看不起那些住在城镇或从事农业劳动的人。在为生存的搏斗中,他们的命运是艰难的,牧群是主要生计来源,为他们提供食物和衣服,贫乏的植被和土壤本身为他们的住处提供材料。荒漠植物萨克苏勒(Saksaul,假木贼属植物)长长的、正在生长的根部,保护他们度过冬天的严寒。他们的语言不是很丰富,当在一起交谈时,他们靠着非常生动的手势来弥补相互理解上的不足。他们对那荒凉的大草原怀有一种赤诚的爱,他们世代在那里过着自由自在的生活,感到它是无比美丽与多变,尽管异乡人徒劳地寻找着富有美感的物体。大草原真正像大海一样,博大而令人印象深刻。但它又十分单调沉闷,我天天驱车以令人头晕的速度穿过它,但景色依然一成不变,俄式四轮马车总是在辽阔土地的中心,没有边界线,没有水平线,视野的确是太大了,使你放眼望去几乎可以看出地球的球形形状。春季是能给拜访这片土地的异乡人快乐的唯一季节,那时的空气中弥漫着芬芳的花香,植物以惊人的速度生长着,为的是尽量利用夏季燃烧的太阳把一切烤焦之前那短暂的时间。

柯尔克孜族人表现出来的高度敏锐的方位辨识力和视力被发挥到了极致。异乡人天天旅行穿过这样的地区,总感到地面没有任何改变,所穿过的地方丝毫看不出有道路的迹象,而柯尔克孜族人就可以找到他们的路,甚至在夜晚没有天体作为向导来帮助他们时,也能准确无误地找到路。他们认识每一种植物、每一块石头,他们注意到草丛生长的地方稀少难寻,而且总是靠拢在一起,他们观察到欧洲人没有仪器就不可能发现的地表的不规则性。他们能辨别出在遥远的地平线上外乡人骑的马匹的颜色,他们拥有世界上最坚忍的意志,他们甚至能够看清那匹马的神韵。透过野草地望去,远处只呈现出一个小点正在前行或后退,他们就能告诉你那是否是一辆马车。

在奥斯克,我的车辆被整个涂上了润滑油,行李被重新装载了一番。我又爬进了我的移动住处。驭手对着他的马匹打了一声口哨,马匹闪电似的向南奔去——再会,欧洲!

在第一站托干（Tokan），我付了44卢布来支付到朱鲁兹（Juluz）全程320英里的费用。从那以后，我只是出示一下收据即可。在奥伦堡和奥斯克之间（175英里，34卢布或3英镑），每一段路程都要单独付费。

离开奥斯克，邮路顺河右岸延伸，穿过一个几乎难以察觉到与其他地方面貌有所不同的区域，到达布固蒂撒（Buguti-sai）站。附近有一个柯尔克孜族村落，村民似乎并不因我的到来而特别地受到吸引。由于我随身带有两个照相机，他们一直问我较大的相机是否是枪，他们坚持聚集在大相机前照相，但我成功地让一些人坐在较小的相机前照了相。

在布固蒂撒长时间休整之后，我们终于离开了河谷。月亮把它那充满魅力的银色光芒洒在孤寂的、到处都被皑皑白雪覆盖的大草原上，既没有人烟，也看不见村落，一片寂静被马的铃声、驭手的喊叫声以及那沉重的车轮隆隆驶过雪地发出的嘎吱嘎吱的碾压声打破。

站房都十分相像——简朴的木制房屋，一般都漆成红色，前墙中部有一段阶梯通向大门，阶梯一侧有一个挂提灯的杆子，另一侧是一个路标，给出到两个最近站点的距离。从进口通道，你可以进入右边的站长室和左边的旅客休息室。后者提供两个沙发、两张桌子、一面镜子、几把椅子和一个大炉子，里面是草原植物的干草根，一直在燃烧着，燃料堆放在离屋子不远处的大堆干草垛旁。在四方大院内，后面是许多马车和雪橇，也有马厩和驭者的屋子。

在泰姆迪站，我在夜间休息了几个小时，早晨看见在泰姆迪河的冰面上有许多狼的脚印，它们竟然胆大包天进入到院子里，偷走了三只鹅。气温显示出是4.1°F（–15.5℃）。当我们一大早驱车动身时，薄薄的雪在车轮下发出噼啪的响声，每片草叶都挂上了白霜，天气极为寒冷。

我们在亚洲的土地上经过的第一个俄罗斯城镇，是喀拉布塔克（Kara-butak），这个镇子就像罗马一样建在小山上，当然它要小得多。它仅有33所房屋，居民有30个临时居住的俄罗斯人、约100个塔塔尔族人和几个柯尔克孜族人。唯一值得注意的就是，事实上它是一个小要塞，25年前由奥勃鲁切夫（Obrutcheff）将军建立，为的是控制当时不断骚扰俄罗斯边境的柯尔克孜族人。要塞里指挥着84个人的指挥官告诉我，他的生活简直就是流放，他忍受不了长过一年的时间，他唯一

● 喀拉布塔克城镇

的消遣就是看书、运动和与士兵进行射击比赛。当有一辆日常邮车来到时，那是非同寻常的日子。附近有几个柯尔克孜族人的大型村落，到额尔齐斯沿途还有另外几个村子，但那地方的南部，村子变得越来越少，直到它们全部消失在卡拉库姆沙漠的边缘。

到额尔齐斯的道路大部分紧靠额尔齐斯河，在每年的这个时候，河水几乎是干涸的。我们在库姆萨依和喀拉萨依两站之间渡过它。我们日夜兼程赶路，被奔驰的驿马拉着穿过了单调的大草原。通过这次，我已变得非常习惯于乘坐驿车旅行，以至夜间在车辆底部裹在我的毛毯和皮大衣里，我可以毫无困难地入睡，只有当我们突然停在一个新的驿站前才醒来。出示了到斯塔瑞斯塔的路条，套上新的马匹，我们很快再一次上路了。在夜半时分被唤醒，伴着只有5°F（–15℃）的气温，简直非常令人难受。你四肢僵硬且易碰伤，又十分困乏，就是渴望能喝上一杯热茶。终于太阳升起在地平线上，大草原充满了金色的阳光，融化了夜用它那纤细的白色绒毛装饰在草叶上的白霜，并把狼群从驿站中驱赶出去。

经过少许几个站点，我们到达额尔齐斯，它坐落在俯瞰同名河流的一个高地上，这个地点的两边河水流入查尔加泰尼斯盐湖。额尔齐斯是一个要塞，它的指挥官是这个地区的主要行政官员。这个地方仅有

25

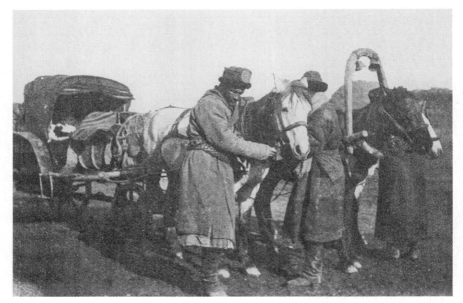

● 套上挽具的一辆3匹马组合的驿车

1000人口,包括150人的驻军,他们当中有70人是(奥伦堡)哥萨克人。大部分居民是萨特商人,他们定期来到这里与柯尔克孜族人进行易货贸易,把商品从奥伦堡、莫斯科和尼治尼挪维格罗德(Nizhni-Novgorod)带到这里。这里有一座小教堂,较大的商队开始将它作为一个歇脚地,现在鲜有几个商队光顾它。我们在驿路上从未与商队相遇的原因,是他们走的路线更短更快捷。柯尔克孜族人在托依特斯克和乌拉尔斯克提供了更加特别的交通,它是从附近最富有的游牧的帐篷村所在的那些镇子通过的。

　　我们再一次随着我们的四轮马车出发了。太阳在约下午5点钟时落下去,由于拖延了一会儿,它像一颗火红的炮弹出现在远处的地平线上,一股柔和的紫红色光芒传遍大草原,在那一刻,光线产生出极为非凡的效果,什么也不能与之相比。你很可能陷入关于大小和距离的奇怪的错误幻觉之中,两只并不令人讨厌的乌鸦正在离路上不远处亲密交谈,但看起来就好像跟骆驼一样大;不到一英尺高的大草原草丛,看上去就像一棵苗壮成长的树一样高大。太阳消失后,紫红色的天际变成了紫色和淡蓝色,几分钟之内,就被更深的黑暗所代替,最终消失在夜幕中。但夜晚并不是十分黑暗,因为天空纯净晴朗,星星像电灯一样发着光,月亮把它那充满魅力的光芒倾泻在大地之上。

在阿克塞,11 月 21 日凌晨 1 点钟,我记录下在旅行期间最低的气温:–3.1°F(–19.5℃)。白霜在月光中闪烁,站房的窗户被花边状的树霜和花霜美化着。

到泰瑞克利的这段路程是全程最长的一段,总计有 22.5 英里。在这段路程中,我们穿过了特加省和锡尔河之间的边界。在朱鲁兹,第一站属于商人伊万诺夫,他为旅客准备了一间舒适的屋子,我为到喀扎林斯克的 150 英里路程,付了 25 卢布。

第
五
章

从阿拉尔湖到塔什干

在泰瑞克利以北4英里处,我们进入卡拉库姆沙漠,植被越来越稀少,不一会儿就陷入了沙海之中。这个地区曾经被里海的水淹没过,这个事实据说被在沙漠深处发现的遍地的海生动植物所证实。

当我们到达科斯坦蒂诺维斯加雅(Konstantinovskaya)小站时,已是月光高照的夜晚,那里的旅客"屋子",只是一顶柯尔克孜帐篷。在一年中的这个时期,这里并不是非常吸引人。从这个地方到喀米什利巴士(Kamishli-bash)有80英里远,通常使用巴克特安骆驼,因为马匹不够强壮,不能拉着车辆穿过在沿线的那段路程上出现的石头戈壁或沙丘。

我在科斯坦蒂诺维斯加雅没有等多长时间,当听到一阵熟悉的咯吱声,我在月光中看到3峰骆驼硕大的侧影,它们被并排套在驿车上,当驭手打口哨时,它们稳步疾走过来,步子快捷而又平稳,并且时不时突然飞跑起来。

不久以后,我注意到地表逐渐向西南方向倾斜。一排浓厚的云雾悬挂在同一方向的阿拉尔湖上空,而北边和东边天空是晴朗的。在阿尔蒂库达克(Alti-kuduk)和阿克朱尔帕兹(Ak-julpaz)两站之间,道路紧靠湖的一侧，常常离湖不到6步远，黄色的细沙是如此之坚硬和密实，以至骆驼的蹄子几乎留不下蹄印。但再向上走，道路上升到沙丘中，在那里，车轮陷入沙中一直到车轴。

阿拉尔湖位于海平面以上157英尺，面积2.7万平方英里，是维诺湖的10倍大，或几乎与苏格兰一样大小。湖岸贫瘠荒凉，湖深是次要的，主要是水非常之咸，根本不能饮用。只有河口的水是如此，湖中却远不是这样，据说存在有某些淡水带。靠近东北端的湖岸是阿克朱尔帕兹站，它附近是一道低矮的沙埂。沙埂顶部有柯尔克孜族人的葬地，是用厚石板建成的方形坟墓。8年前，这个站被建在岸边，但某些季节里它会遭到洪水的威胁，整个驿房都会从驿路上隔绝出去。因此，它向内陆迁移了约半英里远。当刮起西南方向的大风时，水被刮向沙漠方向的湖湾，大片的湖岸被淹没，大水填满了坑洼之地，在这些坑里，徒手就可以抓到鲟和其他鱼类。我写笔记之时，湖湾正结着冰，离湖岸几英里的远处，我看见一支商队正穿过玻璃般的冰面。同一条道路在夏天也被使用，因为那里水极浅，最深处不到7英尺，大部分地方只有两三英尺深。在每年温暖季节，沙子是干燥的，被风吹向湖的方向，不断改变着湖岸线，填满小支流，形成沙嘴、小岛和沙坝。有许多小咸水湖接

● 科斯坦蒂诺维斯加雅驿站　　**29**

● 我的由 3 峰骆驼拉的驿车

● 阿拉尔湖附近的柯尔克孜大草原

近湖岸,俄罗斯人称咸水湖为"瑟洛恩兹"(Solonets,碱土),但夏天一般都是干涸的,它们是以前的小河或小湾,被漂流砂从大湖中隔绝出来。这些咸水湖是一流的钓鱼场所,乌拉尔哥萨克士兵设法下到湖中,并在离湖岸10~12英里的距离撒网。当水结冰时,他们利用雪橇或骆驼来到他们在冰中凿的钓鱼洞钓鱼,而在其他时候,他们乘中等大小的船划过去。

这地区的气候非常宜人,夏天的热度被最近的阿拉尔湖所减轻,而冬季并不是很寒冷。但另一方面,雨和浓雾是普遍现象。在我考察期间,天一直在下着雨,许多地方的道路被宽宽的水坑所覆盖,当骆驼踩踏过去时,水被溅起老高,车辆时刻都受到牢牢陷进潮湿且黏滞的沙中的威胁。雨水不停地打在车篷上发出嗒嗒声,在11月23日晚上9点钟时,气温上升到了31.1°F(−0.5°C),天气十分温暖。

通常,骆驼是顺从、驯良的,驭手能够一直坐在他的座位上。但组合中有一两峰骆驼会变得脾气暴躁,坚持走自己的路,使得驭者被迫骑在中间的骆驼身上,将缰绳紧紧拴在插过骆驼鼻孔的一截木头上,用这种残忍的手段迫使骆驼顺从。

由于不习惯用骆驼赶路,我再次看到3匹黑马被套在驿车上,有一种放松的感觉。然而,我的快乐是短暂的,因为在我们到达下一站的半路之前,车子牢牢陷在了盐碱滩上,尽管我们做了最大努力,车子也还是既不能向前拉,也不能向后退。驭手呼喊着,用鞭子抽打着马匹,马儿横冲直撞,并且绊倒在地,缰绳都拽断了。但一切毫无用处,驭手不得不把其中一匹马的套具解下来,骑马回到驿站寻求帮助。

在风雨交加的黑暗中等待了两个小时,我不知道是否会有狼前来拜访。之后,来了两个柯尔克孜族人,他们在辕马的前部套上了两匹新的马,于是组成了一个五匹马组。它们共同努力,终于把马车从越陷越深的泥地中解脱出来。当我们终于再次来到路上,车轮滚滚向前穿过大草原时,挂在上面的大块大块的湿沙和泥块掉下来。

在雅尼斯加雅(Yunyskaya),到达锡尔河之前的最后一站,我们于11月24日夜间停留了一会儿。但当我喝茶时,一阵猛烈的暴风雪袭来,把一切都覆盖在了刮起来的细雪之中。驿车用防水帆布盖了起来,除了一直等到天明,别无选择。到达喀扎林斯克之前的最后两段路的

● 我的由5匹马组合的驿车

路况非常差,我被迫在马匹后面驾车,保证另一个人骑在领头马旁边。

　　喀扎林斯克坐落于锡尔河的右岸,距离阿拉尔湖水路110英里,陆路50英里。这有600所房屋,其中200所由俄罗斯人居住;有3500人口,其中1000人(包括他们的家庭)是乌拉尔哥萨克人,其余人口是由萨特人、保加利亚人、塔塔尔族人、柯尔克孜族人和犹太人组成。最富有的商人要数本土的保加利亚人,相比之下柯尔克孜族人就很贫困了。比他们富裕的男性亲属们住在大草原上,从他们的畜群中取得财富。在5月份牧草丰富时,无数的羊只被赶到奥伦堡去出售。

　　在俄罗斯人进军基沃、喀扎林斯克时,有一个设立兵站和军事基地的重要的要求,阿拉尔湖5条小河的河滨作为这个地区的兵站,并驻守着一个整营。现在镇上只有24人的驻军,两艘汽艇,其他船只已开进阿姆河的查朱伊(Charjui),这个地方不再有生命或运动,风车那呼呼飞转的翼轮以及湖中无数的渔船,是给这单调的景色进行调剂和渲染的物体。每年这个季节,镇子的街道是不能通行的,甚至你得穿上长到膝盖的防水胶皮靴。俄罗斯人的房屋是用砖建造的,低矮,白色。萨特人、保加利亚人和柯尔克孜族人的房屋是用干泥建造的,灰色,并已坍塌,一般被看上去单调的长长的围墙围住。镇上有两所学校、一座教堂和一些公共建筑物，主要住宅是这个地区最重要的建筑，每一处都被长势良好的银色的小胡杨林所环绕，胡杨树顶上，一大群乌鸦持续不断地叫着。

乌拉尔哥萨克人有在河里钓鱼的专权，他们把自己主要限制在河口湾处。去年（1892年）他们捕捉到1.4万条鲟，在我考察期间，预料到这条河流每天都结冰，因为它常常在一个晚上就变成冰冻的了。捕鱼人已将他们的小船推到岸上，毗连的更高的陆地并不比河流水平面高多少，使得在这个地区严寒的夜晚，大片的土地常常被淹没。水在冰上流动，再次结成比以前更厚的冰，迫使河流寻找新河道。这有时使得交通中断，因为淹没的地带既不能骑马穿过，也不能乘马车渡过，行人被迫绕远道进入大草原。

由7名哥萨克人陪同，我以考察河流等为目的进行了一次短途旅行。在要塞附近的河右岸测得水深不到49英尺，水量是15年来观测到的最低值。7月到8月间河流水位最高，到秋季逐渐下降。水是灰黄色的，但很适合饮用。

喀扎林斯克的气候也受到临近的阿拉尔湖的影响，虽然在冬季气温下降，气温低到–22～–31°F（–30～–35℃）。降雪很少，而且很快就消融了，因此这个季节很少能见到乘雪橇的。我考察的时候，有大量的薄雾和细雨，我为到皮鲁维斯克的240英里路程和4匹马付了49卢布，

● 喀扎林斯克附近的锡尔河　　33

从镇子里到塔什干的385英里,3匹马,我付了61卢布。

　　由于在喀扎林斯克再没有什么可做的事了,我继续乘坐五驾马车沿河流向上游驶去。黄泥冲积土就跟桌面一样平,不远处的土丘顶上长着一束芦苇,在冬季被用来指引驿站驭手,因为当一切都被埋在雪下时,要想看到路上的任何踪迹根本不可能,这些土丘就是沙漠海洋中的指路标。景色仍然十分荒凉,整整一天的旅行期间,没有遇到人,也没有看见住宅,除了两个骑马的柯尔克孜族人赶着100峰左右的骆驼进入大沙漠。壮观的锡尔河是唯一引起注意的另一个目标。

　　道路顺着锡尔河河岸一直到不是十分重要的喀玛克奇(Karmak-chi)要塞城镇,一般被称为俄罗斯2号要塞,有70个本地人和9所俄罗斯式房舍。在这个地方,我们再次转入大草原,围着每年都被锡尔河河水淹没的伯卡利柯帕(Bokali-kopa)巨大的沼泽绕道而行。在此处,我们路经了整个旅程中两个最贫穷的站点,即阿利克散多维斯加雅(Al-exandrovskaya)和塞米奥诺维斯加雅(Semionnovskaya),每站仅有3顶帐篷,一顶为驿舍,一顶为旅客客栈,一顶为驭手及他的家庭所住。前一个地方还包括有4条腿的"居民"——许多大老鼠,它们大摇大摆地来回穿梭于毡毯之上。这个站被芦苇墙围住,墙外立着一排人工种植

　　　　　　　　　　　　　　● 喀扎林斯克附近锡尔河的另种景色

的植被。

有几段道路穿过一片除了稀疏地长有几棵梭梭之外什么都不长的荒凉之地。我们现在进入了一个留有最近被水淹没痕迹的地区,那里芦苇长得又高又密。

从坐落在加克撒特斯两岸的皮鲁维斯克要塞出发的一路上,植被非常丰茂,有芦苇、梭梭和带刺的灌木,形成了一个名副其实的密林。穿过密林,道路常常是在一种狭窄的坑道中蜿蜒曲折向前。这里是老虎、野猪和瞪羚特别喜爱出没之地,还有鹅、野鸭,尤其是数量巨大的野鸡,它们竟敢如此胆大地在路旁孵卵,静静地注视着过路行人。但当我们停下来点火时,它们呼呼地振翅飞走了。它们鲜美的白肉的确是我的菜单中受欢迎的附加物,尤其是当我的精美食物殆尽之时。柯尔克孜族人用劣质前装枪射杀野鸡,在奥伦堡,一只野鸡售价差不多1.5卢布,在圣彼得堡,是2卢布或3卢布。那些来自塔什干的官员和喜爱打猎的人们总是满载而归。

朱尔斯克(Julsk)站房被建在离河岸只有约10码的地方,每年都受到被淹没的威胁。那个地方与麦什赫阿利(Mesheh-uli)之间的地区是相当起伏不平的。我们穿过了某些狭窄的沙带,然后依靠木桥通过一些沟渠和干河道。这条路的这部分都由干枯的芦苇铺就,以防止车辆在雨季陷入泥中。在我旅行期间,由于冰冻,道路坚硬而且凹凸不平。

● 锡尔河附近的驿站

柯尔克孜族人再次大量涌进这里,我们常常路过他们的帐篷村,看见他们的畜群在灌木丛中吃草。

11月29日,那天日落时分的景色非常美丽。西边天空发出的光芒就像是映照着燎原之火般炫目,而梭梭那多节和丛生的枝杈,却被这光芒衬得越发像被浓墨浸染过一般漆黑。整个大草原被充满魅力的火红光辉所点亮,而东边昏暗的沙漠植被则沐浴在一片金色之中。

乘火车旅行必定比坐驿车驱车旅行更加方便快捷。在火车上,你不必为车轮的摩擦或车轴的安全而担忧,相反,在驿车中,你必须时刻准备对付各种意外事故的发生,并不断地检查车辆。在麦什赫阿利,刚一检查马车,我就发现前轴横断了,只有4个螺钉支撑着。

焉尼库尔干(Yani-kurgann),一个柯尔克孜族人的村庄,有一个客店和一个旧要塞的废墟就坐落在锡尔河岸旁边。整个路况十分糟糕,我如坐针毡,无时无刻不期盼着车轴不要再那么摇晃,好让我在大草原中尽享快乐的旅程。在这段路上,无边无际一成不变的景色从左边慢慢映入眼帘,看似一堵矮墙的喀拉陶(Kara-tau)山,为行程增添了新的活力。

在塔什苏阿特(Tash-suat)很远处可以看到锡尔河河水在一条宽阔、平稳的河床中流动。离开河的右岸,直对着我们的是通向老城的路线,植被再次变得极为稀疏,但坚硬、平坦的道路甚至没有被连续的降雨损坏的迹象,我们遇见了许多以从容的步伐旅行的商队。

我们终于来到了视线范围内可以看到的园林之处,高高的胡杨,长长的灰色泥墙,一部分是新建的,尽管大部分是旧有的和倾圮的,它那壮观的墓园属于14世纪。我们很快就驱车穿过了空旷的巴扎,在站房,一个柯尔克孜族铁匠立刻开始工作,修理破损的车轴。

1864年被切恩雅依夫(Chernyayeff)将军占领的,一直都是一个倾圮且无趣的城镇。在雨雾之中,它更加令人心烦。能证明延误了我们几个小时行程的唯一参照物是一座庞大的清真寺。清真寺建于1397年,它的方形门面非常高大,两侧是两座别致的塔楼。清真寺几个瓜形圆顶被进一步修饰过,目前所有的贴砖都从门面上脱落下来,但长方形建筑物更长的围墙和后墙上,贴砖仍完好无损。它们那蓝绿闪光的色彩类似于你在撒马尔罕见到的贴砖。清真寺紧靠着由霍迪亚可汗

（Khodiar Khan）建成的要塞的四边形泥墙，俄罗斯的营房也坐落其中。由几个男孩引路，我穿过了迷宫一样的狭窄小巷，走上通向其中一个塔顶的黑暗阴冷的楼梯。从那里，可以很好地眺望附近地区，但就当时的状况，有相当一部分景色因大雨降落而被遮挡住了。建筑物古迹的美妙之处拘束了我，而现代房屋并不比具有平屋顶、相互被狭窄弯曲的小巷分开的简陋的泥屋好多少。

离开了最初的两段路程，天气极为恶劣严酷，在整个旅程当中最为艰难的一路是无可比拟的。在依罕（Ikan）和那加库拉（Nagai-kura）之间，我们牢牢地陷在了泥中。我是从不讲迷信的，但离塔什干有 13 英里的路，到那加库拉仍有约 9 英里路程，又不可能使马匹移动，辕马用两条后腿站起来，变得难以控制，而其他两匹马明显地下定决心要把驿车踢成碎片。此时正是午夜，天一片漆黑，什么办法也没有，除非派车夫雅姆什特奇克回到依罕再另找两匹马来。我只有睡觉，睡了 3 个小时，醒来的原因便是我们手头的那 5 匹马正费力地把我们从泥中硬拉出来。为这微不足道的 13 英里，我们花了六个半小时的时间。

从阿瑞斯（Aris）到布鲁加（Buru-jar）这个地区，地面崎岖不平，因此考虑继续使用五驾马车前进。马匹下坡的步子是可怕的，简直就如同在平地上飞奔一样，空气呼啸着从我们的耳边掠过。我们经常在飞驰中路过一个村庄、一个骑马人或一支商队。一辆笨重的大型阿勒巴（Arba）❶成为挡道的物体——它的车轮牢牢嵌入到泥中。

沿着道路，不时有小的晒干泥堆成的锥形体，其目的是在冬天做路标之用。电线杆足以充当路标，但道路弯弯曲曲，时而在电线杆右边，时而在左边，一场大雪之后，它们都会从视线中消失。邮局信使在任何情况下都不会允许停留或等待，他们常常会冒险在暴风雪中穿过大草原。从一根电线杆常常不可能看到下一个，而当他们从一根电线杆走到另一个时，很容易迷路。当突然遭到暴风雪袭击时，三驾马车被迫在雪堆里过夜，等待着直到暴风雪减退或天亮，这是时常发生的。

阿瑞斯是一条相当大的河流，以前乘坐高轮马车就可渡过去，但在

---

❶ 阿勒巴，中亚的高轮马车。

我到达之前的几个星期就已开始摆渡了。设备与它的包装被放在用绳子捆绑在一起的一长串小船上，渡船工人用力拉一根从此岸伸到彼岸的粗绳，把它们拉过河去。

在布鲁加那边，遇到许多深谷和陡坡，下坡时，车夫雅姆什特奇克尽最大可能抑制住中间的辕马，因为辕马身上支撑着车辆的全部重量。但只要马在太累不能负荷时，他就会放开它，并以极高速度下的冲力来拉着驿车向下，以确保任何时候马都能站稳脚跟。另外那两匹松着缰绳被套在三驾马车前的马，还必须时刻小心提防它们不被辕马撞上，如果旁边载着骑手的马倒下了，他几乎可以肯定会被沉重的三驾马车辗过。然而一切顺利。虽然我们的生命似乎时刻处于危险之中，但马匹的脚步是稳健的，驭手是可信赖并小心翼翼的。在其中一个站点，三驾马车的一匹边马变得难以控制，不断地踢腾，两条后腿站起来，决不让自己被套上挽具，这使得用了六个人才得以控制住它，每一边两人，前头一人，后尾一人。当被套上挽具并让它行走时，它开始飞速向前，双眼冒着火光，四蹄飞起一样。正当夜幕降临之时，我们到达了齐姆克特（Chimkent）镇，街道上寂静无人，一切都十分安静，虽然有灯光和蜡烛正透过窗户在闪烁。

现在我们就在塔什干附近，这是省长住地。两段较长的路穿过一英尺深的泥淖，路左边只有一小段泥淖，道路似乎永无止境，虽然现在路况很好，但我已受够了乘三驾马车赶路。在12月4日午夜之后不久，我怀着十分愉快的心情拐进了塔什干的街道，并在伊尔肯（Ilkin）旅馆找了两间舒适的客房。

我们结束了19天的驱车旅行，行程1300英里，并从纬度11.5°上经过。我观察到白天变得更长，虽然仲冬正在来临，把我留在了一个暴风雪席卷的地区，那里正是隆冬之时，在旅行初起时气温是$-3 \sim 4°F$（$-19.4 \sim -15.6°C$）。现在我已到达春天似乎正在接近的地带，温和宜人的空气更加适宜于户外活动，气温是$50 \sim 55°F$（$10 \sim 12.8°C$）。

● 横渡阿瑞斯河

● 塔什干全景

第
六
章

从塔什干到马格兰

　　我在塔什干几乎待了7周,但由于在我的前一本书中已对这个城镇做了描述,在这里我只记载两件特别的事。巴朗·维瑞维斯基(Baron Vrevsky)省长以极大的热情接待了我,我成了他的每日座上客,在这里的这段时间对我穿过帕米尔的旅行具有很大帮助。

　　在圣诞节和新年期间,我在许多庆祝活动中都是一个客人。圣诞夜是我在亚洲旅行期间的第一个也是最愉快的一个节日,我在巴朗·维瑞维斯基省长的住处以几乎与在北部家乡同样的方式度过节日。许多摆放好的圣诞礼物伴着法国诗句,在等待未来的主人。在宫殿其中一个屋子的中间,竖立着一棵巨大的圣诞树,是用柏树枝做成的,上面装饰着100根细蜡烛。我们遵从节日习俗,在动用一切东方之奢华布置的雅致的客厅中,在冒着热气的俄罗斯茶炊旁交谈着。奥斯卡国王的画像,沙皇和布哈拉酋长每人的亲笔签名,都被装饰到墙上。任何美丽的女性都不能与哈婉斯基(Khavansky)公主——省长那可爱迷人的女儿相比,她在所有私人以及官方的招待会上,都会以她优雅端庄的风度尽主人之谊。

　　新年的前夜,巴朗·维瑞维斯基省长邀请了约30位客人到他家中。

● 塔什干一隅

● 塔什干穆罕默丹的部分景观

当午夜来临时,香槟酒被转圈摆出,我们无声地高举酒杯等待着时钟的敲响。当新年来到时,"S'novomgodom"(祝你新年快乐!)这句话由每个人对着左右说出。

1月2日,在宫殿的宴会厅里举行了一次普通的官方宴会,客人都是高层的社会人士和军方官员,布哈拉酋长的使者,三个首席卡迪斯(kadis)或塔什干的萨特法官等。每年布哈拉酋长都要专门派一名使者向省长转达节日的问候,今年是一位蓄着漂亮黑胡须的塔吉克族人沙迪·伯格·卡洛尔·拜奇·希格尔(Shadi Beg Karaol Begi Shigaol),我在两年前穿过撒马尔罕和布哈拉之间的边界时,酋长曾派他迎接我的到来。

按照习惯,这位使者随身带来了总价值达1100英镑的礼物。这一次他带来的礼物是8匹马,佩戴着的鞍褥上的花纹是用金银线绣的,非常漂亮。红色和蓝色的缎子、地毯、布匹、装饰品和几百套服装主要来自布哈拉,但也有一些是来自克什米尔和中国。

客人当中,有一个人在中亚现代历史中起到了重要的作用,即朱拉(Jura)伯克。他年轻时在布哈拉那斯鲁拉赫(Nasrullah)酋长手下任职,到酋长死时已成为沙赫依塞伯斯(Shahr-i-Sebs)省人。不满意于新

● 塔什干的街道

伯克统治的人民解救了朱拉伯克,并推崇他为他们的君主。当在科夫曼(Kaufmann)将军统帅下的俄罗斯人于1868年攻克撒马尔罕时,朱拉伯克迅速与一支相当强大的军队去救援这座名城,顽强地包围了它,使俄罗斯人处于极大的危机之中,他们只是在最后时刻被一支救援军解救。科夫曼将军随即与朱拉伯克妥协,通过协商,朱拉伯克将保留他的职位,仍作为沙赫依塞伯斯的伯克,遵照他的誓言不再骚扰俄罗斯。几年以后,几个哥萨克人在他的领地被杀,他被科夫曼将军苛刻地对待,被迫从他统治了十年之久的沙赫依塞伯斯逃走了。当时他与他的朋友巴伯(Baba)伯克在山脉附近徘徊,最终来到了浩罕,从最后的可汗那里去寻找帮助和盛情款待。但后者俘虏了他,把他囚禁起来并送给了他的敌人科夫曼将军。

科夫曼以友好的态度接受了他,但却把他置于军队的监视之下。塔什干的俄罗斯人对待他在一定程度上符合他的身份,他也享有相当大的自由。当斯柯彼利夫(Skobeleff)将军发动了反对浩罕的柯哈尼特(Khanate)战役时,对这个国家了解并痛恨霍迪亚可汗的朱拉伯克提供了他的帮助,在这场战争期间给了浩罕致命打击。朱拉伯克立了大功,成为一名俄罗斯陆军上校,并被授予圣乔治十字勋章。现在,他的举止、语言和服饰完全是俄罗斯化的,住在塔什干的一幢设备完善的住宅内,每年从俄罗斯政府得到300英镑的津贴,从布哈拉酋长那里得到500英镑津贴,不过,布哈拉酋长是他不共戴天的仇敌。他过着舒适悠闲的生活,研究博深的东方文化,非常满足于他有着极大改变的生活方式。我在他的住处度过了几个晚上,其间他给我讲述了他的冒险生涯及令人激动的生活故事,的确是哀婉动人的——有着极大权力的沙赫依塞伯斯领地的君主,变成了俄罗斯的陆军上校。

回到宴会上,这里的确是极尽奢华,摆放着精致夺目的大烛架,四处是穿着有华丽耀眼的星形装饰的制服的人。唯一能使陌生人感受到他还在中亚的,就是穿着华贵的色彩鲜艳的外套、戴头巾的东方客人的风采。当香槟酒被端上来时,省长起立并大声宣读了一份来自沙皇的电报,并提议为他的健康干杯。所有的客人都站起身来,面朝沙皇画像,倾听着国歌,接着巴朗·维瑞维斯基提议,为驻布哈拉军队和布哈拉酋长的健康干杯,并由锡尔河省省长亲自作专题讲话。

但并不是因社交而使我在塔什干待得如此长久，我一直都忙于为继续向东方旅行做准备工作。我偿清了相应的欠款，在城区拍了许多照片，在气象台校准了我的仪器并搜集了大量的关于帕米尔的资料，既有书面的又有口头的。我的所有仪器都保存完好，除了水银气压表在离开奥伦堡的旅行途中遭到损坏，不得不在气象台一位德国技工那里进行彻底修理。经过驿车的不断颠簸，损坏更严重的是弹药。当我打开两个箱子时，看到箱内一片狼藉，两三百包弹药的纸盒子被磨成粉末，包在锡纸盒里的弹药像纸一样拧到一起。那么多锋利的包角都没有碰到雷管，因此没有引起一场严重的爆炸简直可以说是个奇迹。如果那样的话，我的旅行将有一个更加快速的结束和一个不同的终点。再次将弹药安排妥当，并把它补足到最初的数量，我全部重新捆扎了一遍。

　　最后，我买了许多东西，贮存了大批的罐装食品，茶叶、可可粉、乳酪、烟草等等，足够维持几个月的。我还买了各式各样的小商品，例如左轮手枪及其子弹、钟表、指南针、音乐盒、双筒望远镜、万花筒、显微镜、银杯子、装饰品、布匹等，这一切都打算作为给柯尔克孜族人、汉族人和蒙古族人的礼物。在亚洲腹地，纺织品几乎可以代替流通货币，因

● 塔什干的柯尔克孜帐篷

● 到巴扎的大门

为用几码普通布料,你就可以交换到一匹马或维持一整个商队几天的粮食。终于,经过省长的专门介绍,我购买到最新的帕米尔地图、一只航行表和一支伯德步枪,以及子弹和20磅的霰弹。

当我的准备工作全部完成之后,我向我在塔什干的朋友告别,于1894年1月25日凌晨3点钟再次启程。

我们抵达彻奇克(Chirchick)再没向前赶路,我必须在这里为到柯叶恩特(Khojent)的90多英里路程和8匹马(我现在需要两辆车)付37卢布。那时我因为缺少马匹而被耽搁,虽然这些站点有差不多10辆三驾马车,但交通如此繁忙,他们常常缺少马匹,当旅行者与邮政发生冲突时,站长是对邮政负责的,所以,除了耐心等待别无选择。

天气再次变得更加寒冷,上午9点钟测得气温仅为12.2℉(−11℃)。这个地区被隐藏在了大雪之下,路面是坚硬而且凹凸不平的,三驾马车摇晃得非常厉害,使得它更像一个刑具而不是交通工具。水银气压表再次到了最危险的临界线,为了保护它,我不得不把它放在我的膝部的垫子上,像抱婴儿一样紧紧抱着它,穿过了浓厚寒冷的雾霭。雾中一切都被遮蔽住了,我偶尔可以瞥见和我们相遇或超过去的骆驼商队。

彼斯罕(Biskent)镇在中亚近期的历史中具有一定意义,阿古柏(Yakub)❶大约在 1825 年出生于此地。1865 年他武装侵占了整个喀什噶尔,1877 年,他在库尔勒被杀死。他的儿子哈克·库利(Hak-Kuli)与他父亲的军队一起进军,与中国人开战,后来也死于喀什噶尔。这些都是出自他的兄弟伯格·库利(Beg Kuli)之口。目前,后者仍住在彼斯罕,在那里他拥有自己的几处住宅和农庄,领取沙皇俄国的养老金。他是一个健壮匀称的人,年龄在 55 岁上下,蓄着乌黑发亮的胡须,面目凶恶。他有 8 个儿子。他正在焦急地等待着喀什噶尔发生纷争的第一信号,如果可能的话,他将迅速赶到那里。至少,这是他亲口告诉我的。可怜的家伙! 他也许长期生活在他那个希望之中,因为他不知道东方发生了多大的政治变化!

　　因为马匹缺乏造成的几次耽搁之后,我终于在 27 日到达柯叶恩特。我在那里唯一的工作就是对锡尔河的测量。关于这些,我将稍后介绍。这个镇子本身,我已在我上一部书中做了描述,因此只要说一两句关于横跨锡尔河大桥的事就够了。为了方便交通,它被分成了两条平行的道路,安装了黑色的栏杆,并被修建在桥桩上,桥桩由填满石头的三个木制沉箱支撑。

　　大桥的拥有者是个私人,与政府签订了 30 年的有利可图的契约,头 20 年允许他免费使用大桥,但接下来的 10 年,他将每年向政府缴纳 3000 银卢布(300 英镑)。这 10 年,还有 6 年合同才到期,建桥的花费估计有 5000 英镑,但它已不得不被重建了两次,当 10 年期满时,大桥将被完好无损地移交给政府。

　　我于 1 月 29 日到达浩罕。

　　我还去参观了哈奇姆·阿依姆(Hakim Ayim)园林,园林 23 年前由霍迪亚可汗的母亲建成。在四方院内,有一个带有别致阳台的图书馆。她同时还提供了土地和花园,这些每年总计有约 560 英镑收入,都被捐献给神学院用以维持日常运作和充当学生生活费用。

---

❶　阿古柏(约 1821—1877),浩罕汗国军人。1865 年(同治四年)入侵新疆,1867 年建立"哲德沙尔"侵略政权。1876 年(光绪二年)左宗棠坐镇酒泉,指挥西征军,驱除阿古柏侵略军。次年,阿古柏死于新疆库尔勒。

在我考察的时候,浩罕这个城镇有11600所住宅,有9个棉花加工厂。在过去的几年中,浩罕显示出了繁荣的趋势,特别是俄罗斯居民区有稳步的增加。除了俄罗斯的管理外,还有地方管理制度的维持。在伯格玛斯特领导之下,有4个阿克萨卡尔(Aksakals)❶,每一个人都管理着一个"大"居民区,在他们之下又有96个头人,每个头人负责一个具体的"小"居民区。

在浩罕,我参观了两个热水浴浴池,我并没有用过它们,因为他们的洗澡方式可以说是传播皮肤病的温床。穿过一个铺着地毯的长凳和有木头圆柱的大厅走进去,是为不穿衣服的人准备的屋子。从这里,穿过许多迷宫般的走廊来到黑暗、水汽蒙蒙、有着不同温度的拱状屋子,每一间屋子中间都有一个平台,洗澡的人在上面由一个裸体的搓澡人搓泥、洗澡。在这些地窖中,到处都是神秘微弱的光,蓄着黑色或灰色胡须、隐约可见的裸体人穿梭在充满水汽的空气中。人们常常花半天时间在这里洗澡、抽烟、喝茶,有时甚至在这里吃饭。

我没有驱车直接通过驿路到马格兰,而是选择了绕道130英里,经由丘斯特(Chust)和纳曼干(Namangan),以便进一步获得机会完成我的锡尔河流量与水深的测量任务。

我的行李被直接用两辆二轮马车(木制高轮马车)送到马格兰之后,1月30日我乘坐着旧三驾马车离开了浩罕,直接向北到库尔干恩奇(Urganchi),一个稍大的冬窝子——牧民冬天的聚落。那里一派欣欣向荣的景象,街上满是人群,道路接连不断地穿过村庄,路两旁是渠道,那是浩罕绿洲的灌溉系统的支流。在古拉姆塞拉(Gurum-serai)村,徒步旅行者乘坐一条大船经过摆渡渡过锡尔河。从那里起,一条简陋的道路经过帕普(Pap)伸向丘斯特小镇,它唯一的重要性在于它的棉花、水稻和谷物的种植。那之后,道路穿过由黄土和砾石构成的小山。现在路况极佳,我们的行程非常顺利。在图拉库尔干(Tura-kurgann),我们渡过了喀赞(Kazan-sai)河,它在夏季把大量的水从丘特喀尔(Chot-kal)山上带下来,尽管它从未达到锡尔河的水量,因为水在通过浇灌稻

---

❶　阿克萨卡尔,意为"白胡子",指长老。——本版编辑注

田的荒地或渠道时,被引出去一部分。

纳曼干被村庄和园林环绕,是地区首脑的住处。瑟达比神学院是镇里唯一比较好的建筑物,它足以引起旅行者的兴趣。最后面的一个四方形市场,则是铁匠和卖五金器具的小贩常去的地方。

离开纳曼干不是一件容易的事,穿过街道结冰的泥地,成千辆二轮马车的车轮已压出两条深深的车辙。我们别无选择,到锡尔河源头的一路上都不得不缓慢前行,且自始至终都处在颠簸和摇晃中。渡过那瑞恩,接近了它的主要支流——喀拉河的汇流点。河上有一座简易木桥,每年夏季都被上涨的河水冲毁,不得不年复一年地重新修建。离开位于河流左岸的巴利克奇(Balikchi)村,驭手载着我到锡尔河的制高点米布拉克(Min-bulak)。这条河伸出了一条分成两个河汊的奇怪的支流木苏尔曼库尔(Musulman-kul),并且再次形成一片生长着芦苇的沼泽,沼泽已全部结冰,冰正被雪覆盖着。景色仍是荒凉的,但在适当的地方有点变化。偶尔我看见一群正在觅食的绵羊,但它们正在吃什么,我却永远也辨认不出。

2月4日,经由雅兹奥安(Yaz-auan),我到达了费尔干纳的主要城镇马格兰,那里的镇长帕维洛什维柯维斯基(Pavalo-Shveikovsky)以极大的热情接待了我。我在他家度过的20天里,忙于完成我穿越帕米尔旅行的最后准备工作,他对我表现出了最大的友好,给了我许多有价值的建议。

第
七
章

锡 尔 河

　　在我离开费尔干纳动身穿过帕米尔进行冬季冒险旅行之前，我将对我在锡尔河所做的勘测作一简短的概述。

　　最初的一系列水深测量，我是于1893年11月25日在喀扎林斯克做的，得出水流量是每秒2万立方英尺，河深在6.5英尺和10英尺之间变化，平均水深是8英尺，平均流速是每秒2英尺6英寸，水温是31.3°F（−0.4℃）。天气十分寒冷，我所做的是乘一条船横穿过河的一条直线上的6个点，每次做水深测量时，船都被固定住。

　　两个月以后，1894年1月27日，我在柯叶恩特做了类似的系列观测。下午1点30分，气温是26.8°F（−2.9℃）。从东方刮来阵阵微风，水温显示是32.9°F（0.5℃）。沿着右岸有一层薄冰，9～10码宽，左岸下面有一条18码宽的冰带，二者都是在桥的遮挡部位形成的。而在桥的上面和下面没有看到冰，除了水上漂着几块小冰片。这里的水比喀扎林斯克的更加清亮。感谢这座桥，它的长度是574英尺，其中144英尺是在干燥的陆地上，因此很容易得出河宽是430英尺。像在喀扎林斯克做的测量一样，将一根绳索固定在桥下65码适当位置的船上，做了6个点的测量，深度用一根20英尺长的绳索测量，流速照例是用一个固定的和一个游离的浮标测出的。

不出所料，根据费尔干纳山谷崎岖不平的特性，河流最深和流速最大之处离右岸不会太远，那里有一个陡坡，一个孤立的山脊。右岸或南岸比较低，但仍然在水流上方很高的地方，因此当流经镇上的阿克苏小河断流时，柯叶恩特的居民从河中取水是很困难的。

我发现在上游，柯叶恩特的水量比喀扎林斯克少了7000立方英尺，这点还是值得注意的，但这个事实或许有一个正常的解释。在第一个地方，塔什干附近的彻奇克河在它最低水位时，流量为每秒3500立方英尺，接着再向下到锡尔河，从喀拉套（Kara-tau）山和塔拉斯套（Talas-tau）山接收到几条支流，其中一条是阿瑞斯河，正如我在前面说到的，河流规模相当大。最后一定要考虑到河水被冬季灌渠引走了很少的水量，在寒冷季节蒸发可以忽略不计。在河道两岸，在它处于最低水位时，很少或没有水被沼泽吸收，而且在柯叶恩特所做的观测比在喀扎林斯克所做的迟两个月。

锡尔河在夏季从未被测过水深，但我们完全可以断定，在每年的那个季节，情况正相反，也就是说，塔什干附近的水量比喀扎林斯克的水量要大得多。

1891年1月，在我从喀什噶尔到伊塞克库勒（Issyk-kul）的返程中，有机会观测到冬季在伊塞克库勒山南积聚了大量的雪堆，当这些雪堆在春夏季融化时，那瑞恩就变成了一条大河，湍急的河水泛着泡沫沿着它的岩石河床向下游的费尔干纳河谷流去。喀拉河也变成了一条相当大的河流，虽然坐落在它的源头的天山的一部分降雪并不像伊塞克库勒山南那样大。像彻奇克一样，喀拉河也为锡尔河注入了大量的水，因而后者在春秋季节中成为一条雄伟壮观的河流，尽管它没有大过它的姊妹河阿姆河。它疾速流过酷热的大草原，并流入阿拉尔湖。然而，它的全部水量并没有都到达终点阿拉尔湖。奇那兹（Chinaz）位于阿拉尔湖水面以上610英尺，而从那一点河水流过了882英里的距离。因此，落差仅为每英里8.33英寸，水有充足的时间蒸发，这个过程在夏季空气极为炽热和干燥时发生得更加迅速。而其他因素是剥夺水量在起作用。一部分水被土壤吸收，另一部分被用于灌溉，第三部分（是相当大的部分）留在它的河床里，尤其是在右岸，形成了大片大片的沼泽和湖泊。最大的沼泽从喀扎林斯克延伸到河口,其他的发生在皮鲁维斯克的东部,更加特别的是在皮鲁维斯克和喀玛克奇之间,生长着芦苇的伯卡利柯帕的面积几乎是 2000 平方英里。由此可见,当时河流失去了许多水量,因此,很容易想象到:夏季水量在奇那兹比在河口要大得多。

那瑞恩的流量也由于它的大量排水补给正被以冰的状态固定住而减少,尤其是关于流过高山谷旁边的小河和小支流这种情况。在喀拉河流过的地区,恰恰相反,冬季气温并不是很低,因此,河流在每年的寒冷时期接收到比较大的水量,虽然这里降雪也比较少。由此,通过冰的形成,喀拉河比那瑞恩失去的水量更少。在春季,只要那瑞恩周围的山上冰雪再次融化,河水上涨,在很短的时间内就变得比它的姊妹河更大,它的姊妹河在冬季得不到大量的冰和雪的补给。

向南大约一英里处,我在约两个小时以后渡过了喀拉河。我当时在那条河中进行了下列测量:平均深度 5 英尺 3 英寸,最大深度 10 英尺 11 英寸,垂直断面面积 1220 平方英尺,平均流速每秒 3 英尺 10 英寸(最大流速每秒 4 英尺 6 英寸),流量每秒 4700 立方英尺。

因此,那瑞恩和喀拉河共同携带水量 7770 立方英尺,或差不多正好是我在古拉姆塞拉的锡尔河中发现的水量。

比较两条河流,可以发现喀拉河比那瑞恩河宽 9 英尺,但通常河流更浅,而最大深度更深。在两条河中,最大深度都在右岸附近,两条河的最大流速发生在最大深度的左边。两条河的右岸都比左岸冲蚀得更加严重,右岸也更高更陡,左岸从水的边缘逐渐向上倾斜,在柯叶恩特的锡尔河也同样如此。

在古拉姆塞拉,各处的水温都是 35.4°F(1.9°C),整个河床都是混浊的水流,而且河流一点儿冰也没有,这些现象证明,喀拉河的水流比那瑞恩河的水流更加强大,在介入的 55 英里中,所有的漂流冰都有融化的时间。

无疑,山区温度下降,并且以非常大的程度在下降。那瑞恩河的支流甚至那瑞恩河本身开始结冰,因此,河水流量明显减少,变得少于喀拉河,锡尔河水位迅速降低,在古拉姆塞拉,它的流量是每秒 5000 立方英尺,少于它以前的任何一天。

河流流量能在如此短的时间内减少如此大的程度,是令人惊讶的。但毋庸置疑,这是一种普遍现象,很容易解释。纳曼干地区的负责人告诉我,那瑞恩河常常在5天之内就上涨10英尺,以后正如上涨的速度一样,又迅速回落,这种现象总是发生在附近山中持续暴雨之后。正如我以前提到过的,还不能明确断言那瑞恩是两条河中较大的一条,因为它们各自的流量是随季节变化的,也就是说,是随着它们分别流经的地区温度和降雨的变化而变化的。

　　锡尔河在它穿过费尔干纳河段的任何地点都不会结冰,而在奇那兹,它则常常会形成如此之厚的冰层,以至于它能承载得住驿站的三驾马车。

—翻越帕米尔高原的冬季之旅—

第
八
章

走向山谷

　　帕米尔高原的两侧,地壳向上延伸到极高的高原或面积巨大的群山之中,并从这里向四面八方伸展出世界上最高的山脉。向东是昆仑山,向东南方向是喜马拉雅山,这两座山之间是延伸到西藏的喀拉库拉姆(Kara-korum)山。从相同的高原地区,天山高地向东北方向分出来,在相反的方向——西南方向是兴都库什山脉。亚洲高原的人们尊崇帕米尔高原,并称它为"世界",认为它具有有利的地位,从这里,高山巨人可以登高望远,骄傲地俯瞰全世界。

　　我与俄罗斯边境省长巴朗·维瑞维斯基在一起时,我们就帕米尔高原谈论了许多,我提出了一个以我的方式穿过那个地区到喀什噶尔的主意。但我一提到我的意图,几乎每个人的腔调都一致地提高起来,劝我放弃这个打算。曾参加过尤诺夫(Yonnoff)省长的穿过帕米尔高原踏勘的官员们预言,我将面临一个危险的旅程,劝我再等待两三个月。

　　这些先生中有一个是上尉(队长),去年冬天在摩哥哈布(Murghab)度过,他认真表示,我将可能面临最大的危险,气候严寒的冬季更不是冒险的季节。他说,没有人,甚至本地人也不可能有深冬季节在帕米尔高原上肆虐的暴风雪和严寒之中旅行的念头。即使是在仲夏,飓风雪期间,温度也常常低到14°F(-10℃)。1893年的1月底,气温降到了-45.4°F(-43℃)。暴风雪每天都会出现,这些飓风或飓风雪常以惊人的速度来临。天空原本十分晴朗,但几乎不到一分钟后,风暴就猝然袭击,小路立即就消失不见,天气变得黑暗起来,雪花飞旋,你不可能看见你面前一码以外的物体,你所能做的一切就是静静地站在那,把你的皮大衣裹紧,并感谢上苍,如果你能死里逃生的话。

上尉的一个郑重其事的劝告,也是他一再坚持的最重要的一点,是在行军期间我绝不要与考察队分开,如果此时此刻一场飓风袭击我的话,我会没有活的希望,回到我的同事中去是不可能的,即使他们离我不到12步远。天空飘着令人眼花缭乱的雪花,变得阴霾黑暗,一切都看不见——一切的一切,什么都看不见。你甚至想要看到你骑着的马都十分费劲。呼喊毫无用处,听不到一点儿声音,甚至连枪声都听不见,一切回声都完全淹没在飓风的怒吼之中。因此,被厄运抓住的不幸旅行者孤独地没有帐篷和粮食,没有皮衣和毡子,也许就顺从于不可避免的命运:他的命运被决定了。陆军上校尤诺夫和瓦诺夫斯基(Vannofsky)上尉一点儿也不羡慕我的旅行,然而两人都是富有经验的旅行家,十分了解在帕米尔高原上旅行的危险。两人的共同想法是,告诫我做好打一场硬仗的准备。

然而,另有两个人并没有把我的计划看得如此悲观,即费尔干纳的最高长官,陆军上将维莱维斯基(Vrevsky)和陆军少将帕维洛什维柯维斯基。他们并不是对我的计划泼冷水,而是鼓励我,并答应尽力提供在他们能力范围之内的可行性较高的帮助。他们两人都以最令人满意的方式遵守了他们的诺言。

一星期前的一天我就已决定从马格兰出发,费尔干纳的最高长官根据巴朗·维瑞维斯基的建议,派出萨特信使到在阿赖(Alaï)山谷过冬的柯尔克孜族人那里,吩咐他们要对我友好欢迎,并在某些地方提供帐篷,安排好时间,给我提供食物和燃料,派人预先清除掉道路上的雪,在阿赖山的狭窄而危险的山路上的覆冰中凿出踏脚处,并在带领考察队和一站接一站向前运送行李的过程中提供一切我所需要的帮助。

骑马的信使也照样被派往摩哥哈布,此外,我还给那个站的指挥官和边境附近的布伦库勒(Bulun-kul)的中国官员带了几封信。萨特信使被吩咐进一步陪我走完全程。一句话,我在完善我的考察队的设备和为我的旅行做准备,在马格兰确实是获得了最慷慨大方的帮助。

我以前绘制出的线路图,是动身通过泰奇兹拜(Tenghiz-bai)的隘口,越过阿赖山,然后向上到克孜尔苏(Kizil-su,又译作"克孜勒苏")河旁边的阿赖河谷,爬上特兰斯阿赖(Trans-Alaï)山脉,向下通过克孜尔阿特(Kizil-art)隘口,到喀拉库勒湖。越过喀拉库勒湖,通过阿克拜塔尔(Ak-baital)隘口等,到达摩哥哈布上的帕米尔要塞。全程总计为300多英里,被分成18天的行程,5天是额外的休息。

出发前,我从一位萨特老商人那里租了8匹马——7匹马驮行李,1匹马我自己骑,价格是每匹马每天1卢布。买马会更便宜,在喀什噶尔再把它们卖掉。但根据我制定的协议,我不用对马匹的损失及受伤负责。在饲养或照顾它们上,我没有义务,这些责任由带着另外3匹驮运饲料的马的那两个人来履行。一个名叫热依姆巴依(RehimBai)的萨特信使,脸被晒得黝黑的活泼小伙子,被委派为我的得力助手。他曾冒着风吹日晒及寒冷,多次参与到贯穿中亚的长途旅行中,而除了有亚洲旅行的经验,他还是一个烹饪高手,并会说俄语。我给他一个月25卢布,连同口粮和"住处",他必须自己解决马匹和冬毡。在这次旅行中,

　　　　　　　　　　　　　　　● 从马格兰到阿赖山的一条路

他几乎失去了生命。他在喀什噶尔离开了我。

热依姆巴依病倒时,他的职责由与他在一起的两个骑手中的一个代替,他叫斯拉木巴依(Islam Bai),他的家在费尔干纳的奥什。斯拉木巴依是两个人中较好的一个,他在整个旅行中始终尽职尽责为我服务,并受到最美好的赞扬。下面的记录将最好地表明我欠这个人的一笔人情债是多么地巨大。

当斯拉木巴依第一次来到我这里时,我对他来说完全是一个陌生人,而他对我的旅行的真正意图并不了解。然而,他心甘情愿地离开他在奥什的宁静家园,与我分担穿越亚洲中心的长期旅行中的一切危难与风险。我们肩并肩地穿过了骇人的戈壁沙漠,一起面对着沙暴并几近干渴而死。当我的其他队员倒在路旁,被艰难的旅途征服时,斯拉木巴依用无私的献身精神守护着我的地图和写生稿,因此他在保留我如此高度珍视的资料的过程中起到了极大的作用。当我们攀登多雪的悬崖峭壁时,他总是走在队伍的最前端带路。他自信地带领着考察队穿过了帕米尔高原波涛汹涌的激流险滩。当唐古特人威胁骚扰我们时,他始终忠实警惕地守卫着我们。总之,这个人对我提供的帮助数不胜数,而对于他,我可以如实地说,我的旅程中将不会再有像他这样有一个幸运结局的助手了。

我在马格兰留下许多不再需要的物品和设备,包括迄今我仍在使用的古老的奥伦堡俄式四轮马车和我的欧洲旅行箱。我买了几只萨特式样的货箱来代替这些箱子,那是一种木箱,用皮革包着,如此构思,为的是它们可以像一副挂在驮畜两侧的驮篮那样驮在马背上。我购买了必要的马鞍、皮衣及用毡子和未鞣制的皮革制成的帕米尔靴子,贮存了大量的食物。我还带了两把钢锹,在搭建帐篷时用来铲雪,还有冰斧和镐头,有助于我们爬上陡峭的包着冰层的峭壁。当我们穿越结冰的喀拉库勒湖时,我打算做一些水深测量,为了这个目的,我准备了一根新的细麻绳,500码长,每10码长打一个结,一端是坠子。平板仪架是被这样设计的,外加一件高加索斗篷,它能成为一个临时帐篷,以防我们突遭暴风雪的袭击。

1894年2月22日,由萨特信使管理的马队开始出发到阿奇库尔干(Utch-kurgan)。一匹马驮着摄影器材,它们被装在两个箱子里,第二匹马运载着我的地形测量仪器及其他仪器还有书籍和药箱,第三匹马载着弹药箱,第四、第五匹马载着粮食,第六、第七匹马载着我的武器和私人行李,最后,在考察队的排尾,是三匹载着马匹草料的马,其中一匹马被埋在满满两个装满草料的大袋子下,几乎都看不见了。

两名向导步行走在前面,指挥着马匹向需要的地方走去,信使吉奇特斯(Jighits)骑着马。当这长长的看上去给人深刻印象的考察队排成纵队走出镇长官邸的院子时,我站在那里观看着,一点儿自豪感也没有。我没有伴随着考察队一起走,而是在马格兰度过了那个晚上,我要最后再看看数月以后才能再看到的欧洲文明。那天晚上,马格兰的每个人都聚集在镇长温馨的院内与我告别,这与即将到来的夜晚是多么地不同啊!

第二天早晨8点钟,玛特维依夫(Matveyeff)上将和基维柯斯(Kivekäs)中尉,两位芬兰无忧无虑的儿子,他们从好客的镇长温暖舒适的家中赶过来热诚欢送我。我用亲爱的故国瑞典语同他们说完最后一句话之后,向马格兰告别,骑着马慢慢跑在我的队伍后面。我在阿奇库尔干赶上了考察队,这段距离仅有23英里。然而即使只这一小段距离,地势却升高了1100英尺,升到了海拔3000英尺以上的高度。

　　　　　　　　　　　　　　　　　　　　● 奥斯坦驿站

　　阿奇库尔干是一个风景如画的大村庄,坐落在伊斯法兰(Isfaïran)河畔,在阿赖山北边的斜坡上。在村外一两英里外,我遇见了这个地方的最高长官,由他的同僚、奥斯坦的首领陪同。奥斯坦坐落在山中更高的地方。前者是萨特人,后者是柯尔克孜族人,两人都穿着节日盛装,深蓝色布外衣、白头巾、镶银的腰带,短弯刀挂在嵌银的刀鞘中,紧跟在他们之后的是为数众多的随从的马队。这些职位显要的人物陪同我走进村庄,那里已聚集了一大群人在目睹着我的进入,享受着一场罕有的快乐。在茶点逐一被提供之后,考察队再次由一支骑马队伍陪同出发了。

　　当我们前行时,伊斯法兰河谷渐渐变得轮廓鲜明起来,狭窄的一端宽度只有几百码,同时,小路上升,伴着部分河床向前伸去,尽管在某些地方它沿着陡坡的面延伸,几乎如同悬崖峭壁一样陡峭。河流已冲刷出一条深深的河谷,穿过纹理粗糙的砾岩,河水呈深绿色,但晶莹剔透,欢快地跳着舞从大圆石中间流过。

　　几个小时的骑程把我们带到了第二个休息站奥斯坦,在那里,沃拉斯特诺伊(Volastnoi)已为我们准备好了一顶舒适的帐篷,覆盖着白色的厚毡子,外面装饰有宽宽的彩色布条,里面铺有地毯,伴有正在噼啪作响的炉火。我们草草搭建了一个临时气象台,把行李堆放在帐篷外,把马拴起来并给它们喂草料,然后聚集在露天的篝火旁边。此时,热依姆巴依第一次有机会施展他的烹饪技巧。到我完成我的观测时,天已黑了。我开始整理过夜的床铺。这并不是一件麻烦的工作,那是由于床非常简单——一块粗麻布垫铺在两根柱子上,柱子的两头搭在两只箱子上。

　　第二天,休息。奥斯坦的柯尔克孜族人的冬窝子总共有约100个帐篷,位于不远处较高的山谷中,周围环绕着矮小的胡杨树林。但白天并不是无所事事地度过,我离开营地做了一次短途考察,做了几项科学观测。伊斯法兰河携带水量是每秒280立方英尺,气温在早晨7点钟时是31.1°F(-0.5℃),白天最高气温是51.1°F(10.6℃),水的沸点是204.3°F(95.7℃),因而海拔也许是4510英尺。

　　在启程离开马格兰河的匆忙间,我忘了一件事——带上一只夜间躺在帐篷外的看门狗。这个疏忽却以不同寻常的方式将事态引向好的一面。2月25日，当我们正行进在下一段到兰加（Langar）的路上，还有26.5英里就是河谷的开阔部分，一只柯尔克孜族人的黄色长毛大狗主动加入到我们的队伍中。它忠实地跟着我们一直到喀什噶尔，每天夜间坚守在帐篷外警戒着。它被命名为"尤尔奇"（Yollchi，路上捡来的狗）。

刚一离开奥斯坦，道路就急转直上至山谷左侧，马匹一个接一个排成长队向上攀登。过了很久，我们登上了极高的位置，以至于除了能听见下面那模糊的淙淙流水声，激流的喧闹声一点儿也听不见。道路崎岖，使人感到异常劳累，它蜿蜒曲折地伸向山上碎石丛中，勉强通过它们之间的狭窄空隙。有时它绕过台地边缘掉转过头，回到峡谷一旁；有时它从巨大的岩石碎块中间通过，不时急转而下，到河谷旁，并顺着河床前行一小段距离，然后，又出其不意地急转直下，再次突然向上爬去。

阿赖的平行山脉被伊斯法兰的深谷横向劈开，使得裂开的两端紧靠着，就像舞台场景中的两个侧幕，景色既原始又雄伟。由于风和气候作用于高山上面更加易碎的岩石上而产生的岩堆坡或塌方，向下伸至谷底，河道由几棵在其边缘附近生长的树木和灌木丛所标明。在山坡

　　　　　　　　　　　　　　　　　　　　● 伊斯法兰山谷

● 奥斯坦和兰加之间的景观

上面，许多古老又矮小的亚洲落叶松把它们纹理粗糙的枝头挂在裂着大口的悬崖上。

　　我们不得不反反复复地跨桥渡过河流，每走一步，桥面就下坠并摇摆。有一座桥通称为有特殊意义的名字——"丘柯库普瑞尤克"（Chukkur-köpriuk），即"深渊桥"。从沿着高耸的山顶盘旋而上的小路看去，在远远的底下，深渊桥就像一根小木棍被扔过狭窄的裂缝。急速下到山坡插入道路，然后过桥，再次急剧向上曲折蜿蜒地来到对面的山坡，每走十几步，气喘吁吁的马匹都要停下来歇口气。它们的负重一再向前或向后掉下来，根据它们的下降或上升，不得不随时拉住它们。大家用喊声驱赶着马匹前进，人们互相发出的警告声刺耳地回荡在悬崖峭壁间的空谷中。

　　就这样，我们沿着狭窄危险的小路，小心翼翼地慢慢前进。

　　过深渊桥后不久，路面铺上一层很滑的冰，并与被雪覆盖的斜坡接界。斜坡的尽头是一小段低矮的直立山体，在山脚下，可以在锋利的平板岩石或薄板石中发现粘板岩。队伍中的第一匹马驮着稻草袋及我们的行军床，由一个柯尔克孜族人牵引着。尽管此人小心翼翼，当他来到这个地点时，马还是滑倒了，它发狂地尽力站起来，但徒劳无功。它滑

61

倒在斜坡上,在空中翻了两三个跟斗,坠落在从谷底伸出来几乎垂直的岩石上,最终在河中央完全停顿下来。草袋破裂,稻草撒在岩石上,尖叫声刺破云天。

考察队停下来,我们从最近的小道冲下去,一个柯尔克孜族人捞起了我的行军床。当时马正随波逐流,其他人吆喝着叫马试图站起来,但它躺在水中,把它的头紧紧靠在一块大岩石上,对他们的行动无动于衷。这个可怜牲畜的背部受伤了,我们只能将它留在河的中央,让它静静地躺着直到死亡到来,在那里,它不得不在临死前的极度痛苦中做最后的挣扎。草料被归拢在一起、装袋并再次缝合起来,驮到另一匹马上,一直驮到我们到达兰加的营地。

一回到路上,我们就开始用铁锹和斧子干活,清除路面上的冰,然后在清理过的地方撒上沙子。

马匹被牵引着一个接一个穿过这危险的地段,它们的安全被十分小心地保护着。不用说,我是步行过去的。

旅行结束之前临近黄昏时分,暮色越来越浓,集中在深深的狭窄的峡谷中,充满了朦胧感。但过了一会儿,星星开始隐约显现,越来越亮,

　　　　　　　　　　　　　　　　　● 在阿赖山中开路

它们的闪光刺破黯淡的沟壑,在危险的旅行中给我们以微弱的光亮。我在亚洲高原的冒险中遇到了应该遇到危险,但在我们到达兰加之前仍有3个小时的旅程。我相信,在我迄今为止所有的经历当中,这是最令人担忧的。第一个冰达坂只是其他危险将要到来的前兆,它们现在正快速地接踵而来,一次比一次加剧。于是我们走路、爬行、慢慢向前滑动,在张着口等着我们成为它们的牺牲品的黑色深渊旁前行。这引起了无数次的耽搁,我们多次不得不停下来在冰上凿出踏脚处,并撒上沙子。每一匹马都必须由两个人牵引着走出这些地方,一个人牵着缰绳,而另一个人则紧紧抓住马尾巴,如果它绊倒或滑倒,就准备用绳子捆绑它。尽管如此,还是有几匹马跌倒了,但幸运的是它们又都设法站立起来。有一匹马跌倒滑下雪坡几码,庆幸的是及时停了下来。它的驮架松开了,被搬上小路,而当马被帮助着回到路上,它的担子再一次被紧紧捆在背上。

我本人用手和膝爬行了几百码远,一个柯尔克孜族人紧紧跟在我的身后爬行,在更加危险的路段抓住我,这些地方中的任意一处,跌倒意味着即刻死亡。

总之,这是一次极其凶险的旅行——黑暗、寒冷,令人畏惧。唯一打破峡谷中的可怕寂静的,是每当一匹马跌倒时人们的尖声叫喊,以及马匹走向这些危险路段时他们警告的呼唤声和泛着白沫急速奔流而下的洪流那经久不息的怒吼声。这是亚洲河魂用它那颤动着的竖琴弹奏出的一段气势恢宏的音乐!

在疲乏、寒冷、饥饿伴随下,我们一口气在雪中行走了12个小时。当我们最终到达兰加时,两顶帐篷已在那里为我们搭建好,并且每顶帐篷内都点起了明亮的熊熊燃烧的炉火。这是多么地受欢迎啊!

第
九
章

越过泰奇兹拜隘口

　　离开兰加,我们朝着几乎是正南方向的泰奇兹拜隘口走去。但在我继续讲述我们是如何登上它之前,我必须先说上一两句关于连接费尔干纳山谷与阿赖山谷的几个重要隘口。隘口一共有5个,从东到西排列如下:

泰尔迪克(Talldik)	11605英尺
吉普蒂克(Jipptik)	13605英尺
撒瑞克莫哥尔(Sarik-mogal)	14110英尺
泰奇兹拜	12630英尺
喀拉喀斯克(Kara-kasik)	14305英尺

　　据以上数据得出阿赖山几个隘口平均高度是13250英尺。显而易见,它们的绝对高度随山脉向西延伸而增加,隘口与山谷之间高度上的不同,同样是从东到西呈增加的趋势。

　　这些隘口中最靠东的,是第一个,即泰尔迪克,通向它的道路最近已被平整,用于运输和炮队通行。但在冬季大部分时间内,它都是积雪地带。第二、第三个隘口是非常不便通行的,主要因为雪崩、大风和强烈的飓风雪。在泰奇兹拜隘口,雪深每年变化非常大,正常季节里,雪的总量不是很大。这个隘口冬季大部分时间都在使用,这是一条邮局信使前往吉奇特斯(Jighits)常走的路线,他们带着邮件穿梭于马格兰和帕米尔要塞之间。在2月的后两三个星期里,接近隘口是正常的事。1893年只有10天接近隘口;1892年,整整两个月不能通行;1891年雪如此之深,尽管是在短期内,12~13英尺高的落叶松完全被埋在雪堆中看不见。

2月是雪崩和暴风雪肆虐的月份,在那个时候,最胆大的柯尔克孜族人也对进入隘口犹豫不决,除非天气十分晴朗宁静。几乎没有一个隘口在冬天没有某种不幸的事发生,许多马匹甚至人的骨骼被丢在路上,可以作为夏季的里程碑。

阿赖山谷中达罗特库尔干(Daraut-kurgan)的帐篷村的柯尔克孜族人向我讲述了一个悲惨的故事,是关于一个人的。为了过伊斯兰教的斋月,1893年初,这个人与一些朋友从阿奇库尔干来到达罗特库尔干。返回的路上,3月23日,他在达罗特库尔干隘口遇上了一场猛烈的飓风雪暴,不得不蜷伏在地上待了四天四夜,除了他的羊皮大衣,没有任何保护。他的马死了,他的食物吃完了。当暴风雪停息时,他发现两边的

● 从泰奇兹拜隘口看到的阿赖山脉一部分

路全被堵死。但他仍挣扎向前，凭借着匍匐前进、爬行，奋力挣扎两天两夜之后，艰难地来到了喀拉基雅（Kara-kiya）地区，在那里他偶然遇见了几位同胞，他们照顾他，给他喂饭，护理他。他刚刚稍微恢复了一点儿，就继续上路赶往阿奇库尔干，但他在到家的第一天晚上就死了，被他所经历的苦难和饥渴所压倒。

人们还告诉我，有一支40个人的商队于同年冬天在泰瑞克达坂隘口被一场雪崩埋没，无人幸免。

2月26日夜间，我派了8名柯尔克孜族人前往隘口，用铁锹、镐头和短柄小斧为马开出一条路来。第二天一大早，考察队跟在他们后面上山。我们来到的第一个艰险之地是喀拉基雅，柯尔克孜族人艰难地开凿出的踏脚处——实际上的踏脚处——还保留在冰上，因为最后一场降雪铺在地表，白天融化，然后在晚上结冰。

柯尔克孜族人的高山马或矮种马的确是极好的牲畜，它们平常负重一般约8英担。由于这么重的担子压在它们的背上，它们能够滑下山坡很远的距离。它们像猫一样爬上陡坡，尽管狭窄的山路普遍都盖着冰，非常滑，并沿着悬崖边缘延伸。它们都能用几乎惊人的稳健的脚步来使自己平衡。"喀拉基雅"这个名字，意思是"黑峡谷"，对这个地方，这个名字真是恰如其分。它是一条狭窄的通道或小路，被垂直的岩体封闭，遮蔽在最深的阴影当中。进入到那些洞穴状的岩体深处，甚至没有一丝阳光能够透进来。在这个地点，伊斯法兰河被两座桥横跨，在上游的桥的下面，激流形成的瀑布以雷霆万钧之力直落而下。在这个地区，大自然之手创造出极为雄伟的景观，交替出现着荒芜的、使人畏惧却充满浪漫魅力的景色，我们在峡谷上方俯瞰着真实精彩的景象。

在哈德伯格（Haidar-beg）桥上方，河谷的名字是切蒂戴赫（Chettin-deh）。河流被4座小木桥横跨，最后这座桥设计简陋，它的支撑物很不结实，以至当我的队员小心翼翼牵着马一个接一个过去时，都处于最大的担心状态。向前走不多远，峡谷就完全被新崩塌下来的雪堵塞，并将河流及小路也堵住了。冰底下就像出现一个地下隧道，河流汹涌而来，而一条新的小路或相当于楼梯不得不被开辟出来，以穿过陡峭的冰块斜坡。碰巧我们就在这个地点遇见了12个柯尔克孜族人，他们从喀拉泰沁（Kara-teghin）徒步旅行到浩罕和马格兰寻找工作。他们停下来帮助我们修整道路,但尽管那样,经过一番努力之后,道路仍十分陡峭,以至于每匹马都要由6个人小心翼翼地连拉带扯推上去。

峡谷朝着它的上游一端迅速变窄,而且非常陡峭,变得很难与山坡区别开来,同时,相对高度按一定的比例随绝对高度的增加而减少。这条路的最后部分很难通行,山崩常常是一个接一个地发生。一列马中,几乎每匹马都跌倒过一次,有些跌倒过两次。当它们在雪中不能驮着负重再次站起来时,必须把负重卸下来,然后再重新捆绑到它们的背上。就这样,我们不断地被耽搁,最后遇到的冰滑得非常难以通过,以至马匹根本就不可能再次驮上负重。因此,柯尔克孜族人卸下负重,自己背着行李穿过去。实际上,他们一路上载着行李一直到罗巴特(Rabat,休息房)——一个用石头和木料建造的小屋,海拔是9350英尺,可以俯瞰到下面的峡谷。那里还搭建了一个帐篷。我白天大部分时间都在走路,十分疲乏,夜间,我开始有了高山反应的症状——剧烈的头痛和心跳过速。这些症状是由于从相对低的地方到相对高的地方的突然变化而引起的,持续第二天一整天,但约48小时后就消失了,没有留下不良后果。

第二天早上,喀拉泰普斯(Kara-teppes)的柯尔克孜族筑路工人和负责此项工作的简·阿里·伊明(Jan Ali Emin)族长返回罗巴特。同时,充分认识到这项任务的危险的我和我的队员开始我们的旅程,爬上现在已被深深埋在雪中的隘口。路上的艰难几乎是不可想象的,我们的疲劳达到了极限,但凭借着不屈不挠的精神,我们设法越过了所有障碍,来到了山顶的槽形凹地上。那里的雪足有6英尺深,又深又窄的小路已被踩出来,从堆积的雪中通过。但它就像一座摇晃的桥搭过一个沼泽,稍稍失足走出小路,马匹就会陷入雪中直至肚带,我们就得共同努力把它们挖掘出来,使它们回到"桥"上,所有这些都极大地浪费了时间。

我们发觉,一群看上去是浅黑色的山峰已被风霜风化侵蚀,正屹立在西南方向的永久积雪之上。它是喀拉柯(Kara-kir),一个孤立的山嘴,像一个海上指向标在泰奇兹拜令人畏惧的高处,指引着道路。这条路通过无边无际的弯弯曲曲的小道向上,一直到最后一个山顶。马的力气和攀爬能力受到严峻考验,但我们最终安全完好地到达了隘口顶

67

● 泰奇兹拜隘口

● 从泰奇兹拜隘口望去的阿赖山和阿赖山脉

部,行李也都完好无损。在那里休息了一个小时,喝茶,并做了气象及其他观测,拍照片,观赏着令人神往的景色。

我们休息的地点,四面八方都被雪山顶包围,裸露的黑色山峰到处都从它们的雪层中伸出来。向北看,在我们下面是伊斯法兰山谷。我们转向西南方向,宏伟的景色强烈地吸引住我们的目光。在遥远的地方,是阿赖山峰显眼的山顶。在山谷对面是坦斯阿赖(Trans-Alaï)山脉,它的山顶消失在一片云层中,山腰洁白炫目的雪域熠熠生辉。

我们站着的鞍状山脊,在锡尔河和阿姆河盆地之间形成了分水岭。我们在清新纯净的高山空气中恢复了正常呼吸之后,开始动身,以从容不迫的速度向下行进。走进阿姆河的河源地区,在这个山坡上的下坡坡道全部都陡峭得与北面的上坡坡度一样。山路被掩盖在无数的山崩与雪崩之下,有些山崩还随着它们的降落携带着大量泥土和岩屑,使得我们看不出它们存在的迹象,直到马匹突然陷进松软和不实的地上直到肚带。我测量了其中最大的山崩之一,是在前一天落下来的,它宽0.25英里,深几乎达到70英尺。柯尔克孜族人没有为如此幸运地逃脱山崩的厄运而相互祝贺。巨大的积雪层以势不可当的力量和势头冲下山坡,以至在巨大的压力之下,它们的底层或下面的一层转变成了冰。不幸被埋在下面的任何生物,将立即被冻在像玻璃一样又硬又透明的大冰块中。一旦被扣在冰的怀抱中,人将会毫无希望地被判处死刑。被扫下去的不幸的人,在意识恢复之前已被冻死。

通过白天的努力,我们都精疲力竭,在一个叫西曼(Shiman)的小峡谷坡上停了下来。这里的雪深有几英尺,柯尔克孜族人不得不先清理出一块空地,然后搭建帐篷,我们在齐胸高的雪墙的包围中度过了夜晚。

第二天,我们继续向下到达罗特库尔干峡谷行进,每隔10分钟左右就要涉水过一条河。河水沿着雪拱桥的下面疾速流动。每次过河时,马匹都被迫跳下险陡的冰岸进入水中,到对岸再次跳上来。每次它们这么做时,我都极度紧张,唯恐任何不幸的事降临到驮运弹药和照相器材的马匹身上。然而一切顺利,唯一的小事是其中一匹驮粮食的马跌下一个陡峭的冰锥,滚入激流中。但我们跟着它下去,卸下它的负重,用一根绳子把它拖上来,重新把负重绑在它的背上,然后慢慢穿过

● 我们在达罗特库尔干的营地

雪堆前进，直到另一匹马绊倒。

　　中午，天开始下雪，出现了浓厚的雾霭。一切都看不见，这使我们看不清楚已经到哪里了。一个柯尔克孜族人走在前面，用一根长棍探测雪深，就像水手在通过不熟悉的水域时所做的一样。但这是有区别的，水手的目的在于避免浅滩，而我们探寻它们是为了找到它们下面坚实的地面。几次我们的向导陷入雪中完全看不见了，等他爬出来，又试图再找另一个地方。

　　我们沿着峡谷行走，进入霍迪亚附近的阿赖山谷。这是浩罕最后一个独立的可汗建筑的达罗特库尔干要塞。建筑物用低矮的泥墙修筑，一个角落一个塔楼。又一个小时的旅行，把我们带到了达罗特库尔干的柯尔克孜族人的帐篷村，约有20顶帐篷（一顶帐篷等于一户或一个家庭）在热情的塔西·穆罕默德·伊明（Tash Mohammed Emin）首领的管辖之下。

　　"达罗特库尔干"这个名字的起源和意思，不同的柯尔克孜族人有不同的解释。一些人认为，它是由3个词组成：darah、utt和kurgan。第一个词"达罗特"波斯语和柯尔克孜语通用，意思是"山谷"，其他两个是柯尔克孜语单词，分别意为"青草"和"堡垒"（或"要塞"）。另一些人认

70

为,这个名字是波斯语"达劳"(Dar-rau)的讹用,意为"立即"或"赶紧上路"。此外其他解释,则是达罗特库尔干被用来告诫旅行者赶紧以最快速度通过这个令人畏惧的隘口。

为了增加我们的困难,老天开始刮起猛烈的西风,雪仍持续下着,大雾没有消散。柯尔克孜族人说,一场猛烈的暴风雪正在泰奇兹拜隘口肆虐。的确,我们幸运地逃过了一劫。早一天,我们也许被压倒在崩塌的积雪之下,晚一天,我们也许被飓风雪吞噬。

第
十
章

登上阿赖山谷

在继续旅行之前,我想说几句关于阿赖山谷的话。

它是一个把阿赖山脉从帕米尔高原分离出来的巨大的槽形洼地,北面与阿赖山脉接壤,南面与坦斯阿赖毗邻。它的东端终止在巨大的慕士塔格群山中。从那里,它向西绵延75英里,连续不断地在喀拉泰沁山谷中。它的宽度为3~12英里不等,高度从东边的10500英尺下落到西边8200英尺的达罗特库尔干。流经河谷的水排入横向穿过它的克孜尔苏河,一路上集中了周围山脉所有的降雨量。在离开阿赖山谷之后,河流进入喀拉泰沁河谷,并蜿蜒流过名叫瑟克哈勃(Surkhab)的河谷,最终汇入合流点,拥有第三个名字——沃克什(Wakhsh)的阿姆河。克孜尔苏河的流量,在达罗特库尔干测量为每秒780立方英尺,加上支流喀拉苏(Kara-su,黑河)流入的流量每秒175立方英尺,在24小时中的总流量为8250万立方英尺。其在雪以最大速率融化的仲夏季节流量最大。的确,仲夏约6个星期中,洪水是如此之大,以至于徒步渡过在达罗特库尔干的河流是不可能的。在那里,两岸帐篷村之间的交通完全中断。

克孜尔苏河的流量在夜间比白天要大得多,这是由于河水来自于

● 我的考察队在阿赖山谷

白天被太阳融化的雪,在黑暗降临前,洪水还未到达河谷。洪水大约在晚上8点钟开始上涨,早上6点钟再开始下降,在早上8点钟到达它的最低水位,并一整天都维持在相同的水位线上。在3月,当我看到它时,河水就像水晶般晶莹剔透。但在夏天,它就被它上游河道中的泥沙染成砖红色,由此,它得到了"克孜尔苏"——意思是"红河"——这个名字。在山脉的另一侧,它的邻近河流也是相同的情况,得到了相同的名字,即河流是从泰瑞克达坂隘口向东,流到喀什噶尔和罗布泊。

在帕米尔高原的北部、中部和东部区域我的路线通过的地区,降雪分布极不均匀,多少取决于地表三条线条分明的分隔带,可以被区别出。第一在北部,阿赖山谷,每年冬天都被大量的雪填满。第二在东部,塞瑞克库尔(Sarik-kol)地区,只有极少量的雪。第三位于这两个地区之间,喀拉库勒湖和朗库勒(Rang-kul)湖周围地区,都没有流出量,那里几乎没有降雪。

也许可以假定,通常,刮向极高的帕米尔高原的充满湿气的风,把较大部分的雨量在它们到达这个地区的中心地带之前,都倾泻到了边缘的山脉上。在这些地区,它仅仅存在于掩蔽地点。在那里,风力被减弱。例如,接近隘口或隘口周围有大量的降雪,在其他所有地方,稀薄干燥的雪很快被风刮走了。

　　降雪不均匀的地理分布的一个直接后果,是河流和冰川的不均匀分布及大小不一,这两种情况只发生在那些降雪丰富的地区。在高原中部,它们很少且范围非常小。以我所做的观测和测量的结果作为基础,由于雪是非常密集的,只有约四分之一的雪量融化转变成水,如果我们推算阿赖山谷的总降雪量和它周围的山坡覆盖有287亿平方码雪,由此可以推断,它们产生的总水量在1950亿立方英尺,或是一块固体水立方体,它的每边长为2700英尺。当这个推算被记住时,在洪水高峰的仲夏期间的河流流量并不是都比每年更加寒冷的季节相对大。如果我们假定全年平均流量在每秒880立方英尺,依据这些数据算下来每年河水总量接近于278亿立方英尺。在这种不充足的数据上做的计算当然只是一个近似值,剩余水量一定归功于夏季的降雨,这是不言而喻的。

　　冬季,猛烈的西风以其极大的固定性和规律性刮过阿赖山谷,偶尔也刮东风,但非常罕见。山谷北面和南面的高山山脉遮蔽着它使其免于受到北风和南风的侵袭,尽管偶尔也刮起东南风。夏季天气宁静得多,风很少,而且几乎没有什么力量。它们从各个地区刮过之后,西风被叫作"喀拉泰沁",东风被叫作"俄克斯塔姆"(Irkestam),东南风被叫

● 在阿赖山谷的雪中

作"摩哥哈布"。

在费尔干纳山谷中,春雨于3月中旬来临。在山的另一侧的阿赖山谷中,同一月份是"撒瑞克卡"(Sarik-kar)或"黄雪"的季节。这个名字是根据冬天最后的降雪所得。为什么如此称呼,柯尔克孜族人从未能够给出一个满意的解释。但这个名字在整个帕米尔高原普遍被使用是一个事实。最大可能的解释也许是这样:当时某些地区的降雪已经融化,露出了地表,从那些地区腾起的尘土也许被风赶上,并刮在刚刚降落的雪上,把它染成了脏黄色。

不必说,雪冬天开始下,春天会销声匿迹,但不同的地区具体情况各有不同。在更高的地区,几乎一年到头都下雪,在阿赖山谷,第一场雪降落在10月底,最后的踪迹消失约在4月中旬。

但在我们的返程中,2月28日和3月1日之间的夜晚,风怒号着一小时接一小时地刮过我们的帐篷,终于,从分开的毡片之间撕开数条狭长的裂缝。早晨当我醒来时,帐篷内的地上被积雪镶出一条条雪带,其中一条斜着穿过我枕着的枕头。我就像一只熊一样睡在它冬天的洞穴中。第二天暴风雪又持续刮了一整天。西风旋起了粗粗的雪柱,像粉末一样细的雪从早到晚经过我们的帐篷,帐篷本身每一分钟都受到被刮跑的威胁,尽管我们又多加了几条绳子把它系住,并又加了几根桩子来支撑它。

3月2日,我们一直走到干迪(Gundi)冬村(冬窝子),但早上动身之前,我们采取措施,预先派了几个人去清理路面并踩出一条穿过积雪的路。很幸运我们这样做了,因为老路已被暴风雪所覆盖。我们尽可能地保持着紧靠阿赖山的南坡行走,因为在许多地方,那一侧的雪已被完全刮走。

在干迪,我们遇到了不幸的事——刚刚把帐篷搭好并安排妥当,在带的行李箱和更怕碰撞易碎的部分行李中,热依姆巴依把水银气压表磕碰了一下,打破了易碎的玻璃管,使得闪闪发光的水银珠沿着地面滚了起来。哎呀!我那昂贵灵敏的仪器!我曾小心翼翼地看护着它,就像母亲看护她的婴儿一样。现在没有用了,我不能再一如既往地一天三次记录它的读数了,不如把它扔进雪堆。热依姆巴依惊惶不安,但他没有因所发生的事受到责备。我只轻轻说了他几句,宽恕了他。过分

● 干迪的帐篷村

指责他有什么用？那样也补不回来气压表。此外，我还有另外三个无液气压表和沸点测高器。

　　为了对我的损失给予一些安慰，队员们安排了一场音乐晚会。一个柯尔克孜族人来到我的帐篷，坐下来开始弹奏库姆孜，一种用手指弹奏的三弦乐器。音乐是单调的，并具有令人伤感的旋律，但是它与周围的环境及它们形成的氛围十分协调。我带着愉快的心情坐下来倾听着音乐，我的想象被音乐以及晚风发出的轻柔的萧萧声和炉火那和缓的噼啪声深深抓牢了。在长年累月中，能有多少个夜晚我可以这样度过，倾听着柯尔克孜族乐器那天籁般的声音！多少个黑暗、孤独的冬日的下午，我没有以这样的方式来消磨！经过一段时间，我变得习惯于库姆孜，就像柯尔克孜族人那样，从中得到了许多快乐。它那安慰性的乐音把我的思绪带到了梦幻王国，我的思想遥遥飞向瑞典那片黑松林——我的家乡。梦见回到自己最感亲切的环境当中，那将是多么甜蜜、多么愉快的一件事啊！多少个夜晚，我在库姆孜有节奏的音调中伴着一首令人伤感的亚洲歌曲进入梦乡。

　　3月3日，风暴平息下来。尽管天空仍笼罩在云雾之中，坦斯阿赖山的顶峰闪烁着极为美丽的灰、白和淡蓝色。两个小时的旅行把我们带到了克孜尔安克（Kizil-unkur）的小帐篷村，又两个小时之后，我们到

● 骆驼穿过雪原时踩出一条小路

达阿赖山南山嘴中一个低矮的马鞍形隘口。一路上,甚至一直到喀什喀苏河、克孜尔苏河,它们都是靠近阿赖山脚流动,所以能远离坦斯阿赖山。我们的路与河流右岸并行,河水翻腾着疾速流入狭窄的峡谷,时而强行闯入红色沙丘中间,时而冲刷出一条深沟,穿过砾岩地层。

接着,我们渐渐远离了克孜尔苏,进一步向东前进。雪越来越深,足迹被最近的一场暴风雪完全抹去,积雪如此之厚,以致一整天就有4峰骆驼跌倒在小路或一条沟上。马匹以缓慢且沉重的步子艰难向前,通过了小路。风继续狂暴猛烈地袭向我们,常使整个考察队被笼罩在浓厚的雪雾中。

我们终于来到了小河喀什喀苏,河对岸是一个相同名字的帐篷村,为了到那里,我们必须在一座冰雪桥上骑马走过激流。在那里,我们发现一顶最舒适的帐篷正等着我们。柯尔克孜族人不仅把地毯铺在地上,而且也挂在四周的墙上,而正在帐篷中间熊熊燃烧的炉火向四面八方喷射出阵阵火花。在炉内燃烧的木头噼啪乱响并不时地飞出带火的碎片,不得不有一个人专门看守着它,免得把地毯烧出洞来。

3月4日,雪下了一整天,景色被笼罩在浓雾之中,看不到一处地貌。天地合成一块白色的雾蒙蒙的面纱,难以区分。唯一调剂眼睛的

● 克孜尔苏河

是远处考察队伍那长长的暗色线条,纵队的最前面部分慢慢地变成了暗灰色,又逐渐消失在远方。两峰骆驼领路,它们的骑手正在寻找哪里是最坚硬的地面,因此,他们上下巡游在每一块小路的升高和隆起处。但雪是如此之厚,以致有几次他们跌入雪中几乎都看不到他们的踪迹了。随后,他们爬出来,再试另一个地方。马匹尽最大努力在骆驼的足迹中奋力前进,它们的驮重和马镫颠簸摇晃着,两侧都是雪堆。

　　我们终于在一个山坡上看到了一顶帐篷——一片白茫茫中的一个黑点。再向前走不远,我们看见正忙着搭建另一顶帐篷的人们。他们距我们大约有200码远,但在我们与他们之间有一个沟壑,里面的雪已吹积到8~10英尺深,这让我们花了一个多小时才使所有的驮畜安全走过去。冒险试图穿过它的第一匹驮畜掉到了危险的表面之下,几乎被埋在深雪中,人们尽了最大的努力把它的负重卸下来,并用力把它再次拉回到坚实的地面。接着开始掘出一条路来,但雪是如此之深,以至牲畜不能通过它。终于,柯尔克孜族人想出一个巧妙的方法来战胜困难。他们把搭建帐篷的毡子拿来铺在雪地上,但毡片不够多,不能一直铺过去,所以等一匹马尽可能走到它能走到的地方之后,再把毡子从它后面拿起来,铺到它的前面。就这样,以极大的劳动力和大量的时间浪费为代价,我们设法全都安全地过去了。

那个地区被叫作吉普蒂克,但同一名字的帐篷村位于再向前2英里远的地方,为便于我们居住,帐篷被单独转移了。尽管如此,它根本就不是一个舒适的营地,燃料不足。比那更糟糕的是潮湿,潮湿使得帐篷里充满了呛人的烟雾,帐篷本身很快就被高高的雪墙所包围。

3月5日,夜晚极为寒冷,气温最低为-4.9°F(-20.5℃),早上8点钟在我的帐篷前面是14°F(-10℃)。帐篷内一切都结着冰——罐装食品、液体牛奶、墨水……帐篷外,可怜的马匹在露天下度过了一夜,悲哀地垂下它们的头,试图擦去在严寒的空气中每当被碰到就噼啪作响的雪。然而,白天天气晴朗,午前约一小时,太阳隐隐出现。接着,雄伟的阿尔卑斯山脉的坦斯阿赖山的轮廓线开始透过快速消失的雾霭隐约显现。在最高的顶峰,仍萦绕着轻薄透明的云纱,我们不时看到2.3万英尺高的科夫曼山峰金字塔形的峰顶在阳光下闪烁着银光,看来没有被它的任何邻居所超越。

我们等了一会儿,因为已安排好,有一些柯尔克孜族人将从阿恰布拉克(Archa-bulak)来和我们会面,并为我们清理出一条穿过雪地的小路。但等了一阵之后,还是没有看到他们。我们的朋友简·阿里·伊明——喀拉泰普斯的首领,提前先骑马去看看他们的情况怎样以及勘察一下路面情况。我承认,看着他的马踉踉跄跄通过雪堆并不是一件鼓舞人心的事情。马的两侧挂满了白霜,而从它的鼻孔里喷出的气息就像一股股轻飘的蒸气。一个半小时,我们看到它像一条黑斑鱼穿过无止境的白色的雪海,慢慢蠕动着,而大部分时间,除了骑手和马的头,什么也看不见。

● 简·阿里·伊明骑马穿过雪原

简·阿里·伊明走后两个小时又返回来了,他说再向前走是不可能的,雪相当深,他的马已跌倒数次。我们开会商量了一下,其结果是由简·阿里·伊明和热依姆巴依骑马到吉普蒂克的帐篷村去寻求帮助,其余人待在营地。不夸张地说,四面八方都被雪封住了。终于,在进一步等待之后,我们看见一长列马和骆驼从北面阿赖山脚下的方向走来。他们是帐篷村的人,给我们带来了干草和燃料。他们极力劝说我们留在原地,到第二天早上再出发。

3月6日一大早,我们开始做准备,就好像为了一场军事战役。

天亮之前,4个队员骑骆驼出发去踩出一条穿过积雪的路。柯尔克孜族人告诉我,有几个冬天雪比今年冬天还要大得多,有时堆积起来比帐篷还要高。畜牧村之间的相互联系,必须靠受过专门训练做扫雪工作的牦牛来保持,因为它们可以用额头和犄角铲出一条狭窄的坑道或穿过积雪的小路。

摆在我们面前的当务之急,是渡过克孜尔苏河——没有一件是容易做的事,除了在河流中间有一股约10～12码宽的湍急的水流外,河流表面覆盖着冰,冰又被厚厚的雪块盖着,而且冰的边缘是危险的,被水冲刷得很厉害。我坐在马背上,当它来到可涉水而过的地方的冰的边缘,并且鼓足勇气跃入水中时,根本就不是一种令人愉快的感觉。如果它滑一下或跌倒了,我想我一定得洗个冷水澡,并且是在当时普遍的

　　　　　　　　　　　　　　● 渡过克孜尔苏河

那种温度中洗澡，那将绝不是令人惬意的。更糟糕的是——那将是危险的，由于我为又厚又重的皮外套所累，它极大地妨碍我自由行动。甚至在马安全跳跃时，通过可涉水之地涉水时，我就禁不住头晕眼花起来，因为河水在它周围沸腾一般并泡沫飞溅，流动如此之快，以致马的蹄子几乎都腾空起来。除非我的一只手一直紧紧抓住它，否则它会被带出可涉水之地，跌入深水中，它会在水中失去立足点，随波逐流。在夏季，那种不幸的事是经常发生的。

刚一渡过克孜尔苏河，我们就斜着穿过山谷向坦斯阿赖山脉的外山坡前进。河流在我们的左后方，由于地面有许多向四面八方涌出的天然泉水，所以行走起来非常困难。从泉水中渗出的水，部分结成巨大的冰块，温度有点高的地方，水从未结冰的雪下面慢慢流出来，这引起大面积的雪块摇摇欲坠，马一踏进去，每走一步都在下沉。通过马的蹄声的特征，我们就能够知道埋藏在雪下的地表是什么类型的。沉闷厚重的声音，意味着是坚硬结冰的地面；清晰的金属般的声音，表明是坚实的冰；而压抑空洞的声音告诉我们，我们正骑马走在冰块或冰拱之上。

随着我们逐渐地前进，地表变得更加起伏不平。我们进入了坦斯阿赖山脉的低矮丘陵地带，把泰尔迪克隘口留在了我们的北边。雪变得越来越深，10个小时的行进之后，我们决定停下来休息，尽管这个地

● 渡过克孜尔苏河（第二个场景）　　**81**

区极为荒凉——没有一片草,没有见到一个生物。队员们把雪从一个矮山坡上清理掉,把行李堆积在那里过夜。从吉普蒂克开始,带着我们的帐篷的骆驼落在后面的路上,我们不得不等了整整一个小时,直到它们到来。同时,我们点起了篝火,围着它成为一个圆圈,试图以热茶来温暖我们冻僵的四肢。那里的温度是−15°F(−26°C),雪稍一被碰到就像羊皮纸一样噼啪作响。那天直到深夜,我才钻进搭建好的帐篷内躲避寒冷。

我已经说过,费尔干纳当局对柯尔克孜族人已下达命令,在我们旅行的每一段行程中,他们都要在我们到达的那天为我们准备好帐篷和燃料。当我们到达这个特殊的被叫作俄塔克(Urtak)的地方时,没有为我们准备帐篷的原因,是属于奥什行政区域的阿奇泰普的地方首领柯加·明·巴士(Khoja Min Bashi)要亲自来迎接我。我准备在这次接见后动身越过阿赖山脉。但在泰尔迪克附近的阿特耶利(Att-yolli)隘口,他突然遭遇到了飓风雪的袭击,阻挡他继续前行。同一场暴风雪将40只羊埋在了雪堆里,它们的牧羊人死里逃生。当发现自己被牢牢阻塞住时,地方首领设法在他的地盘另外找来了6个人,并派他们带着帐篷和燃料前进。他们艰难地强行通过隘口,在9天的艰辛跋涉之后,损失了一匹马,被迫放弃了帐篷和燃料,其中4个人挣扎向前,终于成功地到达了吉普蒂克。他们从那个地方的柯尔克孜族首领手中借了另一顶帐篷和新的燃料,当我们最终在俄塔克遇到他们时,他们为留下的两个同伴深感不安。4个人中的一个脚被冻伤,而另一个人穿过令人目眩的皑皑白雪走了3天之后,因为用眼过度而得了雪盲症。他的同伴尽量

● 我们的马匹在雪中力图找到青草

遮护着自己的眼睛,将一束马尾塞在帽子和前额之间,并把皮子片绑在头上,在上面割开窄窄的缝隙。

这两个病人都得到最好的照顾,两天以后,他们再次恢复到良好的健康状况。

那天晚上,在我们上床睡觉之时天已非常晚了——当营地中所有的声音都静下来时,已是午夜之后整整一小时。当时,气温是-25.6℉(-32℃)。

我习惯了一个人睡在帐篷里,而且与柯尔克孜族人紧紧挤在一起令人很不舒服,他们很少单独占用毛毡或是毛皮。但严寒却成了接受我提到的不便之处的相当有效的理由。由于温度如此之低,让队员们躺在露天之下我是问心有愧的。因此,他们大多挤进了帐篷,暂睡在地毯上,尽可能地挤进来,直到我们挤得紧紧的就像桶里的鲱鱼。尽管这样,帐内的气温也只有-12.6℉(-24.8℃),夜间最低气温是-30.1℉(-34.5℃)。

第二天早晨当我们醒来,一阵冰花和冰柱从帐篷顶落到我们身上,但我从未见过星星像那天晚上那样闪烁得如此灿烂。

第
十
一
章

越过阿赖山

3月7日上午11点钟,我们出发了。

我们全都因前一天的辛苦跋涉而感到精疲力竭。当我们上床睡觉时已很晚了,再次出发时,太阳已把天空照得暖洋洋的。我们的柯尔克孜族向导引导我们穿过了紧靠着喀拉苏的一群矮山。这条河是根据它的由来的环境而得到"黑河"这个名字的,而不是根据这个高原地区的雪域得名。但天然的泉水是如此晶莹剔透,以至它更深的区域看起来好像是黑色的。我们从它的一侧在其易碎的冰壳上横跨到另一侧,越过河流两三次。在我们脚下,我们能听到水正以清脆的金属声汩汩疾流。在我们可以看到的不超过两三码的地方,塞满石头的河床上,水在这些石缝中间畅通无阻地流动着。

积雪越来越深,考察队只能以缓慢费力的步伐穿过它们。向东方,我们可以看到阿赖山谷的终端。阿赖和坦斯阿赖山脉的支脉在一个槽形洼地会合,后者山脉的轮廓现在极为鲜明,它的峰顶反射出炫目的光芒,在覆盖着雪的山肩周围闪动。主要的色彩是白、蓝,在很远很远的地方之上,它闪耀着亚洲天空的纯青绿色,游丝般的白云像新娘披着的薄纱徘徊在科夫曼峰顶和附近高处,但那是多么冰冷、多么寒气逼人的

84

新娘!

马匹辛苦地穿过雪地向前,队员们不得不一直保持着警惕,因为驮载老是从马背上滑落下来,队伍中每个队员必须时不时把驮载物重新放平。在行进较艰难的地方,柯尔克孜族人那特有的祈祷声或简单的"前进"声响彻云霄。

我们的犬友尤尔奇过得十分快活。它像一个杂技演员一样在积雪上打滚。它在雪里不断地翻滚,彻底把它那又厚又粗的毛皮变凉,一会儿顽皮地衔上满满一口雪,一会儿又像一支利箭一样飞快地蹿到考察队的前面。这家伙刚加入到我们队伍中时还是一只半野狗,我从未成功地彻底使它驯服。在柯尔克孜族人当中被饲养着,它从不可能被任何诱饵引诱进到我的帐内。这里的柯尔克孜族人把狗看作是一种不洁之物,所以痛打把帐篷内弄脏的它的爪子。我尽量试着让尤尔奇不再受这种观念的束缚。但我试图让它进入我的帐篷时,却不可能使它走近帐篷门——既不能用正当手段,也不能用不正当手段。它的一生中从未踏进过帐篷一步,很明显,它已经根深蒂固地接受了它不能碰触那里的事实。

世界这部分的气候并不是没有它的特色。当太阳几乎是在你的一侧脸上燃烧时,你的另一侧脸却正在被冻僵。中午,如果天气晴朗,没有风,天气如此之热,以至于你高兴得甩掉你的羊皮袄。但当太阳被云遮住时,或一座山的阴影挡在你和太阳之间时,你就开始冷得发抖。脱掉你的皮衣两三次之后,你的脸就像羊皮纸一样又硬又干,你的肤色会变成跟印度人一样的褐色。3月5日中午,气温在阴影下是14°F(−10℃),而黑球温度表的日射温度显示为125.6°F(52℃)。

天开始暗下来,而我们仍要两个小时才能到下一个营地。马行走得如此缓慢,而我的背由于穿着沉重的皮衣痛得厉害。我吩咐柯加·明·巴士陪着我离开考察队,尽可能快地在黑暗中走过无路地区。柯加·明·巴士走在前面,我跟着他的足迹或者更确切地说是他的马通过积雪开出的一条沟前行。这是一次让人疲乏的骑行,除了闪闪发亮的星星,大地漆黑一片。然而最终我们来到了一座单独的鲍多巴(Bor-doba,牧人小屋)。它是由可敬的旅馆老板负责,他听说两个浑身是雪的骑马人在夜间很晚时刻来到他的门前,把他们的马拴在外面,掸掉衣服和靴子上的雪,不拘礼节径直向前进入屋子。为了防止任何关于屋子风格的误解,我得说明,这只是一个土屋,用粗制的梁支撑起木制屋顶,唯一为睡觉准备的是在地当中的一个方形土台。这个屋子和几个更小的屋子,是由费尔干纳当局指示建造的,为了来回穿梭于马格兰和帕米尔要塞之间的骑马信使的方便而准备。这个特殊的屋子建在一座孤独的山脚下,根据那里的环境而得名"鲍多巴",是"灰山"——"鲍泰普"(Bor-teppe)的讹用。我们两人进屋后倒头就睡,一直睡到考察队到来引起的忙乱嘈杂声把我们唤醒。然后,我们喝茶,点起熊熊燃烧的炉火取暖。

在到鲍多巴的路上,我们看见了8匹狼的踪迹。它们以分散的队形从阿赖山到坦斯阿赖,穿过山谷,再向前,它们全都转入我们行进的路上,通过两山之间狭窄的空地。柯尔克孜族人告诉我,这是一支老的和著名的狼群的痕迹。第二天早晨天刚亮,当我的队员出去查看后面的马匹时,他们看到7匹狼正偷偷地向克孜尔阿特方向跑去。

在那些地区,狼很常见,夏季它们经常出没于阿赖山谷,并且对柯尔克孜族人的羊群征收贡品。柯尔克孜族人的牧羊犬在一英里以外就能看到它们,但常常上狼群的当。狼群会一次紧紧缠住一群羊几个星期,坚持不懈地寻找一个有利的机会捕获战利品。它们是极其凶残的

● 鲍多巴——牧人小屋

嗜血动物,如果碰巧它们遇到一群未受保护的羊群,会把羊群中的羊一只不剩地咬死,不留一个活口。就在前几个星期,一匹狼在一夜之间就把属于阿奇泰普的一个柯尔克孜族人的180只羊咬死。如果狼活着落入柯尔克孜族人之手,他们会强行掰开它的嘴,在它的上下颚之间插进一根短粗的木头,并把它们牢牢捆在一起,再将另一根粗重的木头紧紧绑在它的一条腿上以防止它逃跑,然后他们把它拷打致死。我曾经在一次制止这种可怕的场景中起到了作用。

当冬季大雪降临到阿赖山谷时,狼来到了帕米尔高原,并在喀拉库勒湖周围徘徊,主要捕食健壮的黄羊或盘羊,即中亚野羊以及山羊和野兔。在搜寻野羊的过程中,狼显示出了非凡的诡诈和聪明。它们先形成一个大的圈包围羊群,接着开始嗥叫,为的是使它们的存在被猎物知道,然后逐渐靠近它们的目标。当它们靠得足够近时,便隔离出两三只羊,迫使羊躲避在一个狭窄、向外突出的山岩上。在这里除了进入狼口,没有回路。如果山岩太陡,狼群爬不上去,它们就在底下耐心等待,直到野羊纤弱的腿因为完全疲乏而变得麻木,滚下悬崖送入那贪婪的迫害者的口中。在喀拉库勒湖附近,我们常常看到一群群野羊在两三英里外安静地吃草,柯尔克孜族人习惯于在不可思议的距离外发现它们,远到我用我最大功率的望远镜也只能看到一些它们移动的物像。在帕米尔高原,旅行者到处都可能看到野羊的头盖骨,它们已被太阳晒得惨白,但仍由于它们那巨大卷曲的犄角而生色。无疑,这是狼群盛宴后唯一的留存物。

据柯尔克孜族人讲,有时两匹狼对一个单独的人来说是危险的。他们告诉了我许多关于狼和它们在亚洲高原地区的劫掠活动的令人毛骨悚然的故事。几年前一个人在泰尔迪克隘口遭到狼的攻击并被咬死,当一两天之后柯尔克孜族人去找回他的尸体时,除了光光的骨骼外,什么也没剩下。另一次,一个柯尔克孜族人在克孜尔阿特隘口遇到了雪暴而死亡,一周后,有人在雪地里发现了这个人的尸体,而他骑乘的马已被狼整个吃光了。只有在去年冬天,我们的一个柯尔克孜族向导和一个萨特信使被12匹狼包围,幸亏他们有武器,开枪打死了两匹狼,其余的狼立即将这两匹狼吃掉,全部逃跑了。

我们在鲍多巴休息了一天,我用这一天做了几项科学观测。举例说，我们穿透雪削出一个垂直的深3英尺的剖面，发现剖面沉积了6个独立的层面，显示出不同的纯度和密度。底层是8.25英寸厚，表面肮脏，几乎和冰一样坚硬；顶层17英寸厚，像羊毛一样柔软纯白。不同的层面或雪层与不同时期的降雪量一致是合情合理的猜想。那些位于底下的雪层被附加的雪层的重量压在一起，使得1893年到1894年冬季期间约有垂直深度6英尺的雪，一定是已降落在我们铲出的剖面这个地方。

地面冻得跟石头一样硬，但我们用镐头和短柄小斧凿出一个2英尺深的洞，把温度计放下去，测得温度是30.4°F（−0.9°C）。把这一系列的观测放在一起分析，我得出结论，土壤的冻结深度在地表以下的3.25英尺多一点，这符合我在帕米尔高原其他地方测得的结果。从柯尔克孜族人告诉我的情况看，我推测在夏季冻结的地面能一直融化到底部。

3月9日上午，所有的柯尔克孜族人全都跪在雪中祈祷上天赐予他们在穿过令人畏惧的克孜尔阿特隘口时平安无事。我做好了充分的准备进行一次可怖的旅行，因为在克孜尔阿特隘口，飓风雪时常会在大晴天里突袭那些毫无准备的旅行者们。但使我吃惊的是我发现它比泰奇兹拜隘口更容易通过，尤其是当我们被赐予最好的天气时。鲍多巴位于一个很高的高度，以至于从那里穿过阿赖最高山岭的隘口不是特别陡。春夏季从隘口急流而下的洪流现在已被冻结起来，它的河床被冰

　　　　　　　　　　　　　● 我们的几匹驮马

块堵塞,冰已被风磨得光亮得就像一面镜子,映出蓝天。山脉大部分是由带红色的砂岩和粘板岩构成,前者的色彩展示了从砖红色到血红色的变化,而后者是深绿色、淡绿色和灰色变化。山谷底部铺盖着厚厚的岩屑和崩解的岩石,是从更高的山脉上坠落下来的。

当我们接近隘口顶部时,坡度变得愈来愈陡,雪也愈来愈深,我们在那里遭到了寒冷的北风的袭击,北风穿透了我们的羊皮大衣和毡靴子……

第
十
二
章

喀拉库勒湖

在山脊的南侧，最初雪很多，但很快开始变得稀薄，八小时持续行进结束时，我们来到了库克塞（Kok-sai）的小旅店。这个地方的名字在我的记忆中不可磨灭，正是在这里，我记录下了在穿过亚洲旅行过程中所观测到的最低温度——水银温度计降至-36.8°F（-38.2℃），也就是说，几乎和水银的冰点一样低。

克孜尔阿特隘口的南边，景色完全改变了它的特征。有很少量的雪，在地表大面积之上是荒芜光秃的，其他地表被埋藏在沙子和崩解的岩屑之下。山脉的轮廓显得更加柔和、圆润，它们的相对高度更低，而几个山脊或山顶被又宽又浅的槽形山谷相互分开。在克孜尔阿特和阿克拜塔尔隘口之间的喀拉库勒湖周围地区，没有通向阿姆河的排水口，崩解的岩屑没有被河流带走，而是留下来帮助填平了自然地表的不平。换句话说，李希霍芬男爵所提出的理论符合这里的情况，区分了没有排水口的地区和周边有排水口的地区。

3月10日整个白天，我们都在骑马向东南方向前进。在上半天穿过了开阔的槽形山谷，山谷被低矮的高度适中的盖着雪的山脊所围绕，雪很少，薄薄地星星点点铺在地面。在我们右前方，山谷展开得更宽阔,并隆起成为一系列低矮的圆形小山。左边,一支山嘴向西南方向伸出来,穿过山谷,终止在一个孤独的锥形山体上。继续向上,走过这逐渐升高的地面,在经过4个小时的继续行进之后,我们来到了乌伊布拉克(Uy-bulak)小隘口。从隘口顶部向东南方向,视野开阔。在我们脚下很远处,可以看到大喀拉库勒湖的东北角被全副武装的冰甲和雪的外衣所包围,它的四周矗立着一系列环形高山,从头到脚都披盖着一件完整炫目的雪外衣。隘口内部,雪再一次深达15~16英寸,上面盖着一层非常干硬的雪壳,坚韧得就像羊皮纸,牢固到马踩上去竟没有踩碎它,好像我们正走在一张绷得紧紧的巨大的羊皮上。

离开乌伊布拉克山脚,是一片向下倾斜的宽阔的大草原,向着湖的北岸,倾斜角度几乎感觉不到,除了几处地方,全部被雪覆盖,在主要的西风和西北风的力量之下,呈现出了奇形怪状的外表。它类似于许多平行的小沙丘,或是当它涌出到地面并处于结冰状态时皱起的褶皱,就像奶油一样。几丛又硬又干的矮小灌木,是极好的燃料,分布于大草原附近。

6点钟,太阳落下去,在它消失的瞬间,平原西侧的山影疾速穿过它,如此之快以至于眼睛都跟不上它们的速度。然后它们慢慢爬上东侧的山腰,直到只有最高的金字塔形山峰在晚霞中发光。一刻钟之后,整个地区被黄昏所笼罩。东边的山脉就像苍白冰冷的幽灵,在迅速变黑的天空的映衬下格外醒目。而西边的山脉则呈现出一个黑色的轮廓,映射在它们背后更加明亮的被染成淡蓝色和紫红色的大气层上。

我们在离大喀拉库勒湖岸不远处停了下来,在一个泥屋中歇息,并在那里度过了一个又温暖又舒服的夜晚。

3月11日早上,我带了几个专门挑选出来的队员,动身向西南方向穿过湖泊。我们全都骑在马上,并带了两匹驮马运载行李,还带了足够两天之用的粮食、燃料以及一顶柯尔克孜族人用的圆锥形小帐篷、一条铁棒、斧子、铁锹和测深仪器、测量绳具。在离开其他队员之前,我安排他们到下一个营地与我们碰头,碰头地点离湖泊东南角不远。

喀拉库勒湖是咸水湖,面积有120~150平方英里,被相当高的山脉围绕。但在它的北边、东边和东南面,山脉降低很多,远离湖岸,留下了一条像大草原一样的狭长的空地,有两三英里宽。喀拉库勒湖的意

● 从乌伊布拉克看到的大喀拉库勒湖

思是"黑湖",就此范围来说是恰如其分的。因为在夏季它的水与包围它的山脉形成对照,的确呈现出黑色。在那个季节,宽阔的雪块常常继续保留在地面上,它的最大长度约12英里,最大宽度约10英里,半岛从南岸伸出,而岛几乎位于半岛的正北方向,把湖泊分成两个流域——东边一块,水深极浅;西边的流域要大得多,下到深不可测的深度。我的第一天的调查目标,是东边的流域。

离开湖岸约2.5英里,我们停下来,铁棒和斧子立刻就派上了用场。我们花了一个小时的艰苦劳动,才钻透了冰层,因为冰层足有3英尺厚,冰是坚硬而半透明的,像玻璃一样易碎。铁棒的最后一击凿出一个洞,水通过洞浮出来,翻腾着直到填满了我们已在冰上凿出的坑,不超过顶部一两英寸。水是晶莹剔透的,且呈墨绿色,尝起来有苦味。我们放下测深绳,绳子被分成每10码长一个结,但第一节稍微长一些,拴在我手中。借助于卷尺,我发现湖深41.25英尺,洞中水温是31.3°F(−0.4℃),湖底水温是29.8°F(1.2℃)。我们刚刚凿通那个差不多4英尺宽的洞时,冰就开始带着巨大的爆裂声在其周围向四面八方裂开,而一系列奇怪的声音从它的底部频频传来。

我们又走了2.5英里路,开凿出另一个测深洞,然后向着我已提到的小岛穿过冰区前进。在路上,我们又开凿出第三个洞。我们到达一

● 在喀拉库勒湖中凿测深洞

条窄窄的小河旁,骑马穿过小岛,直到我们找到一处合适的营地。柯尔克孜族人说,这个岛以前从未有人光顾过。我们把带来的小帐篷搭建好,立即在门前点起了篝火,接着做晚饭。我们度过了一个令人不爽的阴湿寒冷的夜晚,气温下降到-20.2°F(-29℃),海拔在1.3万英尺。

第二天一大早我们就醒来了,寒冷、麻木并且情绪不佳。

我们离开小岛向正西骑马穿过冰地约3英里,然后停下来开始进行西边流域的测深。冰的正常压力自然是在各个方向都有而且是相同的。我们在它上面骑行是增加向下的压力并打破了平衡。当我们向前行进时,马匹每走一步都伴随着独特的声音,一会儿是隆隆声,像一架管风琴那深沉的低音调,再一会儿仿佛是有人在楼下正重击一面大鼓,接着又开始了撞击声,就像一扇火车车厢的门正被"嘭"地关上,然后又好像一块巨大的圆石被用力抛入湖中发出的声音。这些声音与交替的风啸声和呜呜声相伴,而不时地我们似乎听到遥远的水底的爆炸声。当每一次巨大的爆裂声响起时,马匹都抽动着它们的耳朵并被惊动,而队员们也用骇人的迷信神情互相观望。有人认为这些声音是"大鱼正在用它们的头撞击冰"引起的,但理智的柯尔克孜族人告诉他们,喀拉

93

● 喀拉库勒湖中的小岛

库勒湖中就没有鱼。接下来，当我问他们我们听到的冰下的奇怪声响是什么原因引起的，那里正在发生什么事时，他们用真正的东方人的淡漠表情回答说只有上天才知道。

不管怎样，如果不忠的兰夫人[1]正在图谋伤害我们，那她大大错误地估计了她的能力。冰没有破碎，它能够承载斯德哥尔摩整个城市。

那天我们被赐予了极好的天气——没有一点点云，没有一丝丝风。冰面上有差不多3英寸的硬雪，足以防止马匹滑倒。所有这些和我在前往新疆的一路上听到的令人泄气的说法是多么地不同。在那里他们告诉我，喀拉库勒湖从未停止过飓风雪，下的每片雪都立即被刮走，而我只能指望整个考察队全部被吹过玻璃似的湖面。除了所有这些，他们向我保证，我必须搭建帐篷并在帐内开挖测深洞，而不是在露天，在明媚的阳光下工作。

在这一天当中，我们骑马由北向南穿过湖泊，在路上开挖出另外4个洞。

测深数据表明，东边流域相对是浅的，而西边流域却非常深。看一下地图，最好是看湖盆本身，联想到湖底和湖岸的轮廓应该能被实际测量值所证明。东边流域与一片草原地接近，并渐渐向它的湖岸倾斜，西边流域有又高又陡的山脉悬于之上。湖泊被几条小河所灌注，小河源于附近的天然泉水和周围山上的融雪。泉水在湖东端特别丰富，形成

---

　　　　① 兰夫人，古斯堪的纳维亚神话中的湖泊女神。

● 透过大喀拉库勒湖的冰层测深

了大的水坑和沼泽。另一个推论就是,随着湖深的每一次增加,水温上升,冰变得更薄。

在经过一个小山岬不久,我们看到前面的长长的峡湾深深切入南岸,它呈现出一幅引人注目的图画。因为当斜坡在西边下降20°时,东边是一片平坦的沙洲,渐渐向上倾斜到山脚下。在这个背景中,在峡湾的头部,是帕米尔高原盖着雪的巨大的半圆形体。从我能够看到的地表外形来判断,我几乎不敢想象,峡湾的南半端能超过160英尺深。

我们就在峡湾口的中间开挖最后一个测深洞,刚一把冰凿通,三个队员就请求允许他们骑马预先到湖东南角附近的阿克塔姆(Ak-tam),这是我们已商定过夜的地方,他们可以在我到达前把帐篷准备好。我和基吉特·西尔(Jighit-Shir)仍留下来完成测深。

到我们结束工作时,天暗下来了,但还不是太黑,而我们还能看得见到营地去的其他队员的足迹。我们跟着足迹偏斜地穿过峡湾,但走到岸边时却失去了他们的足迹。我们骑马走了很长时间,穿过我以前提到过的半岛,爬过沙、石和其他崩解的碎屑。细小的月牙在地平线上出现,发出寒冷、惨白的光,照在荒芜的大地上。的确荒凉——听不到一点儿声音,看不见一丝生物的踪迹。我们不时地停下来大声呼喊——没有回答。我们曾经在稀疏的雪堆中发现了痕迹,但不一会儿月亮就被夜雾笼罩,我们又一次失去了他们的足迹。在骑行了整整4

个小时之后,我们来到了东边流域的岸边,但没有看到骑马人的迹象,没有作为信号的火光,没有显示出营地存在的蛛丝马迹。

很明显,其他人走的是另一条路,问题是——哪条路?我们骑马又走了一个小时,碰碰运气,但一切都是漫无目的的。我们不可能找到我们寻找的目标,因此我们决定停下来歇一晚上。我们决意停下来的地点是一片平坦宽阔的沙地,薄薄的雪块星罗棋布于其上。我们用一根缰绳把马拴在一起以防止它们跑掉。可怜的马儿一整天没吃一口饲料,饥饿地用蹄子在沙子上刮擦,但它们什么也没找到,除了咬不动的梭梭硬根。即便如此,它们也贪婪地使劲拉扯着。已经做好了充分准备的我们在条件允许下度过夜晚。我们紧紧靠在一起,午夜过后仍聊了一个小时,令人毛骨悚然的狼的故事听得我们两人都害怕起来。但基吉特·西尔说,如果危险从那个方向威胁到我们,马将是我们最好的保护者,因为它们一定会给我们发出警告的。

谈话使我们彻底疲乏,我们以柯尔克孜族人的方式伏在羊皮衣里,即跪下用我们的背对着风。我用公事包或小提包做了一个枕头,里面装的是我的地图、素描簿、温度计等。但我不是柯尔克孜族人,我发现,在那个高度上睡着是不可能的。基吉特·西尔睡着了,并开始不时地打鼾,但我却不能合眼。我试着用欧洲人习惯的姿势,但很快全身就被冻透了,必须起来在附近走走,再次暖和起来。马儿不断地用鼻子蹭我们,好像在提醒我们忘记给它们吃晚饭了。

对我们来说,幸运的是晚风不是很大,气温只降到了4.1°F(−15.5℃)。

大约早晨6点钟,天亮了。我们骑上马,撑着饥饿与冻僵的身体向南骑了一小时,直到来到有点稀疏的黄草的地方,那是秋天最后在这个地方被放牧的羊群剩下的。马匹吃了一两个小时的草时,我和基吉特·西尔美美睡了一觉。因为太阳已经升起,照得我们暖洋洋的。

我们再次上马,仍向南努力前进。路上,我们遇见了一个独行的柯尔克孜族人,他正步行从朗库勒到阿赖山谷。正如他的大多数族人一样,他的眼睛跟鹰一样锐利,他在几乎两英里外就发现了我们。我和基吉特·西尔在又一个小时骑行结束时发现了我们的同事,我们首先关切的事就是暖和一下僵硬的肢体,喝热茶使我们暖和起来。然后,当马匹吃饲料时,我们匆匆吃完早饭,主要是羊肉和罐头食品。

● 阿克塔姆的石屋

　　3月14日，地面从喀拉库勒本身渐渐向南升高，在我们向远处旅行之前，我们骑马进入一个宽阔的山谷。山谷在两条平行的山脉之间延伸。山脉伸向北和南，并被雪覆盖着。通常，这个山谷每年的降雪量比大喀拉库勒周围要大，尽管深度很少超过4英寸。浓厚的云雾悬挂在山顶周围，别的地方，天空完全晴朗。但大约到中午时，风刮了起来，很快就刮得极其猛烈。差不多5个小时，我们骑马照直向西南南方向走去。但来到山谷的分岔处时，我们向左转朝着东南南方向前进。就在山谷被分开的地方，我们看到一座矮山顶部很惹人注意，那是奥克塞利（Oksali）的麻扎（或墓葬），用厚石板建造，装饰有动物的角和系有碎布及布条的枯树枝条。

　　进入我们转向的山谷，是玛斯库尔（Mus-kol）山谷，一直延伸到阿克拜塔尔隘口，地面上几乎没有雪，但随着我们的前进，地表被崩解的岩屑铺盖得越来越厚。

　　我们一到达营地，就遇见了4个柯尔克孜族人，穿着节日的盛装，他们被从帕米尔要塞派来迎接我，已经等了5天，并带来了一顶帐篷、一些食物和燃料供应品。他们告诉我，我长时间的耽搁已使要塞的俄

97

● 在阿克拜塔尔隘口休息

罗斯官员感到不安。确实，我们已被在阿赖山谷遇到的大雪严重耽搁了。

"玛斯库尔"，意思是"冰谷"；"索克西伯利亚"（Söuk-chubir），我们扎营的地方，意思非常贴切，即"寒冷的西伯利亚"。这最后的解释是对的还是错的，是否恰如其分，并不十分确定。因为在那附近的地区体现出冬天极度严寒的特征，而山谷以其不寻常的自然现象与前者形成了鲜明对比，以下我将继续说明。

横越玛斯库尔河谷的小河，绝大部分是源自天然泉水。在冬季，水渐渐结冰并延展穿过河谷形成巨大的"糕饼"或冰片，类似于冻结的阿尔卑斯小湖。它们的表面就像玻璃一样光亮，可以反射出天空的每一个瑕疵和山峰的每一个角度。在其他季节，这些冰片并没有完全融化掉。我看见的最大的一个长度几乎有 2 英里，宽有 0.5 英里多，我们骑马走到一半，穿过它，为的是勘察它的厚度。冰上面的侧向拉力和水从底部的压力，使冰隆起成一个细长的脊，有时，脊伸出来有几英尺高，并被从顶部到底部贯通的裂缝劈开。我们用斧子和铁棒穿透其中一个脊，凿开了一个横断面，发现它只是一个约几英寸厚的壳。它的下面是一个高9.5英寸的空的拱形,接着就是水,3英尺深,向下,就到河谷的沙层。水是晶莹剔透的,淡绿色,温度是31.6℉(−0.2℃)。透过我们开挖出的打开的断面向下看去,我看出,那静止不动的透明的水在两个方向被一条长长的隧道呈拱形连接起来。在冰拱表面之下,装饰有霜花、水晶般的垂饰以及钟乳石状物,全都闪烁着最漂亮的蓝或绿的色彩。

有3个这样的冰湖,我们紧靠着它们当中最小的一个冰湖边缘搭建了营房过夜。这里是两个典型的冰火山,两股泉水从平坦的地面涌出。深秋,当气温持续下降时,从泉中涌出的水结成冰,同时泉水不断地冒出来,水继续结冰。就这样,形成了两个锥形物,一个高16.5英尺,圆周线是225英尺;另一个测得其高度和圆周线分别是26.25英尺和676英尺。

4条深深的裂隙从小一些的火山口呈辐射状伸出。这个火山距另一个火山约55码远,在我们考察时,它们都被冰填到一半。锥形体由无数淡绿色的薄冰层逐渐集结而成,它的每一个冰层都可以看作是一次单独的冻结。火山嘴在白冰的旁边,都是气泡,但在当时没有一点水冒出的迹象,它是一座死火山。

较大的火山是由一个双重的锥体组成,一个锥体压在另一个的上面,底下的锥体整个是由白冰堆积而成,又矮又平,它的侧向倾角不到5°。上面的锥体是一个纯净透明的圆冰盖,角度升高到30°,测得直径是70英尺,上面布满了网纹状的裂缝,有些是同一中心的,有些是从中心向外呈辐射状伸出的。这里火山嘴再次被冻结,迫使水通过侧向裂隙或寄生火山,去寻找新的出口。尽管水以较快的速度在流动,但在到达冰湖之前逐渐被冻结,变成一种"冰流",它的温度是31.5℉(−0.3℃)。

在小冰湖中,水在11月初开始结冰,最后的冰在6月中旬之前没有融化并下滑到喀拉库勒湖。在背阴和遮蔽处的庇护下,它们当中的一部分是从不完全融化的,使得新的冰在9月底开始形成时,一些老冰仍被留下。

我们被四面八方的冰川景色所包围。唯一使人遗憾的是雾霭和暴风雪的遮挡,使我们不能拍照。向西看去,沿着冰湖的较长的轴线很容易令人想象,我们正在向下注视一个狭窄的峡湾或海湾,地平线上萦绕着雾霭,似乎是位于无限遥远的地方。右边和左边是山脉,但从雾霭中出现的离我们最近的只是山腰。

3月15日,我们在玛斯库尔河谷骑行了一整天,直接从一端到另一端横越过它。在它的上游尽头,坡度上升得非常缓慢。我们在紧靠着阿克拜塔尔隘口的北边入口处停下来过夜。

第二天,我们持续艰难爬行了10个小时翻越隘口。隘口上升到15360英尺的高度,一场剧烈的暴风雪一度转变成飓风雪,在隘口给了我们一个冰冷的欢迎。对于马匹来说,爬坡是一项费力的事,主要原因是由于空气极为稀薄。它们不得不尽自己最大的努力,还常常停下来大口喘气。尽管我们极其小心地照顾,它们还是常常会跌倒。隘口由两个独特的山脊组成,被几乎是一片平地分开,上面覆盖有12~16英寸厚的雪。在隘口顶部,我们休息了一会儿。虽然有一股强烈的西南风刮过,那里的气温仍是12.2°F(−11°C),水的沸点是184.3°F(84.6°C)。

考察队动身从隘口西侧向下出发,这里最初非常陡峭,笼罩在一片浓厚的雾霭当中,但陡峭的上部斜坡一过,地面倾斜坡度变缓。一路上一直到我们下一个营地柯尼塔蒂(Kornei-tarti)都是如此。在阿克拜塔尔隘口,我们的另一匹马因劳累过度死去了,一个柯尔克孜族人从考察队队长斯拉木巴依手中买下了马皮,付了2卢布。

"柯尼塔蒂"的意思是"喇叭形的风",是一个狭窄的峡谷,一半被岩屑堵塞,岩屑一半是裸露的,一半是大石头和岩石。通过这条峡谷的是一条蜿蜒而流的小河,但在我旅行的时候,这条小河被坚硬的冰壳所覆盖。峡谷底部是一大片完整的雪域,但除面向北的斜坡外,山坡上雪很少,见不到一点儿植被的踪影。我们继续沿着东南、东南东方向照直走下去,这个地区和前面的地区一样,保留有相同的特征。

在白色坟墓(Ak-gur),有一个明显的山嘴伸出来,进入峡谷。我们遇见了库尔·玛米蒂夫(Kul Mametieff),帕米尔要塞的指挥官派他来给我当翻译。他穿着一套军服,胸前佩戴着6枚勋章,给我带来一封信,是他的上级洋洋洒洒的一篇友好欢迎辞。我们继续骑马向前来到大圆锅河谷(Togolak-matik),或是朗库勒河谷与阿克拜塔尔河谷的交会处。

● 自柯尼塔蒂拔营

18日，我们完成了这部分漫长旅行的最后一段路程，抵达阿克拜塔尔河谷的下游尽头。我们必须横越摩哥哈布的河谷部分，去到帕米尔高原的俄罗斯前哨基地。❶当我们又靠近时，看到堡垒被160名士兵和哥萨克士兵围住，整队站成一条线，他们一阵欢呼欢迎我们。在大门口，我遇见了指挥官塞特斯夫（Saitseff）上尉和他的官员，总共6人，他们对我表示了热烈欢迎，并引领我到他们自己住的房间。这里已为我准备好整整一个星期了，帐篷留出来给我的队员们使用。

我把行李一一堆置好，就去好好洗了个澡，然后与官员们一起到食堂。这是一餐不能让人马上就忘记的饭。我转达了我从马格兰带来的问候，我有许许多多关于在隆冬季节骑马穿过帕米尔高原的冒险经历可作为谈话内容。接着，当哥萨克侍者挨次分发完中亚的烈性辣酒时，指挥官站起来，用简练的话语，提议为瑞典和挪威国王奥斯卡陛下的健康干杯。那一次的祝酒干杯发自我最真挚的诚意和感谢，我起身答谢我的国王并向他致以崇高的敬意。

---

❶　此地是清政府当时割让给俄国的地方。

如果说有一个地方的快乐是至高无上的,那肯定就是这里——"世界屋脊",海拔11850英尺,远离喧闹嘈杂的繁忙世界,就在亚洲中央。这个地区,我们的最近的邻居是山冈上的野羊、在荒芜雪域中四处觅食的狼群和在辽阔的天空中高高飞翔的雄鹰。

第
十
三
章

帕米尔高原俄罗斯占领区的人口

我们穿过帕米尔高原的路线，其中较大部分正如我们已知，是穿过无人区。

帕米尔高原的俄罗斯占领区在1893年10月人口不超过1232人，但相对来说，在阿赖河谷和塞瑞克库尔河谷，人口更为稠密。在行政上，阿赖河谷被分成两部分，西半边属于马格兰地区，东半边属于奥什。我从一些居住在那些地区的柯尔克孜族的首领处得到的资料，也许并不绝对可信，但它足以接近实际，值得参考。

他们告诉我，分散在阿赖河谷的有15个牧业点或冬房子，共计270顶帐篷，一部分人长年住在那

● 摩哥哈布帐篷村的柯尔克孜族伯克

103

里,一部分人在夏季迁移到更高的地区。在较大的帐篷村中,帐篷的数量估计如下:达罗特库尔干20顶,库克苏(Kok-su)120顶,克孜尔安克50顶,阿尔替恩达拉赫(Altyn-darah)5顶,塔兹达拉赫(Tuz-darah)45顶,喀什喀苏20顶,吉普蒂克10顶。

这些村落的居民据说被分成如下群落:泰特(Teit),柯尔克孜族,住在达罗特库尔干、阿尔替恩达拉赫和塔兹达拉赫;在喀什喀苏住着泰特和丘尔泰特(Chal-teit);在吉普蒂克住着丘伊(Choy),柯尔克孜族人;在库克苏住着乃蛮(Naiman),柯尔克孜族人;在喀拉泰沁住着基普查克斯(Kipchaks)、乃蛮和喀拉泰特(Kara-teit),柯尔克孜族人。这些人中大部分每年夏天迁移到朗库勒湖附近,那里积雪消融之后,辽阔的大草原为他们的羊群提供丰富的牧草。他们中的一部分正如我们所见,冬季也住在阿赖河谷。在5月底6月初,也有富裕的费尔干纳柯尔克孜族人赶着他们的羊群,沿着克孜尔苏边界生长着丰富牧草的地方放牧。他们把他们的叶依劳斯(Yeylaus,夏营地)搭建在河岸上,并以他们的百加(Baigas,刁羊或骑马比赛)、盛宴、婚礼自娱——一句话,过个暑假。大部分人只在那里待2个月,不超过3个月,一年的其余时间他们在费尔干纳的冬季住处度过。而在夏季,喀什喀苏有150顶帐篷。

来自奥什和安迪杰(Andijan)攀登上帕米尔高原的柯尔克孜族人,经由泰尔迪克和吉普蒂克隘口旅行,而那些属于马格兰和浩罕的柯尔克孜族人宁愿走泰奇兹拜隘口。这最后的隘口也是当今许多在每年夏季徒步旅行到费尔干纳去寻找工作的塔吉克族人选择的路线。阿赖河谷在连接塔里木区域与喀拉泰沁和布哈拉的一系列交通中,也是一个重要的环节。对朝圣者到麦加和麦地那的路线也是一样,在每年的温暖月份里,许多贸易商队和朝圣者队列来来往往穿行于河谷。

为俄罗斯所占有的帕米尔高原部分,被分开在两个沃拉斯替斯(Volasts,县)之间,总共包括7个伊敏斯特沃斯(Eminstvo,公社):

1. 帕米尔高原的县由5个公社组成:1893年10月,喀拉库勒有13人,摩哥哈布有253人,朗库勒有103人,阿克塔什(Ak-tash)有239人,阿利彻(Alichur)有256人。

2. 喀赫达瑞赫(Kuh-darah)县只包括2个公社,撒瑞兹(Sarez)有95人,喀赫达瑞赫有155人。帕米尔高原的县人口几乎全部是泰特柯尔

● 来自奥什的塔吉克族人

克孜族人，喀赫达瑞赫县人口几乎全部是塔吉克族人。按照性别及年龄分类，总人口包括 320 个男人、369 个妇女、342 个男孩、201 个女孩，总计 1232 人。

这些统计资料是塞特斯夫上尉给我的。他的前任库兹尼特索夫（Kuznetsoff）上尉 1892 年 10 月行使他的权力对这个地区的人口进行调查，结果如下：

总人口 1055 人，其中 255 个男人、307 个妇女、299 个男孩、194 个女孩。因此，塞特斯夫的数字表明在一年之内增加了 177 人。但增加的人口有一部分是外来的移民。在冬季几个月中，外来移民最多的地区是朗库勒、柯什亚奇尔（Kosh-aghil）和阿克塔什周边地区。在阿利彻帕米尔高原也有几个帐篷村，甚至在喀拉库勒以南的普沙特（Pshart）河谷也有一些。摩哥哈布的小帐篷村位于要塞以东不远处。

库兹尼特索夫上尉估计，1055 个柯尔克孜族人占据着 227 顶帐篷，而且他们的家畜包括 20580 只羊、1703 头牦牛、383 峰骆驼和 280 匹马。塔吉克族在帕米尔高原西部的人口，他估计有 3.5 万人。

帕米尔高原的东坡，位于塞瑞克库尔山脉东部地区，属于中国。关于它们，没有可靠的统计资料。苏巴士（Su-bashi）与喀拉库勒小湖南边的伯克告诉我，在那座湖泊附近，约有300个泰特柯尔克孜族人住在约60顶帐篷中，他本人是286顶帐篷的首领。但大部分帐篷位于慕士塔格峰以东。帕米尔高原的所有柯尔克孜族人，不考虑他们属于哪个部落，被他们在费尔干纳的男同胞们称呼为较常用的名字——塞瑞克库利斯（Sarik-kolis），或叫作塞瑞克库尔人。

　　我刚刚罗列的资料证实帕米尔高原的人口是多么稀少。也不能期待着有任何不同，考虑到这个地区的特征——严寒、频繁刮起猛烈的暴风雪以及几个牧场牧草匮乏。有两个独立的内部排水流域——喀拉库勒和朗库勒。后者只有定居的柯尔克孜族人，喀拉库勒柯尔克孜族人则是真正的游牧民族，在我到这个湖泊考察期间，他们的帐篷被搭建在湖南和西南方向的不远处，而湖的岸边完全没有被占用。附近的牧场是牧人春、夏、秋季常去的地方，冬季没有牧草，牧草早已被羊群在秋末时节啃得干干净净，有时来自朗库勒的柯尔克孜族人为夏季放牧迁移到喀拉库勒周围的草场。

第
十
四
章

地理概要

　　李希霍芬男爵把整个亚洲大陆分成三种范围极不相同的独特区域：河流排水进入内陆湖的中心地区；河流向下流入冲蚀大陆海岸的海洋的周界或边缘陆地；兼有以上两种特征的过渡带或中间地带，再细分也适用于帕米尔高原。这里也有三个更小的地理区域——排水进入喀拉库勒湖和朗库勒湖的中心地区，排水到阿姆河（同样也进入阿拉尔湖），以及塔里木内陆河水系（终点为罗布泊湖）。

　　内部排水地区最显著的特征是不断发生的平衡过程。产生于气候的分解作用以及或多或少的风、水和重力的机械作用的岩屑不断地被从它边缘的山上向着下游的凹地部分带下来，并沉积在那里，就这样，地形的自然不平衡被逐渐消除。虽然广义上说，这个过程正在喀拉库勒湖周围地区持续进行，但在那里同一地区相对高度是极为不同的也是事实，例如湖泊位于海拔1.3万英尺的高度。它已被测得湖深为756英尺，就喀拉库勒湖作为中亚的一个咸水湖而言，这个深度足以令人印象深刻。在它的西部边缘附近，山脉高耸于湖面以上4000英尺的高度，这里有一个平衡过程作用下的巨大旷野。但我在湖中做的测深证明对它也是有效的，因为湖底被细泥所覆盖。

环绕喀拉库勒湖和朗库勒湖洼地的山脉到达极高的相对高度,穿过它们的隘口很少比山峰顶部低太多。例如,喀尔塔达坂(Kalta-davan)和莫特布兰克(MontBlanc)有相同的绝对高度,即15780英尺。克孜尔阿特隘口为14015英尺高,阿克拜塔尔隘口为15360英尺高,丘加泰(Chuggatai)隘口为15500英尺高,位于海拔12240英尺高度的朗库勒湖标志着洼地的最低点。以上被指名的向着隘口中间倾斜的面积总共达到约2100平方英里,这个面积大概等同于伊塞克湖(Issyk-kul)的流域面积。

　　从费尔干纳到塔里木旅行的旅游者不得不注意到从北面的克孜尔阿特到南面的阿克拜塔尔的地区特性,和东边由丘加泰山脉接近地区完全不同于紧密环绕它的地区。它不是高原地区,而是一个高空平原,北面和南面由纬度方向的山脉接壤,东面由向南的山脉接壤。从克孜尔阿特隘口的顶部俯瞰这个地区,我被坡度和缓的圆形山坡所吸引,我还注意到和它不同的那些小山群堆积在一起,就好像在平地上一样,而不是被清楚地描绘在被规定过的、在明确方向上的轮廓分明的区域内。整个地区证明剥蚀作用的巨大力量长期以来不断地在产生作用。岩屑和岩石碎块尺寸从细砾到巨砾散落在地面的各个方向,较低的山腰被埋在岩屑和崩解料堆之下。事实上,在每一处我都能看到霜冻、雨和雪的破坏力的强有力的证据。除了在山顶附近和在风能够自由泛滥的地方能够看见坚硬而又秃裸的岩石,在其他任何地方都看不见。

　　这个高空平原或草场的山谷是宽阔而且几乎是水平的,它们以如此平缓的坡度向着山脉外环上升,以至它们常常似乎完全是水平的。通常,它们中的每一个都被一条小山溪横越过去。山溪一部分是由天然泉水灌注,一部分是由融雪灌注,融雪本身流入喀拉库勒和朗库勒两个湖中的一个。景色常常是壮观的,但总是压抑沉闷且单调乏味,尤其是在冬天,在那个季节没有一个生物为这片凄凉的荒野增添生气。用大功率的望远镜有时能使你看见远处的野绵羊群或山羊群。至于人类或人类的住处,是看不见的。草场很少,且牧草匮乏。总之,荒芜裸露的地表景色使你想起典型的月球表面。

　　不像没有排水口的亚洲类似地区,喀拉库勒的洼地没有积沙,对此的解释是剥蚀得更细小的颗粒被在那个地区普遍盛行的持续猛烈的风暴刮跑了,并被裹挟至大气条件更加温暖的陆地部分堆积下来。沙暴和尘暴绝不是帕米尔高原的稀有光顾者,它们拥有所谓"黄雪"的起源是非常可能的,因为对所给出名字的积雪的验证,表明了有着极细小颗粒的黄色土壤的存在。

在世界的那部分中最大的剥蚀作用,是风和温度的巨大和突然变化引起的。我在喀拉库勒湖的小岛上看到了它们的力量存在的明显痕迹,正长岩的巨大石块和粘板岩地面被掏空、磨蚀成难以想象的奇形怪状。温度变化是巨大的,不仅在冬天,在夏天也如此。在帕米尔要塞,1894年1月11日上午7点钟,温度是 $-36°F$($-37.8°C$),午后一小时阳光下气温是 $53.6°F$($12°C$),仅过了6个小时,差异几乎是 $90°F$($50°C$)!这儿的散热量几乎是不可想象的。空气中温度刚刚是冰点时,黑球温度计的日射温度实际是 $133 \sim 136°F$($56 \sim 58°C$)。这些巨大的力量不安宁地躁动了一个又一个世纪,销蚀着大陆坚固的结构——这样一种不完整的景象,可能只是世世代代无休无止的构成与再构成过程中最后残存的对实体的毁坏。

完全内部排水的地区被李希霍芬男爵所称的"过渡区域"所包围。它北面被阿赖山包围,东面被塞瑞克库尔山脉围住,南面被兴都库什山环绕。而它的西边标有东经73°的界线。据李希霍芬男爵的说法,一个地区属于过渡带的明显特征,是由水的侵蚀力和温度的强烈交替变化而产生的。这个事实在近期已破坏了一个新的排水河流的路径,使之不是寻找一个内陆盆地,而是试图找到一条最终排向大海的河流。反过来,它们停止了向海洋供水。因此,过渡区域保留有这个地区最初明确具有的典型特征。

帕米尔高原的过渡地带与喀拉库勒独立的排水流域总的来说非常相似。侵蚀还远远不足以使河流带走妨碍河谷的所有崩解产物,尤其那些外形光滑的圆形物体。河谷本身又宽又浅,在帕米尔高原,活动中的崩解力有效地趋使它进入周边地区。同时,发生这种变化的喀拉库勒洼地将开始失去内部排水的独立区域独有的特征,逐渐呈现出周边地区的特征。

典型的周边地区,是由于侵蚀作用形成,这个地区失去了以前的空中平原或高原的特征,并呈现出最具明确标记外表的地区。在此地区,

● 帕米尔高原上的过渡地带

天然巨型"手指"用强大的作用力雕刻和浇铸着它向外的轮廓,使之更陡更宽,相对高度更高。高原被劈开,向外伸展的巨大的深沟或裂缝几乎达到底部,切断它的山谷或峡谷又深又窄,露出山脉的内部构造,而沿着山脉底部,激流汹涌疾速流过狭窄的像山峡一样的沟渠和从高处跌落的巨大石块。

　　概括起来,我们可以说,帕米尔高原可以被分成两个具有鲜明对照的地区——东半边主要是高原,正如我已描述过的;西半边是由一系列倾向于相互平行的纬度方向的山脉组成。无疑,严格地说,那里在一个时期内整个地区完全是高原,而且它正迅速被侵蚀作用破坏。的确,帕米尔高原普遍被认为其区域完全是高原还不到30年的时间。我们现在知道,它们形成了一个巨大的四边形,环绕着它边界独特的表面形状和那些用最特别的描述才能形容出的种类繁多的景色。

　　在帕米尔高原,正如世界其他地区一样,不同气候地区的分界线被显著的自然特征所确定。在这个地区的中心区域,降雪量非常小,但极为寒冷,除了仲夏的两个星期外,夜间温度一年到头都在冰点以下。正相反,在阿赖山谷,气候相对更加温暖,但同时降雪量是非常大,甚至在塞瑞克库尔山谷,每年的降雪量并不小。降雪量分配不平均的直接后果,是帕米尔高原诸多的河流携带着不平均的流量倾泻而下。例如,在我旅行期间,克孜尔苏河的流量几乎是阿姆河的主要源头摩哥哈布(或阿克苏河)的流量的4倍。此外,对后者的测量比对前者的测量晚一个月。克孜尔苏的流量是每秒950立方英尺,摩哥哈布的流量只有每秒250立方英尺。

帕米尔高原上民族和语言的分界线与自然分界线是极为一致的。高原本身的人口几乎全是柯尔克孜族人,相对人口在数量上很少。再向西,达瓦兹(Darvaz)、罗珊(Roshan)和沙格南(Shugnan)区域,全都居住着塔吉克族人。那里的人口相对更加稠密,这不仅仅只是偶然的不同,柯尔克孜族人是游牧民族,他们的财产就是羊群、牦牛、骆驼。由于季节的变化,他们从一个牧场迁移到另一个牧场,从那里,他们自然是宁可选择高原中的平地,也不愿去深深的、狭窄的山峡和周边地区陡峭的山坡。另一方面,塔吉克族是一个定居的民族,他们的生活环境与游牧的柯尔克孜族人的生活环境截然不同。

柯尔克孜族人用自己的语言命名与他们产生关联的地理特征。塔吉克族人称呼某些事物只借用波斯语。

通过举例的方式,我也许提到几乎所有流向西部的河流在它们那段的上游部分,一般被柯尔克孜语命名;在那段的下游部分,被波斯语命名。阿克苏河的下游河段向下,是摩哥哈布、古鲁姆迪(Gurumdi)。在一个地区,有两条小河并排在一起流动,一条河有一个柯尔克孜语名字——库克乌伊拜尔(Kok-uy-bel),因为它流过的山峡是柯尔克孜族人时常出现的地方;另一条河有一个波斯语名字——喀赫达瑞赫,因为紧靠它的河谷的入口处有一个塔吉克族人的村庄。

慕士塔格峰和它的冰川

第
十
五
章

从摩哥哈布到布伦库勒

1894年4月7日,在吃完一顿丰盛的早餐之后,我向帕米尔要塞告别,尽管我被指挥官和他的军官们陪同走了很远一段路。在到达阿克拜塔尔的小小激流时,我们发现一些哥萨克人烧好茶正等着我们。接下来,感谢我的俄罗斯朋友在那些永远不会被遗忘的日子里给予我的极好的招待——最后一次在马上握手,最后一次挥舞着帽子告别。然后我策马疾驰而去,由要塞里的一名塔塔尔族翻译库尔·玛米蒂夫跟随,他是指挥官派来跟着我作为一名荣誉卫兵的。

当阳光正在淡去时,我们来到了孪生湖泊硕尔库勒(Shor-kul)和朗库勒,两湖被一条狭窄的湖湾连接。我们在那儿搭建过夜的住处,宿营在冬窝子中,那是一顶高的圆锥形没有出烟孔的帐篷。同时,我的得力助手热依姆巴依病倒了。到喀什噶尔的一路上,他一直都没有能力履行他的日常工作,我们不得不把他像一大包货物一样放在骆驼背上,送到目的地。他的位置由我前面提过的斯拉木巴依来顶替,正是在我的这部分旅行期间,我第一次学着了解和重视优秀的人身上的许多优秀品质。

雪铺在贫乏的小块土地上,两个湖泊都被厚厚的冰层封住。但说

114

来奇怪,湖之间的水湾却未被冰封,挤满了野鸭和野鹅。地表长着草的平地渐渐向着湖泊倾斜,表明湖泊本身是浅的。

第二天,我派考察队沿着最近的路线到朗库勒的小要塞去,而我自己和4名队员开始横越朗库勒的冰层,做测深工作。我们只凿了两个洞,就发现湖水实际上很浅,两个洞测量下来洞深分别为5英尺和6.5英尺。只有稀稀落落的雪的冰层在凿开的两个测深洞处是3英尺和3.25英尺厚。有一个小小的明渠紧靠在岸边,测深洞中的水温是31.6℉(−0.2℃),洞底部被松散的黏泥和泥浆覆盖,混合在一起的还有腐烂的植被,温度是37℉(2.8℃)。植被几乎全部是水藻和薹草属植物。

"硕尔库勒"这个词,意思是"盐湖",它的水又咸又苦。显然,朗库勒被淡的泉水和河流灌注时,硕尔库勒从朗库勒通过已经提到的小水湾获得它的水量,前者在更大的程度上发生蒸发现象,把盐分聚积下来。朗库勒湖的东端有一个狭长的岛,只有12英尺高,但有着蓝灰色的软泥的垂直湖岸被湖水大量冲刷掉,据说每年春天只要冰一融化,为数众多的野鹅就到那里繁育后代。

测深工作结束后,我们骑马径直穿过湖泊,上到在指挥官统帅下的约40个哥萨克人驻守的要塞上。我们在那里住了两天,于4月11日离开要塞,骑马向几乎是正东方向的穿过北山的一个山嘴的撒瑞克加(Sarik-gai)小隘口走去。

当我们正在接近山的西侧时,几乎是来自于西边的风已堆积起大量的沙团,形成了巨大的沙丘或沙波,地表起着轻微的波纹。在隘口的另一侧,我们下到那萨塔什(Naisa-tash)宽阔平坦的河谷,这里是两个柯尔克孜帐篷村。我们在最远的位于东边的一个帐篷村搭建了我们的住处。帐篷村由5顶帐篷组成,被奇吉特(Chighit)部落的19个人占据。他们中有10个人是男子,冬夏季他们在朗库勒湖旁度过,而在春季为放牧穿过湖泊进入到那萨塔什山谷中。他们的家畜财产,包括400只绵羊、40头牦牛、7峰骆驼和3匹马。

第二天,4月12日,我们将穿过俄罗斯与中国帕米尔之间的过渡带。离开朗库勒以来,我们一直看到塞瑞克库尔的雪峰就在我们前面闪闪发光,我们必须翻越过那座高耸的山峰,从几个方向越过它的隘口。我选择了一个叫作丘加泰的隘口,海拔为15500英尺。我们放弃了向东北前进,继续向前,坡度增加,直到来到隘口脚下。山坡变得十分陡峭,难以爬行。小路简直不易行走,并被巨大的片麻岩和粘板岩石块铺盖,在大部分地方仍覆盖着雪。在隘口顶部,有一处像屋顶一样的又高又尖的斜坡,我们停下来休息时,休息处遭到一阵来自西南方向的猛烈的雹暴突然袭击,气温是27°F(−2.8℃)。

向北走下来,山的另一侧和爬坡时一样陡峭,爬过它到达丘加泰的第一个帐篷村——是由24个人和4顶小帐篷组成的,令我们十分疲倦。但我们又向下游不远处的另一个有6顶帐篷的帐篷村努力前进,在那儿,我们在中国领土建立了第一个营地。

我很快就了解到关于我们的各种不切实际的过度的谣言正在附近传播着。说我是一个俄罗斯人,是60个武装到牙齿的哥萨克兵的头目,充满敌意地侵入了中国领土。因此我的到来使人们多少有些担忧。但当这里的柯尔克孜族人看到我单独骑马而来,只有一小队他们的同胞陪伴时,他们的恐惧心理很快就消失了。他们给予了我非常友好的欢迎,同时,还及时派了一个骑马信者给布伦库勒的中国小要塞的指挥官简大人报告了情况。

因此,第二天早上,看到中国官员的使者骑马前来,我毫不奇怪。他们带来了欢迎词,还承担着查明我是谁、我要在这里干什么的任务。"使团"的团长是塔格达姆巴士(Taghdumbash)的奥斯曼(Osman)伯克,一个容貌清秀的柯尔克孜族人,有一副聪明的外表,他在布伦库勒指挥着一支骑兵队。他的同伴是驻守在基雅克巴士(Kiyak-bash)的边防卫队的队长雅尔·穆罕默德(Yar Mohammed)伯克和一个宗教人士。他们三人都戴着白色头巾,穿着杂色的柯尔克孜族人的长外套。他们的任务一完成,就骑马回到布伦库勒做汇报去了。

这个帐篷村坐落在丘加泰河谷和阿克伯迪(Ak-berdi)河谷的交会处附近。在交会点上,河流已将它的河道冲刷得很深,进入到厚厚的砾岩层,使得粗结晶状岩石的巨大砾石块悬于激流之上,每时每刻都威胁着要倒塌到陡峭的堤岸,掉进河中。阿克伯迪河谷也被冲刷得很深,并被砾岩块堵塞。因此,与我上面说的是一致的。塞瑞克库尔山脉在两个宽阔的自然形态不同的地域之间形成了分界线,内侧位于具有又宽又浅的平坦河谷的中央洼地的侧面,没有流向海洋的出水口。在它的外侧,即向东的一侧,它俯瞰着周边地区。那里,山谷又深又窄,向外流动的河流的冲刷作用使地表呈现出壮观的景色。

4月13日,我们只走了很短一段路,来到阿克伯迪河谷,进入到塞瑞克库尔山谷。那里为我提供的住处是一个简陋的帐篷,用破烂的毡子盖着,出于谨慎的缘故,帐篷搭建在离要塞三个"基什克里姆"(Kitchkerim)或"喊叫声"❶远的地方。

我们刚刚把行李堆置好时,一个百户长(100人的头领)前来宣布,布伦库勒的代理指挥官、柯尔克孜族官员图拉·凯尔迪·塞维干(Tura Kelldi Savgan)与盖兹(Ghez)河口的小要塞塔巴士(Tar-bashi)的同事曹大人一起正在拜访我的路上。当他们与紧紧跟在后面的10名中国士兵一起跑上来时,我几乎来不及到帐篷外面去。他们营造了一种十分愉快的场面。他们穿着灰色的裤子、鞋,猩红色的紧身短上衣饰有黑色的大大的汉字,每个人都背着步枪,骑着白马,配有红马鞍和发出咯咯声的大马镫。我邀请他们步入帐内,吩咐我的队员摆上一桌非常美味的正餐,是沙丁鱼、巧克力、水果罐头、甜点心和味浓性烈的酒——我从马格兰带来的精美食物,特别适合中国人的胃口。曹大人尤其对酒表现出极强的钟爱,询问一个人能喝多少而不醉。我的雪茄也得到了欣赏,虽然我的中国朋友曹大人更喜爱他自己的嵌银的水烟筒。

我和官员之间进行的谈话是在相当困难之中进行的。当时我还不十分精通柯尔克孜语,不能流利地表达,因此,我用俄罗斯语对库尔·玛米蒂夫说出我的意思,库尔·玛米蒂夫再把我的意思转达给来自吐鲁番的官员的翻译,而他再把信息用汉语传递给曹大人。

图拉·凯尔迪·塞维干是一个快乐的人,举止十分活泼,同时又是一个精明谨慎的外交官。一经知道我企图攀登慕士塔格峰,他们极力反对库尔·玛米蒂夫跟我一起去,并以他是一个俄罗斯国民为借口。但当我给他们看我的通行证和我从圣彼得堡宫廷的一位中国大使苏京成(Shu King Sheng)那里带来的写给喀什噶尔道台的信时,他们收回了

---

❶ 特指人发出大声呼喊时能被听到的距离。

意见，但规定我们一从山上下来，库尔·玛米蒂夫将走最短的路线返回。另一方面，一个名义上指挥50个人的未授军衔的官员，一个柯尔克孜族官员，没有通行证，被命令立刻返回。然后我建议送热依姆巴依骑一峰骆驼直接去喀什噶尔，因为他的病情正呈现危险状态，他急需休息和舒适的住处。但对这一点，图拉·凯尔迪·塞维干不同意，他说，如果热依姆巴依死在路上，他的死会使中国当局陷入困境。我只好承诺在攀登慕士塔格峰返回到布伦库勒时，不通过其他路线到达喀什噶尔，才最终成功地打消了他们的顾虑。尽管那样，我还是不得不留下我的一个队员交给他们做人质，还有我一半的行李。制定这个契约，我认为我的意图是我不会有任何耽搁回访他们，但两个官员宣称，他们没有权力允许一个欧洲人在缺乏指挥官的情况下待在要塞里。指挥官简大人已去喀什噶尔了，但他们说简大人很快就会回来。

　　用这种费力的方法，我们的会谈前后用了冗长沉闷的5个小时。当最终他们起身离去的时候，我想通过送给他们一把匕首和一个银制酒杯给他们留下一个好印象。他们表示，我在这样一顿精美的午餐之后送给他们礼物，这之前根本就是一个误会，鉴于我是他们的客人，它应该是另一种方式。但最终他们说服自己，说他们希望有机会在我从慕士塔格峰结束旅途回来时答谢我。

　　他们以正规形式告别之后，在一阵旋风的雾团中疾驰而去。透过雾团，他们的白马，他们的猩红色制服，他们闪光的武器，在很远距离外还隐约可见。之后我再也没有见到过这些先生，尽管他们通过禁止附近的柯尔克孜族人给我提供羊肉、燃料和其他必需品来暗示他们的存在。

　　这一天剩下的时间，是在为登上慕士塔格峰做准备。我决定只带4个人，即库尔·玛米蒂夫、斯拉木巴依和两个柯尔克孜族人奥玛（Omar）和柯达·沃迪（KhodaVerdi），4匹马准备好用来驮运必要的行李——粮食、床、皮衣、礼物、药箱、照相器材、科学仪器和其他几件必不可少的东西。别的一切都留下来由霍加（Khoja）照管，他还负责照顾热依姆巴依，我为病人找到了更加舒适的住处，却并没有对他的病情好转起到什么作用。冬季旅行越过帕米尔高原会使他的健康垮下来的，他

的双颊苍白深陷，两只眼睛大而空洞无神，他的朋友几乎认不出他了。

他的变化非常大,他贡献了一只公山羊,并认为这样做他会感到好一些。

晚上,几个中国士兵光临,他们请求允许看一看一两个粮食箱子和装货箱,后来我们才知道,据传闻,要塞上的人认为我所有的箱子里都塞满了俄罗斯士兵——用这种方式将他们偷偷运过边境。事实上,我的每一只箱子至多只能装得下约半个士兵。用任何方式都不会有助于减轻他们的怀疑,我打开了两三只箱子,看过之后他们的精神好像更放松了一些。夜间,我的帐篷四周被布满了哨兵,但他们善意地把岗哨布置在较远的看不见的地方。他们接到命令,把我们置于监视之下,查明我拜访这个巨大中国遥远一隅的真正意图。

无论我们转向哪个方向,在我们面前都有一派壮观的景色。正东,布伦库勒小湖的对面,升起了阿克陶(Ak-tau)雄伟的雪山,即"白山",是慕士塔格峰在此地的延续山体,它的左边是盖兹河谷的开端,右边是塞瑞克库尔宽阔的低谷,在前端附近,离我们营地不远,是有6顶帐篷的柯尔克孜族人的小帐篷村,而周围的山坡上到处都是长毛牦牛,它们吃草时发出哼哼声。南边是被叫作库姆伊尔加(Kum-yilga,沙沟)的狭窄的峡谷。

第
十
六
章

慕士塔格峰

4月14日，我们动身向着雄伟的慕士塔格峰攀登。刚一开拔，就遇见了从东边刮来的狂风暴雨，风暴夹杂着大量的细碎流沙直吹入眼睑。经过布伦库勒两个小湖之后，向远处的要塞眺望，我们发现了塞瑞克库尔宽阔的山谷。整整一个小时，一头黑色的大牦牛一直跟着我们，我们感到奇怪，它是不是被训练成了间谍？但终于，这头牦牛因走累而停止了跟踪。

塞瑞克库尔山谷是一条巨大的深沟，刺入宽广的帕米尔高原的心脏，时而狭窄陡峭，时而宽广无边，底部是大片的片麻岩砾石和其他岩屑，均被流水作用冲刷得光滑如镜。在某处，我们来到一块巨大的岩石旁，岩石被整齐地一分为二，我们走在两块岩体中间，就好像我们正穿过中世纪城镇的大门。山谷本身被高山的两侧所包围，而山谷两侧则铺着厚厚的因崩化瓦解而支离破碎的岩石。此处牧草匮乏，因此无人居住，只有一顶帐篷孤独而立。整个行程中，地面逐渐向上倾斜，很容易就到达了慕士塔格峰山脚下。

当行进到最后一天时，我们没有找到柯尔克孜族人预先送给我们的搭建好的帐篷。我们现在已明白，在中国境内我们不再享有放纵安逸的日子了。

　　我们多久没有露天宿营了！这就是命运。这是此次旅途中的第一晚，我们尽力创造最好的住宿条件，四处寻找能够躲避风吹的洞穴。我们发现了一个叫凯音德赫达拉（Kayindeh-dala）的山谷，含义是"白桦林平原"。这个地名极不恰当，这里土地贫瘠，山石遍布，没有一点儿我曾经见过的白桦林那绿色的美丽样子。然而非常可能，当年这里的确生长着许多白桦树，现在仍是沿用过去的名字。

　　我们扎营在一块巨大的岩石下，朝向稍向南，岩石前方的周围已有人修建了一堵低矮的石墙，这在某种程度上起到了一定的保护作用，免受最大风速的影响。我们把行李堆在四周，铺上地毯，尽可能舒适地搭建我们的营地。不一会儿，汤在柴堆火上煮沸的声音传入耳中，我们就像国王一样高兴。但风呼啸着穿过石墙中间的缝隙，尘土砂石在我们周围打着旋儿，以至我们每吃一口食物都会有沙砾伴随。刚一到晚上，天下起了小雪，但大约10点钟时，天气突然变晴，风停雪止，天空晴朗。月亮渐渐显露，把光亮倾洒在我们的洞穴上，照亮了这荒凉的原野，加深了难以忍受的寂静，使山谷显得更加沉闷，更加令人恐惧。

　　4月15日，我们继续向南行进。地面愈发破碎，我们来到了巴斯克库勒（Bassyk-kul）的阿尔卑斯小湖，它那奇异的湖岸线使我想到，它的深深的入口一定是被最任性的棕仙雕刻而成。湖中间被冰所覆盖，冰易碎且疏松，但接近岸边，我们看见了没有冰封的水体。水纯净而清澈，味道甘甜。离湖岸不远处，我观察到刻在一块片麻岩石上的中国古代碑文。这块岩石被深深地埋在地下，周围有一堵简陋的石墙环绕。附近还有另两块巨大的岩石，上面均刻有文字。岩石在冻结的冰块的作用下被琢磨得光滑平坦，但大部分文字已在大风及它强有力的助手流沙的作用下被剥蚀掉。这个怪石林立之地被叫作"塔姆加塔士"（Tamga-tash）或"碑文石地"。

　　站在附近的一座低矮的小山上，我们远远看到喀拉库勒小湖被掩映在群山深处，湖面是群山的倒影，水的颜色由蓝到绿，再由绿到蓝，不断地变换着。除了南岸附近还有一小块狭长的冰面，湖面已没有冰了。凉爽的微风刮过，吹皱了湖面，波浪翻腾着卷起泡沫，连续不断地相互追逐着，拍打着湖岸，发出有节奏的悦耳的淙淙声。

● 从西北望去的帕米尔要塞附近的景色

　　小路渐渐接近湖岸,直到被一座矮山分开,再次到这里,我发现这是一个残存的古冰碛遗迹。我本应该再踏勘一次那个湖,我自第一次去过之后几乎再没想起过它,然后,我再次来时,它那可爱的湖岸渐渐打动了我!多少个孤寂的夜晚,我彻夜未眠,倾听着那神秘的潮水声,小小的波浪发出悦耳的低沉音调,那是没人能演绎出来的声音!我多长时间没能尽情欣赏喀拉库勒小湖清澈透明的湖水映衬着巨大的、覆盖着皑皑白雪的雪山顶峰的景色了!但我在之后的章节中将有机会讲述我在这里的往事,因此,我得尽快继续我的旅程。

　　在有些地方,沿着小路向前的峭壁上,破碎的小路一直向前延伸着,迫使我们尽最大可能向山下爬去。我们沿着岩屑和砾石混合的狭长山脊,骑马通过了水域。在湖南面,我们走入由苏巴士河注入的宽阔的河谷,那里有一大群满身粗毛的牦牛在忙于啃食春天的嫩草。同时风迅速变大,成为风暴,大量浓密的沙尘甚至裹胁着强风侵蚀掉的细碎岩粒直扑我们的脸颊。风暴如此猛烈,以至我们有时不得不站着不动,背对着风向。当我们来到驻守河谷的堡垒时,发现中国人正忙得像蜜蜂一样,不停地打开检查那些刚刚托运到驻地的货物。但我们遇见了一位高大健壮的骑马人,他是托格达辛(Togdasin)伯克,是苏巴士村的柯尔克孜族头领。他对我的礼貌及友好态度欣然接受，并带领我们去了他那又大又壮观的帐篷。伯克后来成为我在亚洲交的众多朋友中的一个。

● 托格达辛伯克

我们刚把帐篷支好，来访者就络绎不绝，而且一直持续了一晚上。先是附近的所有柯尔克孜族人，然后是驻地的士兵，其中有一些是东干人❶。在河谷居住的众多病人都前来向我讨药，一位老太太说她患有地方病，另一位病人牙痛，第三位病人鼻子痛，有一位东干士兵在暴风雪猛刮时感到不舒服，胃痛……他们接踵而来，我给他们全都用了同样的简单方法医治，即给每个病人一小剂奎宁。这是一种味苦、药效强的药——是被所有亚洲人彻底信服的一种药，他们全都满意而归。

第二天，柯尔克孜族人的头领及一些士兵以茶款待了我们，晚上，托格达辛伯克应邀来到了我的帐篷。我们招待他喝酒，让他听音乐盒发出的奏鸣音乐，他听了欣喜若狂，并宣称他至少年轻了20岁。

自离开阿赖河谷以来，我老是不断地想着慕士塔格峰，我根本就没有忽略从柯尔克孜族人那里搜集所有资料的任何机会以充实我的计划。但与我谈话的每个人都无一例外地使我相信，到达顶峰将是完全不可能的，悬崖峭壁、沟壑裂缝将被证明是前进当中不可逾越的障碍。山腰被冰覆盖，明亮光滑如玻璃，山顶及周边风暴呼啸着永不休止，如果我如此冒险公然对抗强大的对手，这些人表示，我将会像一块硕大砂石一样被风扫倒。

❶　东干人，俄罗斯人和某些文献中对当时(19世纪末)中国回族的通称。

然而,慕士塔格峰是一座真正的雄伟高山,每当柯尔克孜族人经过它或在旅途中第一眼见到它时,他们都会跪下来。

　　柯尔克孜族人告诉后来人,慕士塔格峰的顶端有一个古老的城市叫加那达(Janaidar),在城市建造的年代,世界一片幸福和平景象,而自那时起,加那达的人民和世界上的其他居民之间便没有了交往。因此,加那达的居民仍然享受着纯洁幸福的生活。在这天堂般的城市里,各种果树繁茂生长,一年到头都结着硕大无比的果子,怒放的鲜花永不凋谢,女人永远年轻漂亮,生命中最令人快乐的事,是像普通人那样谋生,在这个城市永远没有死亡、寒冷和黑暗。

　　总之,慕士塔格峰就像波斯北部的达马万德(Demavend)山和其他极为引人注目的山峰一样,带有神秘的光环,成为一个个神奇传说与故事的中心。柯尔克孜族人把它看作是一座圣山,并对它极为尊崇和敬畏,这本不足为奇。当时,欧洲人也无法抗拒它那不可思议的魔力。

　　慕士塔格峰是世界上的最高峰之一,海拔25600英尺,就像一座巨型堡垒俯视着中亚荒芜贫瘠的大地。其与"世界屋脊"喜马拉雅山、昆仑山、喀喇昆仑山、兴都库什山齐名,而在众山环绕的山峰之上,慕士塔格峰"冰山之父"之名是当之无愧的。这个名字非常恰如其分。的确,它像一个父亲,在它的孩子中间昂起雪白的头,孩子们全都身着洁白无瑕的长衣,佩戴着冰制的胸铠。雄伟的高山闪烁着银色的光芒,就像极远处的沙海中闪着微光的灯塔。多少次我怀着奇特的心情远远凝视着它,多少次我漫游在它那崎岖的山间,多少个日日夜夜我为它那不可思议的神奇魅力而入迷。

　　在询问苏巴士的柯尔克孜族人有关攀登雪山之祖的可能性的问题时,依照他们的看法,我发现他们并不像在帕米尔高原内部的男人一样没有勇气。他们还是非常乐意陪同我,准备尽他们最大的能力来帮我加速达到我的目的,虽然他们预言这种企图将会以失败而告终。猎人在追踪猎物进入更高的山区时迷了路,他们因呼吸了"重"空气而头晕目眩,要知道甚至以灵活敏捷脚步稳健而著称的野羊,在被一群猎人驱赶到冰崖边缘时也会因恐惧而退缩不前。即使是巨鹰也不能飞上最高峰,因为在到达最高峰之前它的翅膀就已麻木无力了。

　　作为这一切的结果,我们精心制定了一个正规的作战方案,将不惜一切代价去征服它。我们的计划是埋伏着保持近距离地观测它,并抓住稍纵即逝的机会,即抓住最早的有利优势,选择有利的气候条件,发动冲击。

我们决定,尽可能在最高点设立第三座观察站,从那里进行观测,并为进一步向前做测量。

第
十
七
章

第一次尝试攀登慕士塔格峰

　　长期的探险旅途,探险者的计划常常被烦人的困难和障碍所打乱,使他背离初衷,迫使他放弃他建立在内心深处要达到的目的。在我试图攀登慕士塔格峰的过程中,我就遇见了这种困惑。我的心愿,也是我的目的,就是爬上山顶,考察其地质结构、冰层和在崎岖的山腰缓慢前行的巨大冰川。但是,我没能按照这个计划行事,没能达到站在世人之上的骄人愿望。虽然只有亚洲的几座山峰在我之上,我没能将五大洲都踩在脚下。我由于精疲力竭,双眼包扎着绷带,而被迫返回并等待一个更暖和的天气。

　　4月17日早晨,当我步出帐篷时,一支别样的队伍在等我。队伍中有6个疲劳不堪的柯尔克孜族人,他们身穿羊皮衣,手里拿着登山棍,随同一起的是9头牦牛,体大毛黑,脾气温厚,反应迟缓,还有2只绵羊。有几头牦牛驮着生活必需品,铁锹、镐头、短柄小斧、绳索、皮毛、毡子、毡毯、摄影器材和其他物品。柯尔克孜族人随身携带的小皮包里装着必不可少的科学仪器和双筒望远镜,剩下的牦牛背上驮着鞍子。我们一骑上牦牛,就离开托格达辛伯克,动身前行,开始慢慢向东南南方向爬坡。牦牛通过拽穿过其鼻子软骨的绳索引路,不管骑手多么自作主张,所有的牦牛都一意孤行,这是它们前行当中固有的习惯。牦牛的鼻口贴着地面,喘着粗气的声音如此之大,以至你几乎感到你的耳朵正在听远处一个蒸汽锯锯开一块木头发出的刺耳的嗡嗡声。

在一个叫作喀姆波齐士拉克(Kamper-kishlak)或叫"老妇人村"的地方,我们路过了第一座冰川,它的冰隙呈淡绿色,一块巨大的片麻岩砾石被劈成两半,直达砾石末端底部的冰碛层。据说,这个地名来源于过去的一个故事:当沙格南的萨赫(Shah)没完没了地和柯尔克孜族人开战时,柯尔克孜族人四散而逃,除了一位老妇人,她藏在两片巨大的岩石之间,坚守在当地。

坡度非常陡,找不到一处可以立足之地,斜坡上铺着厚厚的岩块,大小形状全都可以想象。实际上,山体几乎只由片麻岩和水晶般的板岩构成,虽然在更高处的一堆碎石中,我捡到了黑色的斑岩和云母片岩的碎块,其中云母片岩显示出其受到过巨大压力的迹象。我还在海拔16500英尺的高度上发现了结构坚硬的云母片岩。

接近傍晚时,我们到了一个可遮风挡雪的地方,在那里停止了前进。这里海拔14560英尺,我们简单地扎营,只用了几张毡毯,用铁头

● 从北望去的慕士塔格峰　　**127**

登山杖作为支撑，再用绳子系住。然后我们宰了一只羊，在肉被冻硬之前，我们把羊肉放入装满融雪的锅里。烧火用的燃料是牦牛粪，目前也只有这是最好的燃料了。但在晚上，另一个柯尔克孜族人加入到我们的队伍中，他带来了两牛驮的干柴。很快，我们就生起了火，火势极旺，哔剥作响。我们围拢在火周围，吃了一顿简单的晚餐。欢快的火苗忽前忽后地闪烁着，就像一个舞蹈家正在急速旋转。火舌一会儿用它那风骚的吻轻轻舔过其中一位旁观者的唇，一会儿把这位或其他冻僵的柯尔克孜族人的胡须微微烧焦，这些都给我们增添了许多乐趣。

月亮从慕士塔格峰山肩后升起，周边被明亮的晕圈包围。火渐渐熄灭，我们在霍兹莱特依玛萨（Hozrett-i-Musa）山上的露天下安然入睡。

第二天，4月18日，天气恶劣，寒冷且刮着风，天空笼罩着乌云。然而，我们决心继续前进。由于柯尔克孜族人宁愿步行，我们只带了3头牦牛运载行李。通过了无数个弯弯曲曲的急转弯后，我们渐渐走上了山腰。随着每一码的前行，坡度越来越陡。牦牛沉重而缓慢地走着，脚步非常稳健，但它们停歇的次数很多，停的时间也很长。终于，云消雾散，露出了难得一见的风貌。我们凝视着，只有用一个词来形容它才合适，那就是宏伟。塞瑞克库尔山谷在我们前面展开，就像一幅地图。北面，我们看到了喀拉库勒小山和布伦库勒山隐约闪现，西南方向，视线被摩哥哈布山一侧的山脉挡住。而远远在我们的脚下向西，戴着王冠的库姆·卡·喀什喀（Chum Kar Kashka）的坟墓看起来就像是一个不高的小土墩。尽管我们知道，从山谷下面看，它实际上是一座高山。

我们终于来到了雅姆布拉克（Yam-bulak）冰川，在那儿休息了一会儿。这里海拔15900英尺，所以我们站得比欧洲的所有山顶都要高。冰川以国王迈出城堡大门的雄姿向前移动着，那就是说，地层是又深又宽的断层。但冰川一到达宽阔的地面，它就伸展成先前宽度的2～3倍，同时也变得更薄。所有的冰碛——后面的、侧面的、新的、旧的——联结着冰川和钢蓝色泥浆沉积物。我们处于极为有利的地形，可以俯瞰到这一切。

到达海拔17500英尺，我们发现水在180.5℉（82.5℃）时沸腾，气压表指示15.6英寸，气温23.9℉（-4.5℃）。在那儿，我们遇上了布兰

（Buran）——冷风，风如此猛烈，我们被迫停止前进几小时。即使我们冒险重新上路时，也必须小心翼翼地继续前进，因为刚刚吹落下来的雪把藏在下面的孔洞及地表凹凸不平的危险都完全掩盖了。

在经过种种艰难险阻之后，我们终于返回到营地。此时，我们高兴地发现了托格达辛伯克友好的表示，他送给我们一顶帐篷，还有新到的粮食及燃料。

4月19日，就在我们营地这个高度上，我们遇上了暴风雪。显然，我们也许会不得不因为等待有利的天气而耽搁一段时间。我把库尔·玛米蒂夫送下山谷，带回足以维持几天的粮食。

同时，我带着斯拉木巴依和两个柯尔克孜族人到不远处的雅姆布拉克冰川的边缘走了一趟，其余的柯尔克孜族人先前说头痛欲裂并感到恶心，就让他们留在营地休息。总之，这是一段最有趣、最有益的旅途。我们获得了一个精确的地形图，有侧面图，还有各种测量出的尺寸、大小、长、深、宽度等，以及12张照片。我们随身携带了绳索、冰斧、登山杖，从冰川侧出发，经过了危险的350码穿过了冰川表面，直到被一条60英尺深的冰隙阻挡住。我从冰川的一些突起部分推断其大约有100英尺高，冰川的最小垂直厚度大概有150～170英尺。在这次危险的考察期间，我们跃过了几个裂着大口的冰隙，不过我们仍然不忘仔细观测所熟知的冰川状况。

那天晚上，我决定把帐篷移到山南附近，另做打算从那一侧登上山顶。但我的计划被意想不到的事打乱了。就像遭遇一个邪恶的幽灵，我眼睛的旧疾突然发作（虹膜炎），使我疼痛难挨。我用了随身携带的药物，但丝毫没有用。第二天，疼痛更加剧烈，我不得不离开大家，骑马下山去苏巴士。于是，我充满信心的探索就此终止，在付了考察队队员工资后，解散了队伍。在灿烂的阳光下闪闪发光的慕士塔格峰，对于那些能亲眼看见它的人来说是宏伟的景观，然而眼下，它却只能安静地待在这里品味自己的寂寞了。

尽管天气变暖，我还是尽量让自己充分休息，但炎症不但不见好转，反而更严重了，使得我在好多天后明智地决定返回布伦库勒。我在那留了我的一半行李和6匹马，由两人专门负责看管。当我从帐篷村出发时，居民纷纷前来致以诚挚的问候，不仅如此，甚至有些中国士兵也前来探望我。考察队开拔时,他们都静立一边,好像在参加一个仪式。这令人伤感的场景留给我的印象更进一步加深,大约过了一小时,一队士兵追赶上我们,先前他们被他们的长官阻止,没能前来给我们送行,现在他们希望我一路平安,并护送我上路约半小时。他们唱着歌,以表达对我的敬意,但歌声是如此令人悲哀,致使我开始真实地幻想着这支队伍就是一支送葬队,歌唱者是被雇来的送葬者,而我自己就是那具死尸。

我们始于4月25日早晨的旅途,是一段令人伤感的旅途。

我服用了药力强劲的水杨酸和吗啡药物,感到耳又聋,头又晕。我的左眼被绷带全部包住,以不受光的影响,而未害病的右眼对光极为敏感,被戴了双层墨镜保护起来。顾不上我的病情,由于一鼓作气骑马行进了10个小时,我们在一天之内就走完了到布伦库勒的全程。一到达小喀拉库勒,就遭遇了一场暴风雪,风越刮越猛烈,一天过去了,我们到达布伦库勒的时候不仅天黑了,而且乡村再次披上了冬天的外衣。没有片刻的耽误,我迅速派遣信使到简大人处,他现已从喀什噶尔返回,请求他给我一顶正规的帐篷。而带回来的答复是,简大人已喝醉,打扰不得。因而我不得不尽可能最好地搭建好我之前谈到过的简陋的帐篷,虽然雪打着旋地从帐篷四周的孔洞中穿过。我坚持在那停留了两三天,因为炎症愈发严重。

我的计划被无情地推翻了。因为大约在26日中午,一个来自简大人的信使说,如果我明天一大早赶不过去的话,他就会派兵帮我上路。因此,我除了照办,别无选择。在我的整个旅途中,这是我唯一一次遭受到粗野官员手下无礼待遇的场合。在随后多年的旅行过程中,我见到了一些十分不同的中国人,并发现他们的确是和蔼可亲的人。

4月27日,我把库尔·玛米蒂夫送回到帕米尔要塞。后来他被瑞典和挪威奥斯卡国王授予奖章。除此之外,陛下还向不止一个驻扎在要塞里的俄罗斯官员表示了类似的祝贺,他们是因为为我提供了优质的服务而受到嘉赏,因此我并没有感到意外地知道,俄罗斯人会误认为我是一个乔装的王子!

在塔巴士,我们调转了方向,向东行进,以便下到盖兹河谷深处,继续深入到慕士塔格山脉的心脏。我很抱歉地说,我不太了解接下来的

● 我们的考察队在盖兹河谷

路况,因为我是双眼被绷带包扎着,几乎什么也看不见,靠骑马走过来的。我只能说,我们下到陡峭危险的小路到达了第一个夜营地阿齐喀帕(Utch-kappa,三石屋)。第二天,我们必须横越盖兹河极为艰险的峡谷。这里水势凶猛,并紧贴着山谷右边高耸的山崖脚下。小路蜿蜒而下到几乎垂直的悬崖峭壁处,悬崖外侧或河的一边被用桩子、树干和坚韧的柳条绑在一起呈网格状的胸墙保护起来。我的队员认为他们宁愿下到小河底走路,但领头的马在深深的水流湍急的小河中几乎没有立足之地。把队员送回到小路上,我们努力着,缓慢地与严峻的困难抗争着,直到两匹马绊倒,再也不能前行一步。这种情况迫使我们再次返回到河床。我们又极为小心翼翼地继续前进,终于成功穿过了峡谷。

我认为最明智的是我的装货箱只用最好的马匹来驮,这使得我们不必为卸货再装货而浪费许多时间。每一匹驮马都由两个备马人负责,一切就绪,如果马匹碰巧身子侧倾,他们就会抽上一鞭。在下山进到汹涌的流水中时,我突然感到非常不舒服,既看不到河底,也不知道河床是否被松动的砾石或大鹅卵石覆盖,更不知道河水是深还是浅。

131

然而有一件事是绝对必要的,那就是要尽快涉水过河,不然我会洗个澡。在这样一个地方洗澡,即使我骑在马上,把脚塞进马镫中,还是危险的,因为河流被仅几步之遥的悬崖包围着,河水倾泻而下形成了一个大瀑布。

从那再向前行,我们穿过了一条又一条小河,有时涉水而过,有时,我们被迫过桥,这些桥或多或少存在危险因素。其中一座桥它那突出的特性,使其看起来就像一幅非常别致的风景画:桥的一端搭在一块又大又圆的石头上,河床里塞满了砾石,河谷下倾的角度非常陡,使得河水翻腾而下形成一个又一个大瀑布。而我们由于向下行走,正如我已经描述过的那样,峡谷的路很窄。我们被浓雾阻挡住了,浓雾完全遮住了视线,光秃秃的崖壁传回奇异刺耳的回声。地面异常粗糙多石,大块的片麻岩一半埋置在巨大的砾岩峭壁上,并悬在小路之上,而镶嵌在峭壁中的砾石非常松,以至于我每时每刻都在担心它们会突然脱落下来,砸在我们的头上。

事实上,在我们走完这些危险之地的最后时刻,我才大大地松了一口气。

到这时,气温完全变化,现在我们第一次发觉春季已经到来。前一天晚上最低气温是31.8°F(-0.1℃),正午是46.4°F(8℃),到下午2点钟,气温上升到52.9°F(11.6℃),3点钟达到55.4°F(13℃),4点钟是58.1°F(14.5℃),到晚上8点钟是59°F(15℃),气温随着我们向下行进而稳步上升。我们在库拉克卡罗尔(Köuruk-karaol,警戒桥)休息了一会儿,时间是4月29日,最低气温是39.2°F(4℃)。

我们现在到达的这个地区臭名远扬,因为此地常有大量盗匪出没。因此,慎重起见,我在夜间布置了岗哨,命令他们时刻警惕,尤其要留意行李和马匹。我的队员劝我拿件武器以备所需,但这天晚上很快就过去了,随之而来的几个晚上也过去了,强盗们没有骚扰我们。

第二天,我们再次开始了艰难的渡河。霍加骑的一匹驮马绊倒了,险些溺死,立刻,我队伍中的每一个队员都下到水中,都没在意衣服将被浸湿。但营救马匹和它所载的货物花费了他们大量的劳力。霍加头朝下扎入水中,不情愿地洗了一个澡。和昨天一样,我们不得不反复穿过小河,有时涉水而过,在其余大多数情况下,我们从摇摇欲坠的桥上

● 盖兹河

● 盖兹河上的桥

过河。然而,山谷终于开始开阔起来,随着山谷渐渐开阔,我们开始穿过一小片丛林地。中午时分,气温在66.2°F(19℃)。我们渐渐来到较低的高地,气候也更加温暖。一切都笼罩在黄色的浓雾当中,但因我的眼睛非常疼痛,所以我几乎没有见到我们正在穿行的风景如画的乡村。

4月30日,是我们在山中度过的最后一天。

早上还没过完,高度迅速下降,直到几乎与低矮的小山一样。终于,山脉离我们越来越远,远远消失在云雾中。云雾笼罩住山谷喇叭形的入口。地表变得更加平坦,长着丰沛的牧草,引得马匹忘记了一切约束。可怜的牲畜现在的状态和它们在旅途期间穿过雪山和帕米尔高原那贫瘠荒凉之地遭受苦难时的状态,真是大相径庭。它们在前行时,贪婪地啃食着可口的牧草。我们又过了3座更小的桥,第三座桥尤其危险,在过桥时,我们差点失去一匹马,这匹马的一只蹄子穿透了薄薄的木桥面板。大家卸掉马背上的行李,把它拽上来,之后,队员们把桥洞用草皮填塞住,修理木桥。

修毕桥面,我们离开了右边的盖兹河,向塔什麦利克(Tash-melik)——更准确地表述是塔什巴利克(Tash-balik,石鱼)行进。那里有一座汉族人的小驿站,指挥官查看了我的通行证后才允许我们继续前行。我们旅途的最后一晚是在塔里木村度过的。

5月1日晚上,我们到达喀什噶尔。在那里,我受到了我的老朋友彼得罗夫斯基先生——俄罗斯总领事和他的秘书鲁特什(Lutsh)先生的热烈欢迎。

第
十
八
章

回忆喀什噶尔

　　我在喀什噶尔待了55天，一直等到我的眼睛好了。

　　这段时间，我忙于整理我前面旅行的成果，并把观测资料制成表格，绘制出地图。休息的确是非常好的，事实上是绝对必要的。我十分欣赏我朋友的宜人的房子，在这儿，我被所有舒适方便的文明生活所包围。领事彼得罗夫斯基是世界上最和蔼可亲的人，每一件事都说明了他是一位名副其实的优秀的主人。他那充满智慧的谈话很有启发，并令人精神为之一振。他是一位地地道道的科学家，在他驻扎在喀什噶尔的那些年中，他有许多发现并完成大量对历史及考古学极具价值的观测报告，他打算某一天向世界出版发行这些资料。他的图书馆有最好的书籍可供挑选，这些书籍写的都是与中亚有关的主题。他还有一个实验室，配备有最昂贵的仪器和科学器械，在亚洲的探险考察队中绝对不可能有比之更好的设备了。

　　我已经描述过喀什噶尔，并在我以前的书籍中有专门的章节，因此，可以说我对这里环境的介绍已经足够充分了。矗立在克孜尔河岸边的老镇子，与我1890年第一次见到它时那又阴暗又荒凉的样子相比丝毫没有变化。然而我还要加上几句，谈谈我这次考察中与之接触过的欧洲人和中国人。

领事馆的成员包括彼得罗夫斯基先生和他的妻子、他的秘书、两名军官、一名税收官员和50名哥萨克兵。

亚当·伊格那提耶夫（Adam Ignatieff），波兰人，是个罗马天主教徒。10年前他作为传教士来到喀什噶尔，现仍住在那里，是彼得罗夫斯基餐桌上的常客。他是一个好老头，脸刮得很光滑，头发雪白，从头到脚穿着一身白衣服，脖子上戴着一串念珠，一个十字架从念珠上垂下来，看上去就像一个刚离开教堂的主教。我们习惯于在餐桌上嘲笑他，但他用愉快的笑脸对付我们所有的暗示，甚至是最令人尴尬的场面。只要获得足够的经费，他就没有什么不满足的了。恐怕只有他自己才会相信他将他所谓的信仰投入到传教热情中去了。在喀什噶尔这10年期间，传教并不成功，没有人跟随他信奉天主教，事实上他也确实没在传教上做过多大的努力。他夸口说他曾经使一位维吾尔族老妇人临终时改变了宗教信仰，但他确实是在老妇人被无情地宣布逝去之后才宣称她已入天主教的。

在冬天里，亚当·伊格那提耶夫习惯于晚上来拜访我，多数都是寂寞的时刻。他通过交谈帮我来缩短这个时刻。我们两人坐在炉火旁，一直交谈到深夜。他对我讲述他冒险生涯中的各种事件。他告诉我在波兰叛乱期间他是如何促使一个俄罗斯牧师被绞死的，因此，他被流放到西伯利亚，在那儿生活了30余年。他具有贵族血统，属于多格维罗（Dogvillo）家族。但后来他在喀什噶尔过着半流浪式的生活，一个孤独的人，被人们遗忘，没有朋友，没有人关心他，也没有人对他感兴趣，即使他死了，也不会有人在他的坟前为他流泪。然而，他总是友好快乐的，完全满足于命运的安排。所以，我们常常靠着炉火坐下来，交谈着，就像一对隐士。

我在喀什噶尔找到了另一个老朋友法德·亨德里克斯（Father Hendricks），他是很受尊敬的杰出人物，同作为传教士，在这个镇上住的时间和亚当·伊格那提耶夫差不多一样长。他出生于荷兰，在亚洲已度过25年，会说12种语言，紧跟形势，对世界大事饶有兴趣。总之，他知识渊博，才智过人，与亚当·伊格那提耶夫相反，他在当地生活从容。他把家安在印度旅馆，房屋简陋没有窗户，生活在最贫穷的状态之中。显然,很久以前他就被他的欧洲朋友们遗忘了,因为在任何时候他收到任何来信那都是罕有的事。但与他交谈却是一件令人十分愉快的事。他既幽默诙谐又才思敏捷,他用与朗诵拉丁弥撒相同的神韵唱起法国歌曲,无论在什么情况下朗诵,那都是地地道道的原文。看他步伐轻快地跨过集市,身披长斗篷,戴着宽边帽,他的文明棍、他的长胡须和他的大眼镜,总是使人想起修道士。孤独、寂寞、孤独,这就是他生命之歌的重复,一个孤独的人,每天按时朗诵着弥撒,没有一个人来倾听。孤独的他坐在陋室门旁的台子上读书,毫不在意来来往往商队的喧哗声;孤独的他饱受贫困之苦,衣衫褴褛,饥寒交迫;孤独的他常常夜间徘徊在路上——时时处处生活在孤独、寂寞之中。偶尔遇见他对我总是一件乐事,多少时刻我们坐在一起探讨人生哲学,因为我和他一样,也是孤独寂寞的人。

这个镇子上还有第三个传教士,一个已改教为基督教的伊斯兰教徒。他是被一个叫约翰尼斯或约翰的人施以洗礼。他在土耳其亚美尼亚的俄兹拉姆(Erzerum)学习《古兰经》,改宗基督教后,他在瑞典的教会学校度过了两年时光。在我考察喀什噶尔的时候,他晚上常用小提琴演奏瑞典曲目。

这就是在中国最遥远的城市中"十字战士"的命运! 我非常为他们感到惋惜,他们的能力被浪费,他们的劳动是无效的,他们的生活是空虚的、艰难的,没有任何价值。

我第一次考察喀什噶尔期间,与两个举止文雅的英国绅士有过接触,他们是著名的旅行家扬哈兹班(Younghusband)❶上校和马嘎特尼(Macartney)❷先生。前者在旅行间隙返回印度,后者仍在喀什噶尔,住在秦尼巴克(Chinneh-bagh)公园附近占据着极佳位置的舒适房舍里。❸马嘎特尼先生不止一次极其殷勤地款待法德·亨德里克斯和我本

---

❶　扬哈兹班,英国陆军上校,长期在中国新疆与西藏进出,中文名为荣赫鹏。
❷　马嘎特尼,中文名为马继业,在19世纪、20世纪之交曾长期担任在英国统治之下的印度政府驻喀什噶尔总领事,在喀什噶尔居住长达28年,其社会生活广泛干涉了我国新疆尤其是南疆的政务,并为斯坦因等人提供过具体的帮助。——本版编辑注
❸　此处指英国驻喀什领事馆总领事马继业在喀什的居住地。——本版编辑注

人，他是英属印度政府在新疆对中国事务的代办，受过一流的训练，说着流利的欧洲和东方主要语言，尤其是汉语最出色。事实上，他在他这个位子上是再合适不过了。

我现在将转向中国更著名的人物，我在喀什噶尔逗留期间与他们有关系。

在中国，每一个省的最高长官是地方长官，他与地方副长官、省财政长、省审判长、省检察长都有联系。而现在，前四位的行政权力在全省之上，最后一个长官——检察长或叫道台的职责被限制到一个更小的区域或把省再细分的更小的区域内。例如，新疆省包括整个塔里木、伊犁、准噶尔一部分、戈壁一部分，有几个道台，首府迪化有一个，阿克苏有一个，喀什噶尔有一个，等等。因此，道台的权力范围比他的同僚要小，但在他自己的职权范围内，他的实际权力是大于他们几个的。由于这个缘故，他享有检察权、规范他们的行为权，以及如果他认为他们行使权力不当，有向中央政府反映的权力。他所具有的地位在许多方面都与凯瑟琳女皇二世时期俄罗斯省检察官所具有的地位相似。但与之根本不同的是，俄罗斯检察官的职责没有控制权，在某种环境下，中国道台拥有控制权。

我的朋友商（Shang）——喀什噶尔道台行使权力的范围非常广泛，向东北方向延伸，接近阿克苏检察官职责的边界，包括喀什噶尔、玛喇巴什（Maral-bashi）❶、叶尔羌、和阗、克里雅（在今于田县南）和车尔臣（在今且末县西南）。他的主要职责在公民领域，也扩展至军事领域。他担当着军队的军需官和军粮部门的监察员。东帕米尔的塞瑞克库尔地区，是由军队官员管理。喀什噶尔道台在塞瑞克库尔事务处理上能够施加影响，因为他被允许提出劝告和提供情报，但不被允许直接发布命令。

当时，年轻的商大人只是一位官员身边微不足道的小跟班，在1864年的暴乱中他显山露水，迅速登上了升官的阶梯，直到达到目前高位。虽然不是爱神阿芙罗狄所恋的美少年阿多尼斯（Adonis），但他

---

❶　玛喇巴什，即今新疆巴楚县。

完全是具有高度道德原则的绅士。平常日子,他惯常于身穿橘黄色马夹,坐在一辆蓝色的小马车里游走。但在重大场合和极为庄重的盛大集会上,他就会身着盛装出场,即身穿蓝色长袍、黑色绸服,上有宽大的褶层,并在褶层上绣有若隐若现的金龙,而形状怪异的金狮则趴在一个令人眼花缭乱的交织在一起的花环上。在他的丝织便帽上有一颗神秘的扣子表明他是一个大人物或是一个二品(二等)官员。除了盛装,他的脖子上挂着一长串坚硬的果核,表面被雕刻并磨得十分光滑。

　　一到喀什噶尔,我的首要任务之一就是拜访这位位高权重的官员。他热情客气地接待了我。他住在宽敞的衙门(官邸)里,内有迷宫般的一个个正方形院子,院子中间种着桑树,四周围绕着木制走廊。支撑走廊的柱子上写有汉字,房屋的墙面饰以壁画,多半描绘着龙和其他怪兽。道台亲自在第一道门前用和蔼可亲的笑脸接见了我,并把我引到接待室。我们在小方桌两侧坐了下来,一起喝茶,用银烟斗抽烟。扛着长杆戟的士兵们在门外站岗,一群扎着被保养得很好的辫子,并在黑

● 喀什噶尔的商道台

色丝绸便帽上有一颗扣子的体面的黄皮肤官员，像一圈点亮的蜡烛站在屋子四周，就像雕像一样沉默不语，一动不动，一直到会见结束。道台本人佩戴着他的象征显赫职位的徽章，为了以敬意回报敬意，我穿上了我最好的绒面呢子礼服，骑着一匹像刚下的雪一样白的马，由一队哥萨克轻骑兵队护卫，来到他的官邸。

我们在一起交谈了两个小时，或者更确切地说，我们是在通过相互赞美来暗暗一较高下。道台问我是否喜欢他的茶，我回答"好"，这是我所知道的唯一一句汉语。他随即拍手说："根据我祖先的记忆，我的客人是一个多么惊人的学者啊！"过了一会儿他告诉我，塔里木河从罗布泊流出进入到沙漠，再次出现在几千里之外，并形成一条大河，就是中国的黄河。这次，我给了他同样的敬语："阁下是一位学识多么渊博的人啊！你无所不知。"

但我也让他听到了一些真话，我告诉他，我在进入中国边境的第一站——布伦库勒是怎样被"接待"的，在出示了我携带的护照和介绍信的情况下，我还是被如此无礼地对待，对此，我表示了我的惊讶，并说我打算向更高当局就此问题提出抗议。一听到这里，道台的脸阴沉下来，有点激动，他请求我不要提出控诉，他将亲自教训简大人一顿。因此，我答应对那件事就不再提了。

在会见接近结束时，道台指出，自从我暂时和俄罗斯主事人开始从事于我的地区事务以来，我也只有同意他的中国同僚也能有幸接待我几天才比较合适。我对他给予的这种荣誉再三表示感谢之后，还是婉言谢绝了。

第二天，道台回访了我，用尽了极为炫耀的东方式的排场。队列的前面，是一个骑马的传令官，每走五步就敲一下大锣，后面跟着几个手执枝条状鞭子的人。大人本人在一辆有遮盖的小马车里，马车有三个窗户，两个高轮子，被一匹骡子拉着，骡子被一个遮篷遮蔽着，遮篷被固定在支撑车辕的杆子上，这辆马车的两侧都有随从步行跟着。他们举着巨大的遮阳伞和柠檬色的军旗，旗上用黑墨写着汉字，队列的后面有一队骑着漂亮白马的士兵跟着。

第
十
九
章

中国晚宴

不再简短描述一下使我终生难忘的中国晚宴，我还不能和我在喀什噶尔的中国朋友分手。我几乎还没有从相当于一座城市市长的商大老爷的家宴中缓过神来，与我一道荣幸地被邀请的，还有俄罗斯领事馆的工作人员，规格与道台的宫殿式宴会相类似。

当一个中国人发出赴宴邀请时，他会提前一两天发送一张小小的邀请卡，装在一个大大的信封里。如果你接受邀请，你应该保留邀请卡，如果你没有时间去，你谢绝了，你就应该把卡片送回去。如果宴会被指定为12点钟，你在下午2点钟前都不必去，但假如你准时去了，你会发现主人正在午休，既看不见客人、侍者，也见不到饭菜的踪迹。当宴会在主人的宅邸提前预演时，他会派出信使来给你看他的主人的名片，这作为一个信号说明你现在可以开始装扮，虽然你不必忙乱。

我们和俄国领事馆人员在列队到达大人官邸时，进行了一场真实华丽的表演。队伍前面的尊位被来自中亚的一个萨特人占据，他出生在俄罗斯，是所有商人的首领，现住在喀什噶尔。他穿了一件红色天鹅绒外套，佩戴两三枚俄罗斯金制勋章，紧跟在他身后的是一名骑马的哥萨克人，举着一面丝制的领事馆旗帜，旗子除红白两色，还有一点儿蓝色,十字对角而缝。总领事彼得罗夫斯基和我乘坐一辆四轮马车,由两名军官和亚当·伊格那提耶夫陪同。亚当·伊格那提耶夫身穿白色长外套,一串念珠和十字架戴在他的脖子上。最后是12名哥萨克士兵,身穿白色的阅兵服,用一根拉紧的缰绳控制着打着响鼻的马匹。

于是,一派假日的豪华装扮,在火辣辣的阳光下,我们的马儿迈着优雅的步伐,穿过了喀什噶尔狭窄的、尘土飞扬的小巷,穿过了瑞吉斯坦(Righistan)的集市。集市内有数百个小小的货摊,用茅草屋顶遮阴,每个屋顶都用一根倾斜的柱子支撑着。路过清真寺、伊斯兰经学院和商队的客店,穿过了跳蚤市场,那里有旧衣服出售。偶尔遇见骆驼队或一列驮着装满水的小木桶的驴队。此后,我们进入了城镇的汉族人居住区,到处是古雅的商店,上面是弯弯曲曲的屋顶,绘有龙和红色的广告招牌。最终,我们驱车来到了道台衙门的大门口,阁下亲自在门口相迎,周围是一群没有胡须却一脸皱纹的军人,他们穿着华丽的盛装。

当亚当·伊格那提耶夫为欧洲传教士在中国的传教活动做宣传时,我们连餐前的“开胃酒”都还没有喝上。他极度赞美了那些基督教的传教士们,赞美他们的自我克制和为同胞祈求健康生活的无私热情。但道台表示,他感到有义务把他们看成是不和谐的始作俑者和煽动者,造成同一个家庭的成员不和,暗中破坏国家遵从的历史悠久的法令,把人民分成两个敌对的阵营。我大胆地提醒他,我刚刚听说,在泽普,两个瑞典传教士被谋杀。道台表示对此完全不知情。

接着,我们的主人带领我们和他的汉族客人来到了花园里的一个小亭子,宴会将在这里进行。汉族礼节规定,主人将用每位客人喝完酒后的杯子碰触他的前额,随即再将杯子还给客人。同样,他还要用每位客人吃饭的筷子再照做一遍。道台还摇晃着每一把椅子,证明椅子是结实的,并用手抹抹好像掸掉灰尘一样。这个动作完成之后,我们围着红色漆染的大桌子坐了下来,接着进来一队仆人,每人拿着一个小圆瓷盘,上面放有配制好的食物。他们沿着桌子中央把盘子放下,盘子有几十个,一个跟着一个不断地被摆好,每位客人面前还放了几个更小的盘子,里面有酱汁、酱油等调味品。

如果客人没有照顾好自己,主人偶尔会给他们送上一份精美的食物放在他本人的盘子内,例如各种鱼的皮、鳍、软骨,这些鱼都是在中国国内的大海和河流中捕到的。还有蘑菇、切成条的腌制的肥羊肉、蜥蜴（蝾螈）、火腿，以及各种各样大不相同的小菜。除此之外，还有许多我从未见过的食物，其名字和真正的成分对我来说秘不可测。宴席的高潮，是将挂上糖浆的熏火腿就着茶水和浓烈且滚烫的白酒咽下。宴席上所用的绝大部分盘子都是从中国内地带来的，因此由于距离遥远，价格相当昂贵。显然，阁下本人平时生活非常简朴，他是想向我们表明敬意，并给我们留下深刻印象。但我抱歉地说，我们几乎不能公平评判中国的烹饪技能。

只有一个值得肯定的欧洲人，是亚当·伊格那提耶夫，而他取得的惊人成就引起了我们其余人的惊奇，甚至中国人也钦佩不已。由于细品慢咽，他吃遍了46道菜的每一道。喝了17杯白酒，我的喉咙就像硫酸倾注在铁锉屑上一样炽热、沸腾，而宴会已经持续3个小时了，他竟如同宴会刚开始入座时一样，丝毫没有显露出半点醉意。

宴会结束，我充分认识到中国式的宴会需要用大量的时间去习惯摆在你面前的众多不熟悉的菜肴。有几道菜还是很好的，有些甚至十分可口。无疑最可口的是汤，用可食用的燕窝或更确切地说是东南雨燕的窝制成。在这样遥远的地区，这道汤是很少见的，因为它极其昂贵。

宴会厅的一面墙上，画有两三个黑色花饰。我问这表示什么意思，他们告诉我，意思是"喝酒，讲生动的故事"。没必要进行这样的告诫，盛行的交往风气如同狂欢，我们如此夸张地背离了汉族人礼节严格的尺度，道台和他的同胞肯定会为我们感到脸红。

在整个宴会期间都有一支管乐队的乐曲相伴，乐队是由鼓、长笛和歌手组成。单调的音乐偶尔被一群小伙子的舞蹈变得有生气，我们无不被他们的旋转弄得头昏眼花。

随着46道菜最后一道的完结，客人们遵从着严格的风俗习惯，起身离开。那是我长久渴望的一刻，因为我极需要一根雪茄，喝一杯加冰水的葡萄酒（雪利酒），以消除我所参加过的最为奇特的一次宴席的记忆。

在我们驱车回家时，街道、市区、集市一片寂静，空空荡荡。我们只见到两个人在单独行走——一个是伊斯兰教托钵僧，一个是患麻风病的乞丐。太阳落在天空中泰瑞克达坂轮廓线背后,黄昏的光线持续着,刚好足以直接告诉你,一个新的夜晚正在来临。此时,东方人已经躺下,睡在梦乡里了。

　　我将不会轻易忘记与彼得罗夫斯基领事交往中度过的许多快乐时光,在我的脑海中再次重温这些交往,对我来说总是令人愉快的。正如我已经说过,因为他是一个真正非凡的人,既有丰富的经验,又有各种文化知识,我欠了他太多太多的感情债,不仅是对他的慷慨殷勤,还有对他给我的处世、办事的有价值的忠告,这些忠告来自于他丰富的经验库。他住在喀什噶尔已12年了,没有人比他更熟知那个地区。一个受过良好教育的人,却又不得不在喀什噶尔度过他生命当中如此漫长的最好的年华,这似乎更像是一种流放。但对彼得罗夫斯基先生来说却根本不是那么回事。他已经学会了喜欢这个地方,而且他还对发掘那些当地的历史和考古财富孜孜不倦,乐此不疲。彼得罗夫斯基先生对我来说有着特别的吸引力。他总是快乐的,总是心情极佳的。同时,他既是哲学家又是批评家,用辛辣的语言、尖刻的冷嘲,痛斥世界上少数愚蠢之人,尤其是带有奉承和奴态的言谈举止。在我整个的旅行中,我既没有遇见一个比彼得罗夫斯基先生让我有更深刻和更真诚印象的人,也没有任何一个人是我一次又一次遇见他会如此高兴的。

　　总之,我在喀什噶尔过得很惬意。我住在领事馆花园楼阁中一个小巧、温暖、舒适的屋子里,早餐后经常在桑树和梧桐树荫下来回散步,沿着台地,视野开阔,俯瞰到前方荒芜的地区,那里是我不久将要旅行去远东的必经之地。我有固定的朋友——一群燕子,它们把巢穴建在突出的屋檐下,无拘无束,自由自在地从打开的门窗飞出飞进。因为夏天天气温暖,门窗整天整夜始终开得大大的。在东方的早晨,我被教堂优美清晰的铃声唤醒,那是昨天从那瑞恩斯克(Narynsk)带来的铃铛,被挂在俄罗斯领事馆的小教堂里,我花了一整天的时间在那里工作,写出两三篇地理学方面的文章。总之,从各个方面来说,这是令人神往的生活,对我真是很合适。我听到梧桐树梢上风的沙沙声,它正在说什么,我不知道,但在我的想象中,它正从家里给我带来问候。当时我并不知道,在我的前面,我在亚洲腹地仍有整整3年的艰苦旅行!

　　然而,我的生活根本不孤独寂寞,除了领事馆的工作人员,这个地方全是东方人——他们进进出出忙于公务或表达愿望,其中包括一群伊斯兰教徒和一名汉族翻译。

我在喀什噶尔停留的 7 周期间,常和彼得罗夫斯基先生探讨我的旅行计划,特别是如何安排我的旅程,以便我能在最佳季节前往考察每一个应该去的地方,以获得良好的观测成果。我们讨论的结果,是完全改变我离开欧洲时的原计划。我决定进行我的一系列长短期结合的探险考察,而不是像我最初打算的,想要持续不断地通过一次行程考察遍所有的地区。而一系列的探险考察,都以喀什噶尔为中心。依靠这种方法,我将能安全地把我的观测资料及冲洗的照片底版保存好,并将我们的采集物打包寄回家,同时有一个极好的基地,为每一次新的探险做准备。

我打算考察的第一站是罗布泊,那是我决心要去的最主要的地方。但 6 月初,气候突然起了变化,夏季——亚洲的夏季——几乎在我们意识到之前就来临了。天空就像一只巨大的火炉散发着热量,阴凉处的温度上升到 100.4°F(38℃),温度计黑色的水银球显示,地表日射气温在 150.8°F(66℃)。月神狄安娜也无权向塔里木的酷热空气中灌

● 喀什噶尔俄领事馆的花园

注凉气,并且每天下午,沙漠风刮过古老的城市,干燥、炽热,充满着细沙尘,令人窒息、透不过气来的烟雾填满了街道。随着夏天的到来,热度不断增高,我们的旅行越接近陆地中心,热度也愈加剧。想到酷热的空气充满大量的沙尘,上面的沙丘在颤动,想到每天下午将塔里木河岸抬高又降低的旋风,想到要艰难跋涉穿过1000英里长的无边无际的干燥的沙漠,我就不寒而栗。

可以说,仅在几天前,我正生活在几乎-8℉(-22.2℃)的帕米尔高原,我对沙漠的酷热将更加敏感。因此,在最后时刻我决定,在地势更高的地方度过夏天,继续在帕米尔东部进行考察。动身前往罗布泊安排在冬季或春季到来时。

第
二
十
章

从喀什噶尔到伊奇兹雅

我们于1894年6月21日晚上离开了喀什噶尔,考察队有6匹驮马,驮着粮食、仪器、柯尔克孜族人的皮外衣、布匹、彩色手帕和打算送给柯尔克孜族人的礼品。这些物品的价值在他们中间几乎等于钱。除了这些物品,还有我的行军床、冬服、毡子、武器弹药。唯一的读物是我随身带的一些科学书籍和一本半年刊的瑞典杂志,虽然早已经过时了,但我读到每一行都会在我的脑海中想象出我亲爱的祖国瑞典,仍然令我十分高兴。

我的队员包括英国传教会派的传教士约翰尼斯,此外,来自费尔干纳的奥什的斯拉木巴依是热依姆巴依的继任者,来自固尔扎(Kulja)❶的塔兰奇·道德(Taranchi Daod)是我的汉语翻译,来自费尔干纳的伊克巴霍加(Ekbar-Khoja)是考察队的队长。我从伊克巴霍加手中租了些马匹,另外,他每天将向我提供两个柯尔克孜族向导给我们带路。道台对我们的帮助真是超过了我们预想的,他不仅给了我两个大的通用的

---

❶ 固尔扎,即新疆伊犁。

色彩鲜明的介绍信,还给了我一份正式通告,给塞瑞克库尔和塔加玛(Tagharma)的指挥官,大意是我是一个相当于"九品"以上的官员,因此,我必须以这样的身份得到接待。与他们先前对我的行为形成鲜明对比,当地官方现在急于尽力为我做一切。

虽然太阳快要落山了,但阳光依然炽热。考察队离开两旁生长着胡杨树和柳树的宽阔大路,由于是集市日,路上交通繁忙,佩有各种"扣子"的官员乘坐在蓝色的小马车里,每辆车都由一匹佩着马饰和铃铛的骡子拉着。有一小群汉族军官和身着鲜艳军服的士兵,他们骑着马。引人注目的是巨大而且别致的马车,挤满了人,他们在前往英吉沙或叶尔羌的路上。每一辆车都是拱形的,上面带有用稻草做成的顶篷,由4匹马拉着,马浑身上下都是大小不等的铃铛,其中1匹被套在两个车辕中间,其余3匹在有相当一段距离的前面,靠长长的制作粗糙的绳子拉着。这些笨拙但结实耐用的车辆,是塔里木的公共马车。靠这些马车,你花费极少的当地货币,需时4天多,就能走完从喀什噶尔到叶尔羌的全部路程。我们遇见了一个接着一个的商队,沿着路的两边,挤满了穷人和形形色色的残疾人。有带着大陶罐的卖水商、卖面包的师傅和水果商,正在小小的货摊上展示着他们的货物,而一群被太阳晒成黑褐色的小孩在路边死水泥潭中戏水。我们经过了一排教徒的坟墓,是1887年俄罗斯总领事彼得罗夫斯基先生为纪念被杀害的阿道夫·斯科拉齐维特(Adolf Schlagintweit)而建造的墓碑,现在已被春洪冲蚀得逐渐毁坏了,此外还有阿古柏的被毁坏的城堡(富饶的花园)。

我们穿过克孜尔苏河——一条红褐色的泥浆河缓慢地从双拱桥下流淌。终于,我们离开了疏附。在左侧,是荒无人烟的地区,一望无际的平原向南向东绵延着,直到视线的尽头。此时是晚上9点钟,天已很黑了,因此,我们停留在伊格戴赫阿瑞克(Yiggdeh-arik)村,休息并吃晚饭,直到月亮升起。当我们到达牙甫泉镇(Yappchan),我们第一天行军的目的地时,已是凌晨2点钟了。

6月22日,气温很高(91.6°F或33.1°C,下午1点钟),我们宁可待在阴凉处,但越到晚上天气越凉爽,我们决定再次出发。没走多远,就遇见了一个伯克,后面跟着两个随从。他是被英吉沙的按班(地方官员)派来的,来传达他的主人的问候,表示欢迎我们走进他的管辖范围。同时,按班还命令他给我提供粮食,并尽力在旅行中帮助我。陪同我们走了一段路之后,伯克又骑马回去了,并为给我们寻找一个合适的地方喝茶做准备工作。随着我们的前行,两旁栽着树的林荫道和耕地中穿插的沙带越来越多。离开牙甫泉镇两个小时后,我看见了几乎有20英尺高的沙丘。这些沙丘从西北到东南一直延伸下去,但它们长满了植被,所以并不阻碍交通。

一个汉族人聚会正闹得天翻地覆,我们在此简短地停留喝茶之后,继续在黑暗中向英吉沙进发,到了那儿,已是第二天一大早。在印第安客店,我们得到一间房屋,当考察队队员依次走进大门时,引起了一阵相当大的骚乱,因为"旅馆"里所有的客人都正睡在露天的院子里。

随后,在6月23日的早晨,我被一位下级官员吵醒,他带来了新的问候以及来自地方当局的友谊长存的言论。他还带来了一只羊、两只小母鸡、一袋小麦,另外还有玉米、一捆草和一捆柴火。一整天都有三个伯克坐在我的门外,时刻准备为我跑腿办事。在这友好的态度中,我在这个城镇逗留了48小时,一直受到当局的照顾。

为了回报按班对我的帮助及友好行为,我送给他一把左轮手枪和一把小刀。随后,他请我吃了一顿地道的汉餐。这顿餐宴丰盛豪华,桌子中央摆着一个独腿盘子,里面摆放着一只烤全猪,周围放置了一圈盘子和杯子,盘子里是让人垂涎欲滴的精美食物。同时,他表达了他的抱歉,因为身体不舒服,不能亲自荣幸地陪我一道享用他奉送的餐饭。这个信息给我提供了一个报答他的好机会,因为我几乎不能单独全靠我自己平等对待这样一次丰盛的酒宴。我觉得我应该把这酒宴退还给他,因为我十分怀疑所有这些不同寻常的关心,只是为了使我处于对聪明的当局强烈的感恩之下的一个计谋。按班直接劝我沿着经由叶尔羌的路线前进,提出现在山洪如此猛涨,以致我将会面临极大的风险,如果我的行李受损或丢失,道台将会让他对此负责的。

同时,我从其他方面打听到,一些驴驮队的确已经穿过了洪流,而且,每年的这个时期靠近叶尔羌周围所有的道路都不通顺。那里夏季总是流行瘟疫。当按班得知我仍打算继续我的最初计划时,他给我派了几个向导,当时,他找不到其他的借口和我继续交谈,就问我以灌溉为目的使水向上坡流的最好的方法,我通过制作一个风车的纸模型回答了他的询问,又对它的目的和使用方法做了解释。

在英吉沙的郊区,我注意到山区附近的第一个迹象:地面上有一些较小的不太规则的东西。例如一条狭长的隆起带,长约半英里,高60～80英尺,从城镇向东延伸。它是如此平坦且排列整齐,很容易会被误认为是老城障或堡垒,它不是用沙子和砾岩建构起来的。这条隆起带的北面是城镇的较大部分,花园中有房屋和用凉亭遮蔽的商店。在南边,只有一排泥屋,平平的屋顶非常低矮。沿着隆起带脚下是墓地,每座坟的顶上都被一个小圆盖覆盖着,当光线强烈时,这个地方散发出一股停尸房的难闻气味。

但从镇子向外望去,既壮丽又宽广,西南方向的慕士塔格峰就像一堵钢蓝色的墙,它那白色的雉堞像是正在邀请我们到更凉爽的地方去。在英吉沙和慕士塔格峰之间这个地区,有许多低矮的小山星罗棋布。但在相反朝向,即东和北的方向,除了沙漠,什么也没有,就像海洋一样既平坦又一望无际。这个镇子没有什么能引起外人注意的地方,它仅有的几座清真寺和神学院没有建筑特色。据说,其中一座神学院是哈利姆阿洪(Halim Akhun)于60年前修建的。它的正面装饰有蓝色和绿色的瓦片,侧面有一对小塔,眺望着空旷的广场,中间有一个水塘。还有一座清真寺,不大,有一个带柱脚的走廊。从前面看,装饰设计简单,写有文字,还有横幅。清真寺的院子里种植着古老的胡杨树,树干十分粗壮,有一棵树被巧妙地设计成伊斯兰教寺院尖塔的形状。最后,我只说说萨普库尔干·哈奇姆(Supurga Hakim)的墓,它有一个绿色的圆顶和四座小塔。

整个村镇是一片农业区,十分不整洁,街道狭窄,尘土飞扬,集市被木屋顶和草席遮盖,免于夏季阳光直射。行走的男人们腰部以上大部分都赤裸着,小男孩儿则一丝不挂,小姑娘光头赤脚,只穿一件衣服——一条大红色连衣裙。很少蒙面纱的妇女常常坐在集市的货摊前或开阔的广场上,脚边放着果篮,通常她们的面容不很好看,像她们在塔里木其他地区的姐妹一样,她们乌黑的头发梳着两条长长的粗辫子。

村镇的汉族人居住区就像喀什噶尔的汉族人居住区一样,叫作新城●，紧靠着老城区，被一堵带枪眼的高墙、几座塔和一条深沟防护着。城中有一列光头汉族人，身穿长长的白色紧身衣和蓝色的宽裤子。

我们在这个地方停留期间，过夜的地方是印第安客店，建筑在一个四方形的院子周围，沿着每一个边都建有柱子支撑的走廊。这里的主要住户有10个是从西喀坡（Shikarpur）到印度，从印度经由列城、喀拉库鲁姆、沙西多拉（Shahidula）和叶尔羌来的布匹进口商，但他们的主要生意是放债，通过苛刻的高利率，把人们完全掌控在他们手中，以使更高的收益份额流入囊中。

但我不应该在英吉沙一再地拖延更长时间。山风正在呼唤着我，在允许自己沉迷于休息之前，我还有大量的事要去做。我不能够劝说我们的主人，来自西喀坡的奥迪（Odi）——接受对他的殷勤招待予以任何回报，但我给了按班羊、柴火、小刀，我又添加了用品，将自己保存的一些物品赠送给他，我的良心稍微得到了一些宽慰。喀希姆（Kasim）伯克陪同我一直到麻士恩尤斯唐（Mangshin-ustang）运河，运河流量达每秒280立方英尺。在那儿，他下马鞠躬，然后告别离去。他的位置被另一个伯克——尼牙孜（Niaz）伯克接替，他一直陪着我们走完全程。

大约是晚上6点钟，一阵极为猛烈的旋风袭击了我们，风来自西北方向，空中充满了浓厚的沙尘雾。阵风只持续了5分钟，不一会儿，倾盆大雨就下起来了。我们在能够到达靠路边的一个小屋遮雨之前已被浇透了，但这场雨带来了补偿的好处，因为它净化了空气，澄清了尘埃。

从黑头（Kara-bash）村，我们直接向正南前进，离开了在我们左边的到叶尔羌的大路。向东走了很长一段路，这片地到处是各种各样的矮山，有沙山、泥山和砾岩山。我们走的路线极适宜骑乘，是一片大平原，没有树木，几个散乱的小土墩带来了异样的地貌。我们在柳树（Sughet）村休息了两小时，晚上再次出发。但天太黑，我们必须由一名手持油灯的人引领着穿过村庄狭窄的巷道，当我们到达伊奇兹雅（Ighiz-yar，高台）的冬村时，已是凌晨约2点钟，在那里我们住在一个环

●　喀什噶尔新城（汉城），即喀什噶尔的疏勒镇，是1828年（道光八年）所筑，名为"恢武城"，当地称之为"英协海尔"。

境不错的院子里。

英吉沙的按班迅速派遣了一个人在我们进入山区之前探路，为我们上路做准备。我在6月25日遇见了这个人——伊明（Emin）伯克，他带着消息返回。洪水在几天前开始涨起来了，但它们上涨不是十分高，并没有严重到阻碍考察队前进。为了回报他带来好消息，我请他和我一起喝茶，让他享受听一首曲子的少有的款待。这个地方有一个居民胡乱在齐特拉琴上弹奏，毛拉大声念着一段段经文。

村南5英里是一座被称为库克白那克的铁矿山，在松散的地层或泥层中有矿石，被挖出来运送到伊奇兹雅进行冶炼，提炼的用具和方式均是最原始的。熔炉只有约6英尺高，内径3英尺，放置在一间由板条和晒干的泥建筑（干打垒）的小屋里。熔炉填木炭至一半之后，含铁的泥土被投放进去，直到将木炭覆盖到6~8英寸深，然后点燃燃料。6个人蹲在熔炉底部附近的6个孔洞前，用山羊皮风箱向炉内吹风，以便加强通风。他们一直工作将近一整天，不时地将铁杆插入炉侧一个孔洞来检查冶炼的进展情况。接近傍晚，熔化的金属开始流出炉底。当然每次炉子燃烧之后，需要把炉渣和灰烬耙出来，以便腾空炉子，准备装新来的一批矿粉。如此得到的金属质量非常粗糙，致使它只适合于锻造成更原始的农具，不能用于打制马掌。一整天冶炼出来的产量是5chäreck，卖到英吉沙，可以得到30天罡[1]（6s.8d.）。1chäreck等于12斤，1斤等于1.5俄磅或1.25常衡磅。

炉主（100人的头领）或村长自己管理业务，亲自指挥冶炼并付7个工人工钱，工钱一天只有6个da-tien（铜钱，中间有一个方洞），1个da-tien是1个汉式铜币，价值上低于半个四分之一旧便士。

---

　　　[1]　天罡，即"腾格"，是当时新疆使用的银币。

第
二
十
一
章

穿越唐希塔山谷

当我们6月26日大清早离开伊奇兹雅村时，马上就看见了前方的塔什干山谷，它正张开双臂欢迎我们，我们的精神为之一振。山脉本身时而是褐色的，时而呈灰色，它们的轮廓正被大量笼罩在空气中的尘雾遮掩得模糊不清，勉强能看得见。但在山脚下，我们却能辨认出两个牧民的冬窝子，它们被隐藏在一小片绿树丛中，而当我们走到山口附近时，山脉的轮廓逐渐清晰地呈现在视野中，同时似乎更紧密地簇拥到一起。塔什干山谷非常狭窄，它的入口处狭窄得仅靠有24名驻军的伊奇兹雅喀罗尔（Ighiz-yar-karaol）要塞就能扼守。要塞的另一侧，人口是单一的柯尔克孜族游牧民，他们从塔什干山谷的几个山坡取道爬上高原的夏牧场。经过了这些峡谷中一个叫作"穆哈默德的胡杨谷"（Mahmudterek-yilga）的峡谷，我瞥见在一座山的顶上覆盖着闪闪发光的白雪。空气纯净温暖，所以我们将托凯巴什（Tokai-bashi）的正长岩峭壁上的一个浅洞作为营地，安营扎寨，度过夜晚。

我们的营地在喀普奇（Käptch-kol）和肯库尔（Keng-kol）两个峡谷的交界处附近。我们朝肯库尔方向前进，当流下两个峡谷的洪流大约与塔什干河的体积相等时，我们必须对付只有塔什干河一半流量的水流。当我们前进时,肯库尔峡谷(宽阔的大峡谷)的确变狭小了,但还是有空地。夏季,齐普恰克(Kipchak)的柯尔克孜族人常去那几片小草地和几个牧场,冬季,他们在山谷入口附近较低矮的地方过冬。那里,仍可看到几棵胡杨树孤零零地站立着。植被并不贫乏。峡谷的每一侧峭壁都是由正长岩、斑岩和黑粘板岩组成,因经常受日晒风吹雨打,侵蚀严重,峡谷底部的许多地方整个都被岩屑覆盖,而且表面是松软的土壤。

在肯库尔的帐篷村(1.1万英尺高度),我们受到当地的长老阿不都·穆罕默德(Abdu Mohammed)的殷勤招待,他把自己的大帐篷的一部分让给了我。

6月29日,我们被猛烈的阵雨困在此地一整天。帐篷村总共有21个村民,他们每年夏天在那里住3个月。每天晚上,绵羊和山羊被赶到帐篷村中挤奶,然后被关进栅栏围起的大羊栏里过夜,并由凶猛的长毛狗看护,免受这个地区成群的野狼侵害。晚上什么时候狗都在狂吠,一个人急匆匆地朝危险可能来临的地点走去时,他就通过大声呼喊力图吓走狼群。

大约是中午,一队身穿盛装的男女来到了帐篷村,他们正走在为另一个更低的山谷中的帐篷村里的一个男孩举行葬礼的路上,但其中有些人想和我们度过一段快乐时光。因此,当他们的同伴继续他们的旅程时,这些人留了下来。于是,在我主人的帐篷里,客人增加了,有12个男人、8个妇女和7个孩子。然而帐篷非常宽敞,我们根本就没有感到拥挤。出现在我们面前的这些人非常活跃,一个男子弹奏起都塔尔(一种两根弦的乐器),其他人围坐在一起,一小群一小群聊天。有几个妇女戴着十分大的白头巾,吃着馕,从大木碗里喝着牛奶。孩子们在周围奔跑、玩耍,我们的女主人正忙着俯身在摇篮上给她约一个月大的男婴喂奶。家庭主人阿不都·穆罕默德是唯一一个注重宗教礼仪的人,他独自遵守祷告的时间,其余没一个人注意到这些,继续说笑聊天。帐篷中间照例有炉火。

位于河流右岸的肯库尔的帐篷村附近,有大量的腐殖土壤和繁茂的牧草。紧靠河流对面,即河的另一岸,有几处突然出现的光秃秃的岩石,是由粘板岩和一种坚硬的结晶状岩石交替构成。河流水量那时很小，但河水清澈、冰凉，适合饮用。由于最近多雨的缘故，人们认为河水很快就会上涨到洪水位。那个山谷的雨季是 5 月和 6 月，除冬季 4 个月外，其他时间从不下雪。

接下来的几天行程中，地面变得更加崎岖、易变和荒芜。我们的路线把我们引出肯库尔峡谷进入到查尔朗（Charlung）河谷，它是叶尔羌河的一条支流。与隘口相连接的两个峡谷，就像从隘口相反的方向流下的两条河流，被叫作喀什喀苏——多色河。

把我们从肯库尔山谷引上隘口的小峡谷极为狭窄，上升的角度极陡，由于地形变化很大，我被迫经常进行测量，以便推算出行进的速度及行走的距离。我发现，登上这个峡谷，驮马用四分钟半可爬行 0.25 英里，而我们一天行进 12～20 英里不等。

虽然黑粘板岩明显地出现在隘口两侧，但在山脊顶点却看不见裸岩的踪迹。正相反，轮廓线逐渐变得圆润柔和，地面覆盖着腐殖土壤和丰茂的牧草。在我考察期间，这里有大群大群的马在吃草。隘口顶部提供了优美景色——山脊两侧深切的峡谷和远处覆盖着雪的山峰。在分水岭的两侧各有一条携带雨水的河流，其大小规模相同。这两条河流已将河道冲刷得很深，进入山侧，造就出许多扇形冰坑或冲沟，隘口的海拔在 1.3 万英尺以上。

隘口另一侧的小路直接向下，正南方向，向着羊道（Koi-yolli）的小帐篷村有 6 顶帐篷，到奇希尔加姆拜兹（Chihil-gumbez）的哨卡有石头和泥土建成的小屋、马厩，有帐篷，还有墓地、带有圆顶的小教堂等。人口总数只有 13 人，与肯库尔和查尔朗一样，都是齐普恰克柯尔克孜族人。哨卡坐落在三条路的交会处，即来自叶尔羌、肯库尔和塔加玛的三条路。许多商队和骑马人每年这个时期都要经过这个地方。的确，别人告诉我途经此地的旅游者每天平均有 10 人。

7 月 1 日，我们翻越了另一个隘口——皮革口（Ter-art），13250 英尺高，几乎与喀什喀苏一样，除了上、下坡度更陡峭。在山脊顶上，粘板岩几乎是垂直的，形状上特别突出，七叉八歪，薄厚不一，介于不相连的山顶之间的空处常常被碎岩屑土丘所充斥。土丘的坍塌，暴露出漆黑的含陶土岩石的断裂面。在另一侧，坡道穿过一条异常荒凉的极深的沟壑，被一条细浪波动的山区小河横向穿过。它的两侧被裸露的粘板岩围绕,底部布满了大块大块的砾岩,是破碎的片岩和纹理粗糙的白色正长岩,被埋在黄沙土里,激流已独自把底部冲刷出一条深沟。正长岩岩块间生长着灯芯草和青草,另一条小河快速活泼地流到皮革隘口的伯拉姆萨尔(Borumsal)山坡。终于,峡谷变宽,以后一直是较宽阔的,几乎常常被几百英尺厚的砾岩台地山脊所阻塞。大约下午3点钟,西南风带来了一丝薄雾,并逐渐变厚,快到傍晚时,变成了蒙蒙细雨,淋透了一切。我们在帕斯罗巴特(Pasrabat)的帐篷村寻找避雨处。这个地方有3顶帐篷,海拔9460英尺,居民是13个凯塞克(Kessek)柯尔克孜族人。

帕斯罗巴特虽很小,但地理位置却是很重要的。它位于连接喀什噶尔、英吉沙、叶尔羌和塔什库尔干的路上,是中国在东帕米尔高原的主要要塞。由于这个原因,它自称是一个小堡垒。帕斯罗巴特河流入塔格达姆巴士苏(Taghdumbash-su),并转而成为叶尔羌河的一个支流。

夜间,我几次被雨点猛击在帐篷顶上的响亮击打声吵醒。雨水偶尔穿透帐篷落到我身上,使我浑身上下都淋透了。

第二天早上,附近的山脉又笼罩在一片厚厚的雾霭之中。我一起床,就和柯尔克孜族人进行了一场热烈的讨论,是关于我们是继续前进还是待在原地。他们劝我继续前行,他们担心如果雨继续下,哪怕再多下一天,我们都会被高涨的山洪困住。而我的喀拉盖什(Kara Kesh)——马的主人则认为,当天动身已经太晚了,我们在天黑之前可能到不了那条穿过帕斯罗巴特和我们下一个营地之间的最大的河流。根据一致决定,我们仍留在原地。

这给了我一个机会,去做一些关于河流携带下来的水量的观测。通过观测,过去一两天的雨量已开始从山上流下来。洪水已上涨得相当大。昨天,河水还像水晶一样明澈,今天就成了灰色混浊状,并在石头中间翻腾着向前。洪流宽度增加到53英尺,最大深度21.6英尺,流量是每秒250立方英尺。在正午,水温是50.9°F(10.5℃)。经历了白天一整天,水流的变化将表明这些山区小河对降雨量和温度是多么敏感。到下午3点钟,水位下降了0.6英寸,这是由于给河流提供水量的最高处的小河在晚间结冰的缘故。但在5点钟的时候,早晨的雨水流下来到了帕斯罗巴特,河水上涨了1.38英寸。7点钟,河水在我第一次测量的高度上升高了6.3英寸,但由于两岸陡峭,宽度增加不超过约3.25英寸,激流呼啸着哗哗流过,此刻呈灰褐色,比当天更早时候听起来更单调更沉闷。早晨,河面突出来的石头和岩块妨碍了水的流动,使得水花飞溅出来,而现在全部被淹没了。由于降雨倾泻而下直到我们的营地,流量比早晨大两倍,每秒495立方英尺,当时的温度是49.5℉(9.7℃)。到8点钟,水位又上升了0.8英寸,温度下降到48.9℉(9.4℃)。又过一个小时,测量数据分别是水位上升0.4英寸,气温48.4℉(9.1℃)。这完全表明,温度变化的时间会随水流量的增加成比例地延长,而且这种现象在较低的山谷中更明显。

第二天早晨7点钟,洪水停滞在我首次观测时相同的水位上,但夜间,气温下降到45.5℉(7.5℃)。

7月3日那天的行进非常费劲,起初峡谷宽度适中,草场、灌木和柳树还算丰茂,不时有砾岩延伸上山的一侧很远,形成像堡垒墙壁一样的岩壁。满是地道和洞穴,而且如此陡峭,看起来好像随时都会坍塌下来掉入峡谷。但我们路过雅姆布拉克山侧尽头以后,主峡谷变得非常狭窄,底部被坍塌的岩石土块阻塞,洪水也变小了许多,失去了其主要作用的二三成。

在雅姆布拉克,靠路边有一个小屋。我们的眼睛被野玫瑰那鲜艳夺目的白花所迷住。峡谷那边被叫作坦希塔(Tenghi-tar)。虽然这个名字语句烦冗,但非常合适,"tar",意思为"狭窄","Tenghi",意思为"狭窄的山路"。这里,粗糙透明的岩石再次占据优势。陶土结构的锋利的山顶和山尖正被更圆更平的山顶所取代。正如我已说过的,峡谷被阻塞,但植被茂盛,最主要的作物是山毛榉、野玫瑰和山楂。

可以说,出了山坡,峡谷变窄成了一个被雕刻的楔形槽。小路变得越来越难行走。我们迂回了千百次在塌落的大石块周围进进出出,常常穿过河流,河水再次变得洁净清澈。峡谷在一块片麻岩隆起的附近,被砾岩层零星地压在上面。在一处被恰如其分地命名为"伊希克布拉克"(Issyk-bulak)的地方,从一块巨大的砾石下面涌出一个温泉,水量虽不是特别丰沛,但哗哗地喷溅着,并有一股难闻的硫黄味,把石头染成黄褐色。不过,在下游更低处,有一小段路生长着繁茂的青草和其他植被,一股水汽从温泉上方升起。在温泉出现的那一点,水温是127℉

157

（52.8℃），洪流疾速流下峡谷，在距温泉8码内经过，温泉以上10码处的水温是54.5℉（12.5℃），但在之下的10码处，水温高到66.2℉（19℃）。

峡谷向上再走两分钟，我们发现了另一个温泉，与第一个非常相似，除了它更小，温度在125℉（51.7℃）。这个泉水的上面，山洪的温度仅为54℉（12.2℃）。我引用这些河水温度变化的烦琐细节，其原因是，冬季，在去雅姆布拉克的一路上，温泉下游从不结冰，但温泉的上游却总是结着冰的。

在温泉的上游，峡谷变得更加狭窄，终于变成一个名副其实的深沟，只有几码宽。空气寒冷潮湿，就像地窖一样，岩壁垂直而立，河水几乎满到它的最大宽度，撞击着巨大的砾石，在它们的上方闪着浪花，直泻而下成许多小小的瀑布。在峡谷入口处附近，躺着一匹死马残骸，告诫着我们对我们自己的牲畜要时刻保持关注。的确，这是必要的，因为坡度十分陡峭。但作为对这些的补偿，这里的景色宏伟并原始。当我们呼喊时，不得不扯着嗓门大喊才能使我们自己听到，回声从山的一侧到另一侧，撞击着空洞的峭壁。在我们头顶上方，只有一线天可以看到，山峡看起来好像时时刻刻会突然终止。峭壁似乎相遇相连，但那只是峡谷中一个新的转弯处，我们绕过一个拐角，看哪，又一幅美景展现在眼前！同样如此景色如画的山峡蜿蜒继续向前，一条弯弯曲曲的狭窄的隘口被短暂而凶猛的洪水穿过花岗岩和石英岩冲刷出来。

我们负重的驮马安全、完好地走出这又长又艰难的峡谷并非易事，因为还有更长的一段路，迫使我们骑马蹚着洪水前行，扰动的水花使我们看不到马蹄。这个地区的村民用大大小小的石块将众多最低处的小水坑都填满了，于是建成了一种桥或堤道，但这种人造路只是平添了许多新的危险的陷阱。水流出来并将所有更小更松软的细砂料带出来，而这些细砂料一直是被用来充填更大石块之间的缝隙的，使得堤道现在满是豁开的孔洞，马蹄常滑入洞中，几乎折断马腿。实际上有两三匹马跌下堤道，而且不断地有人被冲入河中，他们再起来去抢救箱子和大包。

这一路上我的心都提在嗓子眼，唯恐我骑的马会把我引向一条不受欢迎的路。特别是在一个地方，我记得相当深刻，这是一个非常难走的地方,有许多大圆石,表面又光又滑,形成了一种穿过洪流底部倾斜延伸的岩床,有两个人各自爬上一块巨大的砾石,抓住装货箱,并使劲拽着箱子,以帮助马匹攀爬过去。

终于,路况变得好一些了,在一个叫作塔宁巴士莫伊那克(Tarning-bashi-moynak,山峡顶部的路)的地方,山峡被一个从左边伸出来的山脊分成了大不相同的两半。在山峡脚下,洪水猛烈地冲刷出一个非常大的深涧,要想前行是完全不可能的。因此我们翻越了伸出的山脊顶部,在顶部我们看到了上下峡谷的两条山路的宏伟景观。这与我们离开的那个狭窄的深谷形成了明显的对比。我们前面的峡谷变成一个又宽阔又平坦的山谷,山谷渐渐成了倾斜的山坡,在它们上面的高地周围生长着丰茂的植被。河流旁是一条可通行的小路。左手边稍高一些的岩石结构是砾岩,而右边则是正长岩,它的表面极其光滑,我不禁想象它是被水或结的冰冲蚀而成的。

回顾一下,我发觉前面提到的山脊低于一座常年覆盖着雪的双峰山,柯尔克孜族人把它叫作"喀拉叶尔加巴士"(Kara-yilga-bashi,黑山谷的源头)。塔宁巴士莫伊那克上游峡谷的一部分被叫作塔巴士(窄峡谷的源头),表明山体锋利。在这一点上,柯尔克孜族人惯于区别不同的结构和特性之间的范围。

● 喀拉叶尔加巴士附近的牛群和羊群　　**159**

经由这里,我们差不多在晚上到达营地布拉克巴什(Bulak-bashi,源泉)。当地的雅兹巴什(Yuz-bashi,首领),一个老伯克,以最友好的礼遇接待了我们,他立刻命令准备一顶相当不错的帐篷,以供我们膳宿。在此地,我观察到一个非常奇怪的现象,与塔巴士河有关。当我们到达时,河水水位低且清澈见底,但下午3点多钟,我们突然听到远处的隆隆声,噪音很快变得越来越大,接着,洪水翻着泡沫就像一个白色的巨浪猛冲下来。洪水源于较高的融雪和融冰与较低处新近的一场雨,我们多么幸运已经穿过了那个峡谷,否则,整个考察队毫无疑问都会被冲走,而我们刚好及时离开了那里! 这就是在查尔朗的柯尔克孜族人十分焦急的原因。

　　自从离开伊奇兹雅,我们穿越了宽阔的向东绵延不断的慕士塔格山脉的山脊——山顶、山峰和介入的山谷的混合交错体。从肯库尔山谷,我们穿过查尔朗峡谷,从查尔朗峡谷进入帕斯罗巴特峡谷,在路上,上上下下攀过了两个相对不太重要的隘口。在唐希塔(Tenghi-tar)这个地方,流到帕斯罗巴特峡谷的河流的一条主要支流倾斜着穿过水晶般的山脉。我们已经横跨过一个非常浪漫的山峡,山峡的沟渠被冲刷得很深,使我回想起前面说过的典型周边区域的特征。山峡的上面,峡谷变宽,围绕的山脉假设同时不太陡并下降到比较低的高度——一个典型的小型过渡区。我们现在开始进入一个典型的高原或中心区。我已确定,山间河流的水量一般是在将近下午4点钟时增加,并一直继续增加到晚上,这证明被中午的太阳融化的雪几个小时以后才流到峡谷。河水最低时大约是中午,两个小时以后,到达最大水量,直到夜间。但这些一般的变化是受到不规则的波动的影响,是由无规律的降雨量所引起的。正是这些洪水般的暴雨起着侵害的实际作用。一个更加明显的事实是通过它们混浊的泥水表现出来的,白天岩屑逐渐在河流中沉积下来,并困在路上,所以河水再次清澈。

　　布拉克巴什是一个有6顶帐篷、30名凯塞克柯尔克孜族居民的地方,他们一年到头都待在那里,被委托看守与警戒隘口,并为旅行者在旅行期间提供住宿和帮助,来回运送中国邮件。因此,在布拉克巴什和帕斯罗巴特,都驻扎有三个邮递员。三人中每一人被付给来自英吉沙的25chäreck(将近6蒲式耳)小麦和来自塔什库尔干的20chäreck(将近

5蒲式耳）小麦。离开英吉沙之后，我们路过了6个哨所——伊奇兹雅、托凯巴什（Tokai-bashi）、喀什喀苏巴士（Kashka-su-bashi）、奇希尔加姆拜兹、帕斯罗巴特和布拉克巴什。其中最后提到的帐篷村里的两个人，被看成是"巴依"，即富人，他们每人都拥有约1000只绵羊、200只山羊、100头牦牛、30匹马和30峰骆驼。

　　据说那个峡谷冬季非常寒冷，而河流的主要支流仍结着冰，它们一般要有2～3个月的结冰期。河流本身是干涸的，那里一年有5个月的降雪期，但很少有没过膝盖深的雪。严格说来，所谓的雨季始于5月中旬，夏秋季也有降雨。

　　7月5日是我们繁忙的一天，我们穿越了慕士塔格山系的主峰。黄昏时分，主峰仍熠熠生辉，光亮夺目。温度计指示气温跌到了冰点以下，甚至在早晨很晚的时刻，不流动的小河和死水塘边缘都结着冰。峡谷的上游变得越来越宽，把它围起来的山脉，主峰顶的外露层，有两个坡对着我们，并且渐渐变得越来越平坦。峡谷很少持续大量出现。小河波动着，一个接一个地流下峡谷的河谷两侧，好像是从一个阶地的侧翼出现。在水源附近，水流中午达到最大流量，河水并不混浊。当我们路过这几个小峡谷时，我们看到在它们的上端，主山区披上了闪闪发光

● 东帕米尔的一个柯尔克孜帐篷村　　**161**

的皑皑白雪,直接俯视到仍残留白雪的河谷,最好的几个地方是面对北、东北和西北的斜坡。河床底大部分是一片繁茂的草场,有几群牦牛正在吃草。河床的一部分被来自山上的坠落物和碎岩块所覆盖。

不久后,我们来到一个椭圆锅形的或圆圈似的河谷,它被一条山脉所环绕,有的山上覆盖着白雪。就在我们前头,有一道非常高的山脊,很快,在北边,我们看见了通向雅姆布拉克新隘口的隘口。这个隘口只是在唐希塔路线不能通行时才使用。在那片开阔的盘子形状的河谷中间,有两个小湖,每一个湖约500码长,它们由周围的融雪灌注,水质清澈透明,是奇克里苏(Chichekli-su)的源头。奇克里苏是一条流入希恩德赫(Shindeh)峡谷并且汇入帕斯罗巴特和叶尔羌的小河,"奇克里"这个名字,同样也是对塔巴士峡谷和奇克里峡谷之间流域的低矮的鞍形山脊的命名。

从峡谷锅形部,小路转上相对容易的坡度到绿色小隘口(Kityick-kok-moynak),隘口有15065英尺高,再向前走一点儿,是另一个隘口——绿色大隘口(Katta-kok-moynak),虽然它达到15540英尺高,但同样容易行走。在两个扇形小路之间聚拢着许多山溪小河,它们流出来,形成一条支流流入奇克里苏。两个隘口均位于低矮的圆形山丘顶上,那里除了峡谷几处散乱的小块土地外,看不见裸岩,它们都被腐殖土所掩盖。

第二十二章

塔加玛平原

　　刚刚提到的隘口构成小路的最高点，另一面向西，沿小路向下的坡度非常陡峭，在小路的旁边与其一同下去的是一条像唐希塔一样的小河。东侧，穿过坚硬的岩石开凿出一条深深的通路，从这条路下去我们艰难行走了一个小时。许多遮蔽处仍积聚着小块的冰和雪，我们有时骑马穿过。这个我们称之为达谢特（Därshett）的峡谷渐渐变宽，终于，我们看见了峡谷尽头——一个进入宽阔平原的多岩石的入口。

　　在遥远的平原背景的映衬下，蓝白色带小齿的山顶的山壁轮廓极为明显。这就是慕士塔格山。而我们还有一个没有多大高度的独立的山脊要攀越。在它的另一侧，塔加玛宽广平坦的平原突然出现在我们的视野中，芬芳的草地沐浴在午后灿烂的阳光之中。在我们的右边，是叫作拜什库尔干（Besh-kurgan，五座城堡）的中国堡垒，被长方形的墙和驻军所包围。据说驻地有一个连队或120人的军队。我们一渡过塔加玛河，就遇见了几个伯克和首领。他们有礼貌地欢迎我们，并告诉我，他们接到了来自道台的信件之命，前来为我服务。

　　塔加玛平原实际上是一个高海拔的大平原，铺着碧绿的青草，河流水资源丰富。这些水来自山顶周围的雪原，并联合起一条还算大的河流

163

喀拉苏,流经塔什库尔干与叶尔羌河汇合处的塔加玛苏(Tagharma-su)。许多柯尔克孜族人居住在这个平原上,这个地方的夏营地极负盛名。

　　7月6日是休息日,中午天气十分闷热,温度计显示帐篷内是89.6°F(32℃),帐外的沙土中是127.4°F(53℃),黑球温度表日射温度升高达160.4°F(71.3℃)。不仅是平原本身,它面积十分大,吸收了超大量的热量,而且它面朝南并向南倾斜。晴空万里,除了几朵淡淡的轻云徘徊在山顶周围,大气随着向上散发出来的热气颤抖摆动着,缕缕细小似游丝的烟雾靠近在地表。我们的营地设在海拔10620英尺上。

　　塔加玛平原的降雨与我们已经穿过的慕士塔格峰山脊峡谷的降雨,呈现出强烈的对比。前者降雨量微小,下雨时突然下一阵,每次持续约2个小时,即便是春季,降雪量也小,并勉强分摊到3个月之中。冬季极其寒冷,但由于空气干燥,新的降雪消散得十分迅速。

　　光源充足,自然灌溉丰沛,养育的植被茂盛非凡,平原铺上了牧草,地表一片浓密的绿色。花草鲜嫩欲滴,流动的小河和泉水奏着生动活泼的曲子,吃草的牛群和羊群遍地都是,到处都可看到温暖舒适的柯尔克孜帐篷村。河谷再向东,我们经历了夜晚的严寒,而塔加玛平原甚至在夜间都是温暖的,不仅温暖,这里也安宁寂静——甚至听不到小河温柔的潺潺流水声。但蚊子却十分讨厌,长时间骚扰我们,使我们久久不能入睡。

　　居住于塔加玛平原的柯尔克孜族人,冬天和夏天同样都留在那里。他们共计有80顶帐篷,50顶由凯塞克柯尔克孜族人居住,30顶由泰特柯尔克孜族人居住。平均每顶帐篷有4人。除了这些,还有20个来自拜什库尔干和萨拉勒(Sarala)的塔吉克族家庭居住于此。但大部分柯尔克孜族人都很贫穷,他们总共拥有不多于2000只羊和200头牦牛,其中几个人仅有6只羊,有些人甚至什么也没有。另外,塔吉克族人被认为很富有,这些人不是游牧民而是定居在泥土房。他们主要从事农业,主要作物是小麦和大麦,同时饲养羊只和其他家畜,一个单一的家庭常常拥有1000只羊。柯尔克孜族人说他们20年前境况要好得多,那时他们享有更大的自由,并被允许赶着他们的畜群向西到帕米尔高原上的畜牧场放牧,而现在,国境戒备森严,不许他们跨过俄罗斯边境。我们的主人穆罕默德·玉素甫(Mohammed Yussuf)是塔加玛全体柯尔克孜族人的伯克。

那个地区野生动物为数众多,包括野山羊、野兔和其他啮齿动物以及野狼、野狐狸、石鸡、野鸭、野鹅和其他几种水鸟类。

7月7日,我们继续我们的旅程,目标是向西和西北方向去慕士塔格峰脚下。在我们右边,有它的一部分山体,叫作喀拉库拉姆(黑石区)。我们的路线与喀拉苏并行,喀拉苏的水是由冰川和天然泉水联合而来,并且在积聚了塔加玛平原流出的水之后,与叶尔羌河产生了交汇点。我们经过了几个老冰碛的尽头和有着许多片麻岩石块的峡谷,证明曾经这个地区的冰川活动远比现在要多。

在平原中部,一个叫作盖迪亚克(Gedyäck)的地方,有一个别致的石堆,一根白桦树枝牢牢地插在上面,周围挂着野绵羊和野山羊的头骨和角、马和牦牛的尾巴、一些白布片以及其他一些表达柯尔克孜族人信仰的物品。几个更小的白桦树干被插在较大的石堆周围,周围整个地方都是马和羚羊的头骨,就在石堆前面,是一个中等大小的片麻岩石块,被水和冰侵蚀空,空洞内已被烟熏黑了,我得到的解释是当朝圣者来到这里做祷告时,有把点亮的蜡烛或油灯留在里面的习惯。在同一个地点,有一个很小的峡谷坡,叫作"白桦"的墓地从西面通向平原。这个名字来自位于一个小白桦树林中间的一个圣人的葬地,那也是柯尔克孜族人的一个主要的葬地。传说这个地方是英雄可汗库加(Khoja)在行军途中的一个休息地。石堆被建在公路中部,作为一个提示——附近地区有墓地,同时也作为一个标记——就在它的上面,慕士塔格峰高耸起它雪白的头。

在右边的远处,我们目前为止第一次见到几个冰川,这将是整个夏天我们更加切近的冰川。

7月8日,我们距离第一个目的地苏巴士只有一天的行程了。

之后我们打算攀越乌拉格罗巴特(Ullug-Rabat,大站)较易翻越的隘口。此地将塞瑞克库尔河谷分成两部分,一部分向北,将排出的水送往盖兹,一部分向南,将水排入叶尔羌河。这一天阳光灿烂,我们右边的山峰陡峭险绝,轮廓清晰,它们那闪闪发光的雪峰与清澈淡蓝的天空形成鲜明的对比,在那珍珠般纯净的天空中,仅有的瑕疵是在遥远的南边那几朵轻柔的白云。总之,休息日的安宁平静呈现在整个地区,使得你静静地坐在马鞍上,默默地观察它,这真是一件完完全全的乐事。

我们中午1点钟到达隘口顶点,从一个圆锥形的石堆处(海拔13875英尺)能够俯瞰到我们周围整个环境。大冰川从中心向西闪闪发光。在冰川断裂的边缘和冰隙内,冰闪耀着美丽的半透明蓝色。冰柱之间的空隙填满了棱角尖锐的岩石和巨大的岩石碎片,雪线以下是漆黑的外表。

我们离山体太近,以至于看不见它那宏伟的山顶。只有在西面离山顶很远的我们曾待过的地方,才能很好地观测到它,例如,从摩哥哈布可以清晰地看清它那宏伟的部分。北面有一个几乎相同的最佳观察视角,那里是稍偏西北方向的塞瑞克库尔河谷。慕士塔格山挡住了那一侧的视野。南面和西面高出的部分是塞瑞克库尔山脉,俯身向着帕米尔高原,但在某些地方,它被下列其间的起伏的地形搞混——即被各种各样的沙丘、砾石和土堆搞混,一个一个逐渐合并,稀疏地生长着一片片草丛。北面最靠近的突出的地方,是还算平坦的苏巴士平原,在它的上游端,伊瑞克雅克(Irik-yak)的哨所由7位柯尔克孜族人驻守,他们的职责是警卫玛斯库罗(Mus-kurau)和托克泰瑞克(Tock-terek)两座隘口。后者具有两个临近的地方,其中一个叫喀拉托克泰瑞克,有一座独立的细颗粒花岗岩山,它承受了巨大的压力,并显示出流纹构造,被伟晶岩或粗颗粒花岗岩的纹理点缀。在同一点流下来并流入托克泰瑞克的冰川河流,水流非常混浊,由于携有大量的岩屑和冰川泥浆,它含有悬浮液,也比加入进来的河流水量大。河流若不是来自冰川水,常常是清澈的。

在乌拉格罗巴特南坡脚下,我们见到了有9顶帐篷的帐篷村,不一会儿又见到了另外一个有5顶帐篷的帐篷村。这两处都坐落在河流边缘,都有大群大群的绵羊在附近放牧。在第一个帐篷村,我遇见了托格达辛伯克,他向我致以友好的欢迎,引我到他自己的帐篷村。我之前住过的这顶帐篷仍在同一个地方,但目前被12个汉族士兵占据。他们目瞪口呆地把我看个够,叫喊着,笑着,并用他们的手指触摸着我的几件行李包,然后,指挥官施大人的秘书来了,他要求看我的护照。他看了之后很满意,随即我请他一同喝茶,他接受了。他感觉还算好。

托格达辛伯克宣称驻军有66人,但我问是否只有十几个人,至少我从未见到更多的人,如果还有更多的人,他们一定会到我的帐篷来,因为他们的好奇心是无止境的。托格达辛伯克只是简单地数了数马,然后匆匆做出结论:有那么多人。但在世界的那个角落,汉族人对军人人数有一个特别离奇的统计方法,他们不是满足于数出士兵的人数,而是将他们的马、枪、鞋、裤子等等也都计算在内,以使结果远大于实际人数。很明显他们假定枪至少与人一样有作用。通过一系列类似的推论,他们争辩说,一个人如果徒步旅行,那他就没有什么用处,他不能赤手空拳做事,因此,他们数出士兵的枪、裤子和一切个人装备。通过这种特殊的计算过程,他们自负地认为他们能欺骗边境另一侧的俄罗斯人,使对方相信他们的驻军比实际上要强壮得多。咳!那些柯尔克孜族人竟然想照搬数羊的法子去数那士兵。

不久以前,我在那个地区逗留时,塔什库尔干的指挥官米大人问一位柯尔克孜族首领苏巴士有多少人,首领回答:"30人。"随即,米大人给他的同事施大人写信,询问数字是否正确,施大人立刻派人打了首领,因为他胆敢数驻军人数,甚至敢于窥测驻军实情。

在苏巴士的军队装备有6杆英国枪和6杆俄罗斯枪,除了这些枪支,他们的主要武器是弓和矛。欧洲枪的枪况极差,没有得到很好的保养,我亲眼看到两三个军人把他们的枪管向下插进河泥里,并用它们作为撑竿越过河流。他们有不到12匹马,是真正有用的牲畜,其他马匹还不如疲惫邋遢的商队的马匹好。他们很少进行操练、射击练习或其他军务。这些边境驻军不定期地由喀什噶尔、叶尔羌和英吉沙提供食品,一年3~4次依靠来自上述几个城镇的商队供应粮食。柯尔克孜族人不给他们付税,但出于好意,每个月给他们提供6只羊。

第
二
十
三
章

在柯尔克孜族人中间

　　我逐渐学会对柯尔克孜族人抱有很大的同情心。我,一个孤独的欧洲人,在他们中间生活了4个月,在那段时间里还从未曾感到过孤独寂寞。他们给予我的友谊与殷勤从未动摇过,在历经艰难的流浪生涯中,他们心甘情愿分担、分享着我的苦与乐,有些人不论什么样的气候都一直在我身边,参与我的全程活动,与我一起爬山、探险和考察冰川。事实上,我在塞瑞克库尔河谷受到了一定程度上的欢迎。远近的人们来到我的营地看望我,还给我带来了羊、野鸭、斑鸡、馕、牦牛奶和奶油等礼物。每当我骑马去附近的帐篷村时,几乎总是会遇见一支马队,他们把我护送到伯克的帐篷,让我坐在炉火旁的尊位之上,并给我提供食宿之便。

　　但是,最使我感到快乐的还是孩子们。多数孩子都非常机灵可爱,当他们头戴花帽,除了穿上他们父亲的大皮靴浑身再没穿任何衣服跑来跑去时,我很难离开他们。起初当我戴着眼镜、穿着怪异的衣服出现在他们面前时,他们一般都会四散而逃,或藏在他们母亲身后,或躲进帐篷里把自己隐藏在平时最喜爱的藏身之处。但我给了他们每人一块方糖之后,很快就赢得了他们的信任。在孩子们的作用下,柯尔克孜族

● 柯尔克孜族母亲和她的儿子们

● 柯尔克孜族儿童

人也很快知道我是把他们看作朋友的。在他们当中，我感觉无拘无束，我常住在他们的帐篷里，吃他们的食物，骑他们的牦牛，和他们一样从一个地区漫步到另一个地区。总之，我实际上成为一个十足的柯尔克孜族人了。他们常常习惯于对我说："你现在已成为一个地道的柯尔克孜族人了。"

三个月前，我只是体验到了塞瑞克库尔的柯尔克孜族人首领托格达辛伯克的好心款待和他们的中间人与在布伦库勒的简大人的友好行为。在我第二次访问之际，他就像欢迎老朋友一样给予我充分的关心，并尊重我挑选柯尔克孜族人烹饪的最精美的食物。他认为，在我继续访问他的慕士塔格峰邻居，一个来自更加奢华的帐篷、拥有对更多臣民的统治权的首领之前，我在他的帐篷内休息一两天是绝对必要的。我很高兴地接受了他的殷勤好客，因为我想雇用人和牦牛，以供夏天之用。

7月11日，我的主人做了一个十分令人称奇的计划，急于向我显示苏巴士和附近的夏营地的高度荣耀。他做了一个"骑马比赛"的安排。当然，与帝国军队游行相比，这只是大海里的一滴水，然而对于那夸大而迷人的效果，很可能胜过普通军队所能展示出的一切。

上午，这个地区的青壮男子骑马向位于伊瑞克雅克平原更高的帐篷村奔去，他们将去那里参加比赛。他们骑着马，一支队伍接着一支队伍。快到中午，我也去了同一个方向，由42个身穿他们最好的传统服装的保镖护送。那是拥有所有你能想象得到的色彩的传统服装。它有浓淡相间的丰富色彩、格纹腰带、匕首、小刀和挂着叮当作响的随身物的肩带——有钻子、烟草袋、擦火用的钢片等。他们头上戴着各种各样的头套，但主要是一种又小又圆的黑色的紧箍帽（小的无边帽），上面绣着红、黄、蓝色的花纹。

站在这群被快乐的节日氛围紧紧包围的人群中，我不自觉地感到我穿着素灰色旅行服就像一个苦修僧人,我这个外人的唯一装饰,就是我的指南针链,没有体现出丰富的想象力,也许柯尔克孜族人会把它当成纯金的。像托格达辛伯克和住在慕士塔格山东侧的柯尔克孜族首领托格达·穆罕默德(Togda-Mohammed)伯克这样的长者们都曾这样认为。

前者穿着一件橘黄色的节日服装,边缘镶有金色的锦缎,那是我前一天在喀什噶尔作为礼物送给他的。对于后者来说,在决定服装的选择中,机会似乎起着主要作用,因为后者的着装颜色明显俗艳——一件长长的藏青色节日服装,被一条宽宽的淡蓝色饰带束着,一顶紫色的袋状帽上围绕着一条金丝带。节日的组织者是个大个儿的十分典型的柯尔克孜族人,细细的斜眼,凸出的颧骨,下巴上长着稀疏的黑色胡须,唇上方则布满了粗粗的小胡子,骑着一匹有外国血统的漆黑大马,加上插在悬挂在他身侧黑刀鞘中的那把短弯刀,你就有了一幅真实的亚洲堂吉诃德的画像了。

我们向上游的村庄进发,里里外外一帮帮骑手愈来愈密集,我被引到平原中部的尊位。我发现正在等我的霍特(Khoat)伯克,一位107岁的有威望的老首领,被5个儿子——也是头发灰白的老人——和20个其他的骑手簇拥着。令人尊敬的老人因多年的重负背有点弯,即便如此,他坐在马鞍上仍旧像坐在一把结实牢固的椅子上一样,以尊贵的姿态处在他们中间。他穿着一件紫色节日服装和一双里面衬着软毛的褐色皮靴,头戴一条褐色头巾。他的特征很显著,一个大大的罗马人的鼻子,短短的白胡子伸在下巴下面,深陷的灰眼睛,这双眼睛似乎是沉浸在对过去生活的回忆当中,而不是在看它周围的现实生活。他的手下对他显示出极大的尊敬,有些伯克匆匆下马为的是对他表示敬意。他用一种庄重、沉稳的尊严对待他们。老人以前是塞瑞克库尔柯尔克孜族人的大伯克(主要首领),在他之前,他的家庭从父亲到儿子,经过了整整7代人,担任重要职位,部分是作为独立的首领,部分是在外国人的统治下。

老人在他本人没有陷入沉思当中时很健谈,喜欢坦率地告诉你他能够记起来的过去年代的事情和他自己的家庭情况。

他有7个儿子,5个女儿,43个孙子,16个曾孙。他们几乎全都一起生活在一个群体中,在一个大帐篷村中,夏天在喀拉库勒湖旁扎营,冬天住在巴斯克库勒附近。他的大儿子奥舍(Oshur)伯克是非常爱开玩笑的老人,他开始对我开起玩笑来。他告诉我,父亲霍特在他的生命长河中有4个柯尔克孜族妻子,两个仍活着,都90多岁了。此外,他在不同时间内从喀什噶尔买了上百个妻子,当他感到厌烦时,就相继遗弃了她们。

霍特伯克对我的护目镜如此强烈地着迷,并请求我把它送给他,但我没有了它就什么也做不成。我告诉他,他没有这个东西也已努力生活了107年,我认为没有护目镜他也许还能再活得稍长一些。后来我送给他布匹、帽子和手帕。到了秋天,老首领将要与他的一个儿子一起去新希萨(Yanghi-hissar),登上包括莫特布兰克在内的高约350英尺的隘口。他准备在漫长的冬眠开始之前,去看看那里他所拥有的土地(田地)以及纵情享受一点儿欢乐。

一头公山羊,一只替罪羊,被拉到我们面前,一个柯尔克孜族人只是简单地挥舞了一下他的刀子,就切下了羊头,然后让血流出直到流干为止。可以这么说,羊的躯体是作为模拟奖赏,是竞争者争抢的对象。

一个人来到前面,抓起羊,横放在他的马上,载着它骑马跑了。我们等了几分钟,接着就看见一队骑手狂奔着向他追去。80匹马的蹄声回响在坚硬的地面上——青草已被羊连根啃掉,喧闹声震耳欲聋。狂怒的、刺耳的尖叫声,高声呼喊声,混入马镫子的叮当声,骑手一过来,就被包围在一片尘土之中。最前面的骑手用力把死羊扔在我的马前,他们就像一群匈奴人或一帮强盗,猛冲过我们,穿过平原跑远了,但他们转了一个大弯,很快又跑回到我们站着的地方。于是,抢到死羊载誉归来的骑手把死羊用力扔在他前面,并期待着以某种物质作为奖励,或者一把银子(大约每把2.75d.)的赠品来证明他的胜利。在这种场合下,这些都是我提供的。

野蛮的队伍再次冲向我们,我们刚刚来得及退开,他们突然静下来扑向仍然冒着热气的山羊躯体,开始抢夺起来,就好像他们正为满满一袋金子在战斗。我可以看到人马混作一团,全都笼罩在一片尘雾中,分辨不出谁是谁了。有些马跌倒了,有些马竖起前蹄立着,还有些马受惊了。骑手们紧紧抓住马鞍,俯身朝着地面,有些骑手跌倒了,险些被踩

● 柯尔克孜族百加

在马蹄之下,有些人紧紧贴在马肚子下面,当他们掠过羊的时候,试图抓起羊来。大家都想抢到这只山羊,用力拖着,拽着,简直是混乱极了。争夺者在飞奔之中,新来的骑手们也迎头冲了进来,好像他们确信自己能赶超那些正在争夺山羊的骑手似的,人喊马嘶,尘土飞扬。这时允许竞争者做一些小动作,例如用力拉另一个人的缰绳,用鞭杆子在他后面逼他,打他的马鼻子,甚至相互拽下马鞍。

混乱的场面被一群骑着长着尖角的牦牛的斗士搅得更加恶化。这些脖子强劲有力的牲畜一路逼近,它们一直用它们的尖角挑逗着马匹,这使得马儿又跳又踢,被踢怒的牦牛更加起劲地猛挑,直到比赛开始看起来更像一场斗牛比赛。最后,有一个骑手紧紧抓住羊皮不放,他把山羊抓起来紧紧扣在他的膝盖和马鞍中间,冲出人群,一阵风似的跑远了,在旷野上画了一个大大的圆圈。其他所有骑手紧紧跟着他,一起消失在远方。两三分钟过去了,再一次响起了沉闷的马蹄声——那是无数只马蹄击打地面的声音。骑手们不顾一切障碍径直向我们奔驰而来,再一瞬间,他们已向我们骑马冲过来,将要挤进我们中间,速度之快令我们无法迅速为他们让出路来。但当他们离我们2~3码远时,突然一个急转弯,仍相当快地径直向前。

这如今已是伤痕累累无法辨别的一堆肉,再一次被扔在了我们的

173

脚前,接着,争夺又一次开始,这样的场面一直反复不断地继续着。

我对霍特伯克说,站在这种群体争抢活动的外围,对我们老年人是安全的,这是件好事。老首领大笑着说,他相信,这种比赛在他像我这个年纪时就有不止100年了。实际上他的年龄几乎是我的4倍。

同时,托格达辛伯克受到这场竞争的强烈感染,变得如此激动,以至于他亲自冲入密集的人群,竟然成功地抢到了山羊,然后策马跃向一边。但他的脸和鼻子上留下了暗红色的鞭痕,看上去好似中国古代的象形文字。他变得像羔羊一般安静,拉着他的马靠在我们旁边,心满意足地再次以一个旁观者的身份静静地观看着。

而比赛还在持续,参与者大部分都脱掉了他们的民族服装,确实,除个别人外,勇士们大都光着右膀。每个人都因比赛而带有不同程度的伤口或擦伤,有几个人满脸血污,他们不得不离开到最近的小河洗脸。几乎看不见不瘸不拐的马匹,遍地扔的都是帽子和鞭子。

比赛结束了,我看见他们的主人在战场上到处徘徊寻找他们。说实话,使我感到惊异的是,竟然没有发生严重的事故。这是因为,柯尔克孜族人从生下来就是在马背上长大的,已十分习惯——熟练于各种马术。这种刺激危险的运动之后,包括到场的首领们被邀请到最近的伯克的帐中,在那里,附近的乐手举办了一场室内音乐会。

我不得已解雇了我的翻译塔兰奇·道德,他原来是一个任性的人,他的汉语翻译不是很准确。他一到达苏巴士,立刻就和汉族人一起赌博。他一天中能输掉40天罡,因此,我送回了在喀什噶尔雇用的喀拉盖什和他的马匹,塔兰奇·道德也接到他的命令,一起离开了。因而,和我一起离开喀什噶尔的人中唯一一个留下的就是我忠实的斯拉木巴依。我现在又雇用了两个可靠的柯尔克孜族人,即玉希姆巴依和莫拉赫·伊斯拉姆,这两个人在夏天的旅程中都做出了极大的贡献,除了这些人,我还雇用了其他一些短工和马匹。

第
二
十
四
章

喀拉库勒小湖

　　我选择喀拉库勒小湖作为我的夏季制图工作和短途考察的一个适宜的出发点，因而在7月12日向那里进发，把营地建在小湖南岸，经协商已搭建好了帐篷。

　　路上，在几个小帐篷村附近，我们目睹了另一场百加。如果进行比较的话，比前一场更加激烈。一个骑手马鞍上载着一只活羊来回飞奔，一下子猛地砍下羊头，把滴着血的羊身子摇摇摆摆地挂在马侧，开始绕着帐篷村撒野一样地狂跑，其他人在后面很难追上他。虽然他的马是一流的马，但跑完第三圈时他还是被其他骑手追上了，把羊从他的马上抢下来猛摔在我脚旁，扬起一团尘土。有一两个人样子非常难看地摔下马来，一个首领擦着他因着地而擦伤的脸。然而，尽管有人受伤流血，比赛仍在继续，就好像什么也没发生过一样。吃过便餐，我们骑马下到湖边，后面跟着混乱的队伍，仍在继续他们的比赛。不久，他们就消失了。我们没有后悔离开此地后住在安静孤独的帐篷里。

　　这是紧靠湖岸的营地，前面展示着湖蓝色的水域逐渐消失在雾霭中。托格达辛伯克和其他几个朋友与我一起应邀去喝茶，直到天黑才停下来。欢宴的感觉由于一位乐师用一把叫库姆孜的乐器进行的演奏大大增强了。得胜者前来看望我，并赠予我一罐发酵的马奶，又酸又凉，味道好极了。我们营地唯一的缺憾是云集在平坦的湖岸上那无数的蚊子。小湖四面八方都与冰川河流流经形成的水坑和小水湾交融在一起。

　　7月13日是我们在湖边的第一个工作日，当我们发现南岸有死水渗入，长期待在此处大概对健康不利，我们决定迁到东岸的一个合适的点上。因此第二天，我们将所有的杂物用品打包，搬了上去。我亲自带领两个柯尔克孜族人用平板仪和水准仪测量了湖的边廓线，一直测量到新的营地。路上，我对老霍特伯克进行了短暂的拜访，他在那里安置了有6顶帐篷的营地。

　　在湖东南角，岩石狭窄的通道中，我们看见了黄山上的圣徒墓（Sarik-tumshuk-masar）被饰以牦牛尾和碎布，在陡峭的片岩底部，一眼清澈的泉水正喷涌着，水温是47.1°F（8.4℃）。

　　现在我们的步伐直接转向沿岸，在这里，分成层状的片岩外端裂开并垂直落入湖中，我们有时不得不在水中骑行。

　　我们左边是湖盆，湖面色彩斑斓，由淡绿色逐渐过渡到深藏青色，但到处都有被河流带下来的肮脏的黄泥纹弄脏的痕迹。在西岸，升起了塞瑞克库尔山脉巨大的崖壁，隐约可以透过雾蒙蒙的大气看见它那突起的部分。

　　当我到达新营地时，一切都井然有序，帐篷支在湖岸边。在湖与山之间，一小块繁茂的青草地上，我们的马儿正在悠闲地吃着草。

　　约尔达西是一只可怜的狗，就像先来者尤尔奇一样，作为"志愿者"加入我们的旅行队伍，受到我的队员的极大重视，被留下来守卫我们的帐篷。当我们初次看到它时，它正跟在一些汉族养马人的后面流浪，很明显，它已处在饿死的边缘。但当这只狗看到我们时，它认为不管我们是什么人，肯定比别的外来人待它更好，于是转身跟着我们。我想这只狗如此饥饿可怜，原想把它送人收养，但我的队员苦苦哀求让它留下来成为考察队的新成员，我让步了。它忠实地跟随着我们好久。它现在赶上好时候了，尽它喜欢的吃，并独享吃我们的剩饭的权力。很快它就恢复了健康，长成一只非常健康漂亮的狗，它是最好的看家狗，是我们最好的旅伴。当我们第二次考察到帕米尔高原时，因为这只狗的活泼可爱,它已在官员当中受到极大的宠爱,逐渐成为我的一个忠实伙伴,以至于没有它我就什么也干不成。大约一年以后,它渴死在塔克拉玛干大沙漠中,临别的痛苦令人难忘。

　　我们买了一只羊,在新营地宰杀后,大家都吃到一顿香喷喷的肉。斯拉木巴依烧烤了大块的肉或排骨,柯尔克孜族人给我们拿来了牦牛奶,我们自己有米、茶,谁也不可能吃到比这更好的饭食了。

　　那天日落时分是非常美丽的,云朵中投射出一道特别的光,西山被各种不同深浅的灰色和黄色照亮。风是北风,但快到晚上转向东风。浪花伴着清冷、悦耳的低语般的声音,轻轻拍击着湖岸边的石头,像匹跳跃的白马奔腾不息。很快,月亮升起在这美丽的画面之上,气温舒适温暖(62.6°F,17℃)。我们非常喜欢这个被称为雅尼克赫(Yanikkeh)的新营地。

　　下面是从我刚刚写下的日记中摘录下来的几段:

　　"7月14日,在首次白天的气象观测完成之后,我们在附近做了一次小小的植物方面的考察,从沿岸的两三个潟湖中采集到了水藻。

　　"大约1点钟,一阵猛烈的暴风刮过这个地区,但一阵阵猛烈的狂风暴雨没有持续多长时间,白色的波峰被掀起很高,吼叫着猛烈冲撞在湖滩上。天空中浓密的黑色雨云互相追逐着向南飘去。上午,山脉一直被笼罩在惯常的尘雾中,但雨水净化后的空气,使我们现在能够看见慕士塔格峰白色的雪原透过云隙闪耀着令人眼花缭乱的光芒。湖面经历了最为丰富多彩的变化,东岸和南岸附近,色彩是如此鲜绿,以致大胆的印象派画家都不敢描画它实际的色彩。再远一点,是紫色,而东岸附近,水是深蓝色的。灰黑色的大山守卫在架在它们高峰顶之间的阿尔卑斯小湖之上。沿着南岸,有一片平坦的优美草地,而在我们旁边,除了我们营地有一小片草地外,山脉屹立于湖上。

　　"一直等到下午,天气才许可我们短暂出行在附近做一次地形测量,甚至当时我们还遭到了猛烈的阵雨的袭击,并听到在慕士塔格峰裂缝中间隆隆的雷声。我们徘徊着穿过一片典型的冰碛层地形区,那是一片宽阔地带,遍地都铺盖着沙砾堆和大小各异的巨砾。后者几乎都是不同种类的片麻岩和片岩,主要是结晶状的云母片岩。

　　"这些砾石和沙砾的集成有时形成连续的脊,有时是孤立的锥形

177

● 喀拉库勒小湖的西岸

体,它们往往由一条狭长的隆起物围绕着形成圆圈,直径在50~200码。后者有时是完全封闭的,有时带有一个开口,这些圆圈中的某些带有一个锥形,其他的中间是空的。

"有几块大砾石异常光滑,有的带有条纹,处处都有迹象表明我们处在曾经从冰山撤回的一片地带中,其中有一块大砾石特别引起我的注意,并因为它所处的控制位置而选择其作为一个地形测量固定点。它的表面有2码长、1码宽,光滑锃亮,上面虽粗糙但却独特地雕有6只野山羊,是在褐色的片麻岩石上用锋利的石头或者是铁器雕刻出的,并设计成暗灰色浅浮雕的特色。关于岩画,柯尔克孜族人什么也说不出来,只知道它是非常古老的。

"我们发现,巨大的冰碛层北端整个倾斜向一条河流,河流几乎全部是由冰川和雪原的融水供水,这条河被叫作伊克拜尔苏(来自两个隘口的河),并流过塞瑞克库尔河谷,然后突破慕士塔格山,下游段的名字叫盖兹河(这一点我在之前的章节中已经提到过),到达喀什噶尔附近的平原。

"从冰碛顶,我们可以看到整个河流上游壮丽的景色,河水滚滚而下，好像是从高高的雪山顶之间的一个岩石入口流出的。河水一流过山谷，就蜿蜒向前，河面时而狭窄，翻着泡沫，时而平静而宽阔，岸边长着青草，岸上有两三顶柯尔克孜帐篷。

"当我们再次返回冰碛脊另一处的营地时，我们发现柯尔克孜族人已搭建好了另一顶大帐篷，我的队员已在帐篷内安顿了厨房设备。

"就在营地的东南方向，有一座黑色片麻岩主峰，叫喀拉柯，由于它看起来似乎占据着一个可以俯瞰邻近地区的制高点，我希望能尽早登上它。我们于7月15日如愿以偿。

"当我们到达山顶时，展现在我眼前的风景全貌超过了我最大的预期和想象。长长的冰碛脊随着它那迷宫般的锥形体和沙砾堆，从高高的着眼点渐渐变小直至消失，伊克拜尔苏像条绿色隆起的飘带蜿蜒穿过灰色景区，在这个风景区内形成一个特殊标志。但慕士塔格峰雄伟壮丽，它的白色峰顶透过云间可以看到，任何其他的一切都完全变得无比矮小了。大得令人难以相信的漆黑岩石穿透辽阔的雪域，有些达到海拔2万英尺，再在它们之上，就是纯洁无瑕的穹窿。山的东侧非常陡峭，我立刻就发觉从它的形状上看，它一定是一座相当难以接近的山。北侧呈现出岩石、雪原和冰川混作一团的状态，另一方面，西侧斜坡尤为平坦完整，接近顶点，角度仅是22°，而在东侧，倾角在30°～48°之间变化。

"流入伊克拜尔苏的磨石河（Tegherman-tash-su），在它的河口被分成5个水湾，河流涌上岩堆坡或有些倾斜的三角洲，三角洲是由它自己的冰川碎石和泥浆形成的。

"在西南方向，我们看到又宽阔又平坦的苏巴士山谷，它的河流也形成了一个三角洲，它的沼泽地和无数的小湖就像席子上用带子穿的珠子一样。

"西边也有一处壮丽的景观，喀拉库勒小湖明亮的水面位于巨大的山脉之间，就在我们脚下，与它们势不可当的山体相比，小湖显得十分微不足道，它那淡绿色的水面与它本身暗绿色长满青草的湖岸和被冰碛破坏而到处破碎的灰色山壁，形成了强有力的对照。有时草地稍稍侵占了湖体，但除了南岸的那片，它不是很宽。当它们的影子轻轻掠过湖水时，朵朵轻云倒映在水中。南边流出的苏巴士混浊黄色的洪水蜿蜓穿过湖水，就像一条灰褐色的缎带。就在我们前面，西岸附近，有一个小岛，如果我们不计已从长草的南岸独立出来的几块绿色的小块土地的话，这是喀拉库勒唯一的一个小岛。在湖的另一侧，塞瑞克库尔山脉逐渐消失在南面和西面。

"喀拉库勒小湖的北岸是一个冰碛墙，那就是北岸的轮廓为什么如此参差不齐的原因。冰碛被从湖中流出的一条小河（也是从它的绿色长草的岸上流出的）横切，再往下游，小河和伊克拜尔苏汇合在一起。在西北方喀拉库勒那边，我们能看见巴斯克库勒的两个盆地。

"大约正午，我们又一次遭到了暴风雨加冰雹的袭击，一路上我们伴着十分恶劣的天气一直回到了营地。我现在觉得我可以很好地弄清自己所处的地位，而且我对自己的方案心中有数，知道如何选择和制定计划来登山。

"每天晚上天黑以后，我都在我的帐篷里举行一个招待会，远近而来的柯尔克孜族人总是一起带来好礼物，羊、斑鸡、新烤的馕、新鲜牦牛奶和奶油。作为回报，他们收到了钱、几块布、帽子、小刀等，这些是我从塔什干买来的。不长时间，我就有了很多朋友，感到就像在家里一样。在我们后来的旅途中，我们从未路过一个帐篷村，没有进入到一顶帐篷中，尽管我们总是十分确信发现了一两个老熟人，但我们的主要朋友和联络人，是托格达辛伯克。他常来看我们，并帮我们采办一切我们想要的东西，比如牦牛、马匹、帐篷等。

"7月16日，一整天浓雾弥漫，早上，湖面呈现出稀奇古怪的奇观，当薄雾完全从视线中遮蔽掉了更远的岸滩时，我们似乎正站在一望无际的大海边沿。

"我吩咐我的两个柯尔克孜族随从脱掉衣服涉入浅水中，采集一些沿岸边生长的水藻。约尔达西也彻底洗了一个十分必要的澡。水不是很凉，因为可以在里面洗澡。中午1点钟，水温是63.7°F（17.6℃），但到了晚上水就相当凉了。当天早晨7点钟，水温是53.2°F（11.8℃），晴天浅处的水很快变暖，不过当然仅限于上层的水。例如，虽然天气并不晴朗，到7月16日中午，热度上升到138.2°F（59℃），但在水下4英寸深处水温只有82.4°F（28℃），这表明，甚至这样薄薄的一层水在太阳直射下也会受到影响。

"我们到喀拉库勒河与伊克拜尔苏交汇处做了一次考察,在湖北端,我们发现了一个大的半圆形的小湾或河湾。水很浅,岸滩附近长着草,虽然冰碛流到它的50～100码范围内。在河口附近,草地更宽阔更茂盛,但蚊子云集在河流上方,就像浓密的云团,给我们平添了许多烦恼。

"喀拉库勒河由湖水注入,穿过喇叭形的小河湾,水面上密布着伸出来的漂移石块。不久后,它逐渐变宽,流入一个小流域,叫作苏喀拉盖库尔(Su-karagai-kul,水松湖),它的北面并没有和河水相连,是另一小片水域,叫作安彻库尔(Angher-kul,野鸭湖)。这两个流域靠近草地和沼泽地,散置在有一条河流横穿的冰碛之间。

"再稍向前,坡度突然变得非常陡峭,致使河流突然在布满碎石的河床上奔流起来。虽然它的堤岸在某些合适的地方仍有片片狭窄的青草地,它发起怒来,河渠仍被冲蚀得越来越深,直到它流入伊克拜尔苏。在它的河口附近,流速突然减慢,就好像河流受到了严重阻碍。河水有时像冰晶般清澈透明,有时泛着白沫,有时是深蓝色,直到最后和来自冰川的力量20倍于它的混浊灰色的主干流混合在一起。伊克拜尔苏河床非常之深,河水正精力充沛地通过150～300英尺高的砾岩开辟道路。要想在这个位置穿过这条河,是绝对不可能的。我记下了宽度是27码,流速是每秒5.5英尺。

"震耳欲聋的怒吼声回响在垂直的峭壁之间,每次遇到一块堵塞的石头,水都会溅上空中一码高,浪花升腾就像云雾一般,泛着泡沫的灰色水流就像洪水一样,两者简直难以分辨。

"离喀拉库勒河交汇处下方几码的地方,河水清澈碧蓝,但河流却在紧靠左方岸边的地方完全消失了。你只有在离它较近的地方才能看见它,而且它的泡沫也会立刻消失。带着如此猛烈的力量,巨大的水体冲上河床,使我们能够感觉到我们脚下的大地在震动。

"喀拉库勒河的水温在61.9°F(16.6℃),伊克拜尔苏则是57.9°F(14.4℃),因此直接来自冰川的水比留在湖中阳光直射下的水温度低4～5°F。虽然湖水本身被注入同样凉的冰川河水,它的冰川泥水在喀拉库勒湖沉淀后,河水变得完全清亮了。

"在两个河道之间,巨大的冰碛床伸出一个岬,上面密密分布着山 **181**

链,有时排成行,有时是圆圈、月牙状和圆形。它们均属于末端的冰碛,仍矗立着,表明距离现在已经消失的伊克拜尔苏冰川岬有多远。

"在返回途中,我拜访了奥舍伯克(霍特伯克的儿子),他给我带了两只在巴斯克库勒捉到的活野鹅和馕、牛奶、黄油。

"7月17日,刮起一阵南风,这天早晨,我们营地岸边的水不是很清亮,波浪从河口带来了沉积物,环绕着小河湾的湖滩,显现出在南风的影响下受波浪作用而打造出的平原迹象。在小河湾周围,水刷洗出一个平坦的沙墙,也留下了干水草带,我们启程做了一次考察,但却遇上了非常猛烈的西北北风,不得不返回。这个地方以它的风著名,这些来自北和南的风最为猛烈,它们无阻挡地扫过向南的山谷。根据此地的地形,东风最无规律且常伴有雨、雪等,而从西或自帕米尔高原方向,绝少有风刮来。

"风常常使我们的忍耐力受到考验。它取消并阻止了我们许多计划的执行。整个夏天,我们在很大程度上都是随天气的突变而行事。在不利的天气条件下,我除了在帐篷里写东西或绘制草图,别无他事,总是重复地听着波浪拍击岸滩那单调的歌声。今天,湖水躁动不安,长

● 我们在喀拉库勒小湖东岸的营地雅尼克赫

长的白色浪峰斜着穿过湖水,把沙子和水藻抛向湖岸,因此干净的蓝绿色的湖水出现之前,湖边上有10码或更宽的浑水。浓厚的雾霭逐渐袭来,遮住了喀拉库勒,除了小河湾两岸这两个点可以看见,什么也看不到。它们看上去比实际上更远,当白色的浪尖一个接一个从雾霭中滚滚而来时,我有种置身于辽阔大海中的感觉。

"在我们营地附近,沿着湖岸有两个小咸水湖,其中一个在另一个后面。外侧的小咸水湖与大湖区相连,那里有一个深且窄的水渠,每当波浪冲击时,都会把水送到渠道里。内侧的咸水湖与外侧的咸水湖被六七码宽的狭长陆地隔开,并与一条窄而深的渠道交叉。结果是那里的水被风吹得波浪翻腾。外侧的小咸水湖与湖体被一个一码高的长着草的土墙隔开,并在波浪的持续拍击下被威胁着让路。很明显,我们现在的营地曾经被这个湖泊淹没过,咸水湖底部覆盖着细沙和水藻,在它水中的隐蔽处,是蝌蚪和水蜘蛛。

"下午,下起了大雨,但大约到6点钟,天突然放晴了。我们大家立刻听到了一阵急促的声音,仿佛一阵大风正从西北方向刮来。响声变得越来越大,越来越近。此刻,湖面平静而闪着光,深蓝色的岸堤在对岸都可看见。风迅速逼近我们,怒吼着,吹打着湖水,不一会儿,雹暴铺天盖地地砸向我们,只持续了一会儿,但遍地都是直径0.25~0.5英寸的白色冰雹,它们很快就在紧随而来的一阵剧烈的阵雨中融化了。"

第
二
十
五
章

喀拉库勒湖

　　通过喀拉库勒小湖，我已清楚地了解了那里的地质构造，再待下去已没有必要了。我很快就看出，这是一个冰碛湖，是通过伊克拜尔苏冰川的冰碛通过山谷而形成的。它的残余部分现在被从湖中流出的河流所贯通。盆地或是山谷部分被冰碛拦筑，由冰川和泉水灌注，并随着冰川和泉水带下大量的沉积物，连同流沙逐渐堵塞住了湖泊的河网。它们必将全部消失，并且喀拉库勒河流过一段连续被侵蚀的河床的那一天无疑将会来到。毋庸置疑，与现在相比，湖泊面积曾经大得多，当时的河水漫过了冰碛顶。大量的巨砾仍然正在阻碍着河床，并堵在它那宽阔的河口——前者中间的冰碛碎块证明了这一点。正如我刚刚描述过的，整个山谷曾经被现在已不存在的冰川所切断，通过散布在每一侧周围的大量的砾石堆、石脊和巨砾，我们已十分清楚地描述了它的历史。

　　山谷岩石成分是细颗粒云母片岩、晶体片岩、大块的灰色细片麻岩、带有长石晶体的粗颗粒片麻岩和相同种类的红色岩石等，和我在慕士塔格峰更高区域发现的相类似。片麻岩巨砾伸展在很大的地区之上，并只能被带到那里。而将其从坚固的山坡携带如此长的距离的力

184

量,只能是冰川。的确,它们清楚地显示出的迹象是这样的:它们变得像碗一样,呈圆形或中空状,被摩擦出大量的条纹或是呈现光滑的表面。

7月18日,我已完成了喀拉库勒东岸的全部工作,决定搬到另一个营地去。因此,我吩咐在斯拉木巴依管理之下的人拔营,把帐篷及行李搬运到巴斯克库勒湖岸上一个合适的地点。同时,我自己继续进行地形测量之旅,由一个柯尔克孜族随从陪同,打算晚上向新营地前进。

我们穿过了比前面更高的冰碛床,然后走到下端的肯谢沃(Keng-shevär)的帐篷村,此地有4顶帐篷位于伊克拜尔苏左岸,帐篷被丰美的牧草围绕。我们有几个朋友住在那里,他们极为热诚地接见了我们。根据习惯,帐篷村中最年长的居民站出来,双手放到他的额头上接见客人,然后给我指明到他帐篷去的路,急忙将帐篷安排整理好,一块地毯和一两块坐垫被放在门口的尊位上。我被邀请在靠火炉旁的位子坐下,帐篷村其他居民便一个一个地进来围着火炉坐下。火上放着一个铁锅正烧着茶,奶茶盛在木碗或中国瓷碗里,很快,就进入了热烈的聊天之中。有时,男人的妻子会戴着她们高高的白色头饰和几个年轻姑娘们坐在帐内,但她们不参与聊天,她们一直在做的重要事情就是照看炉火。她们将干牦牛粪填入火中,并做好一般的家务事。这些拜访总是令人愉快并有很大的好处,我能够搜集到关于道路、行程、气候以及柯尔克孜族人的迁徙和他们的生活方式等有价值的信息。

主人告诉我们,他们只在肯谢沃度夏,冬天这里风雪交加,他们搬到位于再向上的沙维西泰贺(Shuveshteh,冬村),那里能更好地躲避风雪天气。

从这个小帐篷村到宽200英尺、流速约为每秒3英尺的喀拉库勒河出水口,伊克拜尔苏呈现出十分不同的面貌。在唯一可能徒步蹚过河水的地方,我们让一位柯尔克孜族人骑马过河,发现最大水深达3.75英尺,但河床还算平坦,变化不是太大。流量是每秒2440立方英尺,对于主要由冰川补给的河流来说,相当可观。由于是冰川河流,到了晚上河水上涨,据说水位最低时在下午4点钟左右。这是在那个时间之前冰川河流还未到达的缘故,而后,冰川水才流入河中。河中有几块低矮的岛状地带,或多或少长了些青草,有一块被分成两个小水湾。冬天,河床是干的，至多有些浅浅的结冰的小溪流。但到了8月初，河水落差很大，在几个地点，毫无危险地骑马过河是不可能的。在帐篷村下方一小段，一块突出来的冰碛块迫使河流急转向右，这个结果是水旋转着流进一个像湖一样的小沼泽，之后继续流入一个又深又宽的河道，并在相当远的地方就能听到河水冲破冰碛墙的吼叫声。

在肯谢沃对岸，有一个有7顶帐篷的帐篷村。由于它的居民白天到左岸去放羊，晚上就要把这些羊只渡过河流赶回来。这是多么艰难的一件事，同时它也是非常有趣的。许多骑马人每次把两只羊横放在马鞍上，排成一长列骑过河去，由于羊只太多，要花费很长时间才能把整个羊群安全运送到对岸。

我们不得不考虑在黄昏来临之前回去，完成我的地图绘制工作。因此，我们上路越过冰碛。在那儿，我们又发现了许多漂亮的环形堆，中间长着植被，在这样的环境中，草势相当好。由于被像圆环一样的冰碛所保护，它们也保留住了可能降下来的雨水。我们经由安彻库尔到达了巴斯克库勒下游岸滩上的新营地。在前者的湖中间，有一个岛，上面正竖起一个圆锥形冰碛堆。我们有两顶帐篷搭建在一块草地上，周围是一片新的待考察区域。

我们在巴斯克库勒的第一天，除了做出一件成功的事，什么事也没有做。这天，天上刮着风，倾盆大雨从早下到晚，大大的雨滴砸在帐篷顶上连续不断地发出嗒嗒声，户外工作是不可能了，但幸运的是，我还有非常多的久拖的工作要补做，反而使这偶然的限制比其他事情更受欢迎。托格达辛伯克拜访了我，我用茶和中国白酒招待了他。白酒是专门为这种场合准备的。除此之外，我还用音乐盒的曲调招待他。这是我历来成功地使柯尔克孜族人感到惊讶不已并引起他们最浓厚兴趣的节目。哈斯克瓦那（Husqvarna）步枪则给我们的高山朋友留下了最深刻的印象。他们发觉这种机械装置如此复杂，他们认为人类中没有谁的手能将它制造出来。

托格达辛伯克告诉我，在塞瑞克库尔山谷的汉族驻军有些担心，正在跟踪我的全部活动，并由柯尔克孜族密探每天随时报告我正在干什么，正到哪里去。他们想知道我是俄罗斯人还是欧洲人，我打算待多久，我绘制地图的真正目的是什么，我为什么从岩石上砍下石块。他们

● 在巴斯克库勒看到的慕士塔格峰，从南南东望去，突出的地方是飘忽不定的石块（片麻岩）和冰碛

已接到命令，警戒俄方帕米尔高原边境。现在，一个他们猜想是俄罗斯人的陌生人已经露面，并正在开始不受限制地查明陆地存在的状况。

然而，感谢道台曾给我官方文件，他们从未打扰过我们。

浓厚的深黑色的雨云突然猛袭从塞瑞克库尔山脉到开阔地带的山谷。开阔地有两个巴斯克库勒湖，一切都被笼罩在浓厚的山霭之中。其他壮观的景色随之朦胧地暗淡下去，不时地可以透过雾霭看到一部分冰川和山腰，雾霭紧贴着地面向南飘去。柯尔克孜族人向我保证，像今天这样持续不断地下雨是少见的。我们扎营的草地已变成沼泽地，我们不得不围着帐篷挖一些深沟，好把水分流引向湖中，以免遭到水淹。

晚上天气放晴，湖面像一面黑镜子，高山那奇形怪状的山影全部清晰地映在其中。

在接下来的几天里，我踏勘了我们新营地周围地区，绘制了喀拉库勒小湖西岸。首先，我们沿着湖岸线前进，骑马穿过湖水，湖岸线上的岩石竖直插入水中,岩石的底部是崩解的台地。我们从湖区到附近的山区进行了短暂的考察,在那里,我们常常决定从难于行走的小径经过。有一个点特别有利于研究这个非凡而美丽的阿尔卑斯地区。慕士塔格山脉中的21个冰川都可以用望远镜看到,清晰明亮,每一个细部都清晰可见。除了伸出最高的岩石尖顶以外,每一座山都披上了炫目的白雪。但在特别低的地区雪被染成脏黄色,这是由于风把尘土刮到了那里。在山顶,皑皑白雪形成了一个连续的雪盖,紧随着山体的地势起伏变化。但有几处,它的较低的边缘破损,雪从悬崖上方滑下来。另外,雪的趋向是受到冰川的聚集盆地的影响,从那里它逐渐被冰河疏导。这些盆地有时是狭窄而坚实的,有时是蜂箱型的,有时细而薄地向前展开,但总是被砾石和大圆石所覆盖,其余在横向裂缝(冰隙)和带有条纹状外表的冰川之间的冰带上。有些冰河被冰碛紧紧覆盖住,要想把它们从周围环境中辨别出来相当困难。

有一次,我们正从这种考察旅途中返回,携带地形测量仪器的玉希姆巴依丢失了一个黄铜制的瞄准仪。我让他明白,如果丢失了仪器而又找不到,他将会得不到信任。他即刻动身又去仔细寻找,看是否能找到,最后,他遇见了一个熟人,告诉他他发现了一个奇怪的金属东西,现已送到在布伦库勒的汉族指挥官简大人那里,他认为,他留下此物会破坏我的计划。我立刻派了一个信使通知简大人,如果他不把我的仪器还给我,他就必须和道台就此事作一了结。我立即就收到了瞄准仪。

我花了一整天的时间在巴斯克库勒下游和伊克拜尔苏之间的地区做调查。从湖中流出的一条小溪,流经相当繁茂的草地,小溪里夹杂着冰碛碎块,它连接到一条位于喀拉库勒河北边一段距离的主河道。伊克拜尔苏在过去的几天中由于温度下降,流量减少相当明显,但在垂直或倾斜的砾岩壁之间,河水流速仍很大。在河流两岸,圆形的片麻岩石块一部分被埋在泥土中,看上去仿佛随时都会坍塌掉入河中。

7月24日,我勘察巴斯克库勒流域上游,大约在南岸中部有一个山岬,是一个山嘴形成的,几乎是垂直落入湖中,因此只有步行才能走过它。我们骑着马,通过山脊上的一个隘口前进。

这个小隘口叫作巴斯克库勒隘口山路,位于湖上游不到200英尺,但进口极陡,它的顶部可俯瞰到美景。在我们脚下,有个温暖宜人的小湖正从三面冲刷着山岬。我们还看到它的小岛和鱼群，它的水底冰碛的高度和移动的石块，仍有一半浸在水中，在河口形成的小三角洲从西边的河谷进入其中。湖之间的地峡上是破碎的冰碛墙，中部的水平面以上不超过10英尺高。就在低处，有一个沼泽，然而两湖之间所有可见的连接关系完全没有。

柯尔克孜族人告诉我，甚至在春夏季来自西河谷的水量增加很大时，沼泽水位也从未升高，从未有水从盆地上游流到下游。草草做了调查后，可以猜测：湖泊没有出水口，因此，它是咸水湖。但湖水却完全是淡水，清澈透明。我粗略地看了一下地图，给出了关于这一点的符合要求的解释：湖下游没有得到任何水流入，但它流出了一个小河流。因此，这个湖泊一定是收到了不可见的流入水，来自流域上游，它的剩余水量渗入到地峡冰碛下面，到了下游的湖泊，从那里找到它到伊克拜尔苏的流径。巴斯克库勒海拔在12221英尺以上，喀拉库勒小湖海拔在12201英尺以上。

几个次要山脉从塞瑞克库尔主山脊岔开，它们的峡谷坡都面向湖泊展开，最主要的是喀拉（Kara，黑峡）、耶朗（Yellang，秃峡）、喀玛尔迪（Khamaldi，风峡）的峡谷坡。最后一个峡谷有它自己流入小河湾的溪

● 巴斯克库勒山脉

● 巴斯克库勒下游和慕士塔格山

流,而小溪从最初两个又与几个其他小水道结合在一起,形成一个河流。而就在它再次到达湖之前,又被分成两个小水湾。这两个水湾中间有一个三角洲。被这几个河流带下来的沉积物沉积在狭长的陆地和小泥岛中,在它们的那边,又是一群冰碛岛。

在我刚刚提到的三个峡谷中,或多或少有好牧草,但牦牛只能在劣质的草场上吃草,较好的草场是提供给绵羊的。霍特伯克的帐篷村的乃蛮柯尔克孜族人在这里度过了冬季最寒冷的三个月。通过喀拉叶尔加的一条小路可一直到塞瑞克库尔隘口、库克阿拉丘克(Kok-ala-chukkur,绿格子深渊),从那里,再到朗库勒湖,但只能由牦牛或人步行通过,除了偶尔由柯尔克孜族人使用,很少有人使用这条路。

下午4点钟,天又开始下起雨来。风从北方刮来,我们沿着喀拉叶尔加小溪向湖西岸骑马回去。除更深的洞穴中小水坑有水外,小溪现在是干涸的。一个半小时以后,我们观察到一个最为奇特的现象:我们听到从河床上传来轻微的激流声,接着,灰褐色的水波绕过一个弯曲处突然出现,起着泡沫在石缝间流动,开始慢慢地并逐渐填满了较深的地方,蜿蜒地在被冲刷得陡峭的河岸之间前行。沿岸有一窄条植被,这个水流每年在这个时候每天晚上都会有规律地发生,这是来自塞瑞克库尔山脉的冰川水,只在傍晚时到达湖中。

　　7月25日,我们拆除了巴斯克库勒的营地,来到肯谢沃。从那里,我打算开始勘察慕士塔格峰。我们到那里的路上经过了一个非常漂亮的环形冰碛,直径约有100码,坐落在巴斯克库勒的南岸,中间有一个小小的圆形水坑,被一圈白色的盐沉积物所围绕,而且它也被一条植物带所环绕。它们的最外部是冰碛墙,它的开敞的一面向着湖,虽然小水坑与湖在一个水平面上,它离岸相当近。因此,直接假定它们之间是隐蔽性连接的。在被叫作硕尔库勒的冰斗中,水绝对是咸的,柯尔克孜族人告诉我,羊喝了它的水就会痉挛而死。

　　在塔姆加塔士,我们遇见了托格达辛伯克,他给我带了一只羊和一罐牦牛奶作为礼物。伯克陪着我们到了肯谢沃,并在那里过夜。晚上,把羊宰了,帐篷村的居民都被邀请来赴宴。我们的宴会被一阵猛烈的旋风所打扰,旋风大有把帐篷卷走之势,所有的客人都扒着抓住帐篷杆,另有两三个人用绳子和支撑物把帐篷固定住。

第
二
十
六
章

在慕士塔格峰冰川中间

　　第二天,我们骑马登上慕士塔格峰北缘,穿过伊克拜尔苏左侧的巨
大山脊。到达山顶之前,坡度有点陡,上下起伏连绵很长一段路程,但
其他路段是很平坦的,路面覆盖着沙子、砾石和小圆石,到处都是青草
丛和毛茛属植物丛。

　　山顶的另一侧,我们再一次到达喀拉库勒流域,在那里,有一条欢
唱着的小溪流从科恩托伊(Köntöi)峡谷穿过一个宽阔的浅河床流下
来,进入湖中。在这个小溪旁边,是海拔 13530 英尺的库奇库丘
(Kotch-korchu)夏牧场,我们选择这里作为考察冰川的第一个出发点。

　　属于帐篷村的柯尔克孜族人先前已到那里 3 个月了,他们打算再
待 3 个月,冬季 6 个月他们在科恩托伊叶尔加(Köntöi-yilga)度过。

　　在柯尔克孜族人中间有一个传统的协定,通过这个协定,每一个家
庭或家族都拥有自己的活动范围。这个规则没有举行全体会议是不能
被打破的。这个地方的居民像大多数塞瑞克库尔柯尔克孜族人一样,
属于喀拉泰特部落,他们的族长托加尔拜(Tugul Bai)是位 96 岁的老
人,思维敏捷,身体健康,慈眉善目。由于在野外过着自由自在的生活,
所以柯尔克孜族人的身体被锻炼得十分结实,一般说来,他们都能够

长寿。

今天，又下起了倾盆大雨，雷声阵阵回响在高山之中。不一会儿，我们就听到了激流的声音。我们的主人解释说，大雨过后总是能听到这种声音，这是雨水在悬崖上流动的声音。

我在库奇库丘的第一件事，是给两个柯尔克孜族人努尔罕默德（Nur Mohammed）和帕利瓦（Palevan）付完工钱并解雇他们。他们迄今为止在我这儿干得很好，只是他们关于冰川世界方面什么也不知道，两人都没有牦牛。我在当地雇了两个柯尔克孜族人代替他们，并在晚上去看了看新雇的那两人的牦牛。牦牛仅是用于骑乘的动物，在这些高海拔的冰川地区，完全能骑着它们前进。

7月27日，骑上一头健壮的黑牦牛，由两个柯尔克孜族人作为向导陪同，我沿着向东的路向将要进行考察的第一个冰川古鲁姆德赫（Gorumdeh）前行。我们静静地走过向北倾斜的区域，并被三条小冰川河流所横穿。经过右边几块尖角形的漆黑岩石时，我们在它们的后面发现了一个小冰川。它的上端非常陡峭，但范围不是很大，再向东，有几块相似的岩石凸出来露出地表，在巨大的参差不齐的山体之间，冰川朝北伸出它们像手指一样的凸起物。其中最大的一个冰川叫作古鲁姆德赫宁巴什（Gorumdehning-bashi，石头地带的头），从所有其他小河中汇集了冰川水的河流流过一个深深的开凿出的渠道，再向下游，汇入伊克拜尔苏。

我对骑牦牛上山时绘制的古鲁姆德赫冰碛左侧的地形图很满意，达到这个目的，我只使用了指南针，通过合计牦牛的步子，我测量了距离。由于行程路线的不规则，测量误差在所难免，道路崎岖的路面通过准确地测出牦牛的步数而测算出的距离，与之对应的误差大概有100码。

古鲁姆德赫大冰川下游部分被砾石和其他岩屑完全覆盖，通常很难把它与附近的岩石区别开来。当我说明岬角那点的倾斜度至少在9°时，将会清楚这条冰河有多么陡了。但在冰川槽的斜度减少很大以后，从冰碛末端下面流出的满载大水流的河流十分安静地蜿蜒而下，常常没有形成激流。

次小的古鲁姆德赫冰川被一个岩石岛分成两个支脉，外层山脉被

左边的8～10个平行的侧向冰碛包围。这些最外层冰碛之间,是30～
45英尺高的山脊,山脊十分平坦,地表长着青草。我们骑牦牛上去,有
一条溪流横穿过更高的一个三角形小湖,小湖在山脊、冰碛和慕士塔格
峰的坚硬岩石之间。

与西边的次小的古鲁姆德赫冰川邻接的右边山墙,顶上积满了大
范围的雪,时不时地从上面滑落到它的脚下,在那里形成了新的小型冰
川。就这样,它们堆积起了一个非常巨大显眼的大冰碛,在高山脚下,
约有45英尺高。从这里,也有一条溪流,它的河道下到北面的斜坡流
入喀拉库勒小湖。

在我们回帐篷的路上,有几处地方,我们惊讶地看到和阿尔卑斯山
脉植物群一样鲜艳的色彩。尽管冰碛上的土壤稀疏,但那些盛开的花
朵看上去争鲜斗艳,在它们灿烂的颜色映衬下更加显眼。我们爬得愈
高,花朵的颜色就愈加纯洁生动,娇艳欲滴。无疑,在那些高海拔地区
少量吸收大气层中的光对植物生长有直接的影响。

● 向南望去的古鲁姆德赫冰川

又是一天专门用于考察古鲁姆德赫大冰川,我们骑上牦牛,从长满草的山脊越过崎岖的冰碛。我们异常艰难地穿过了它们。岩石一个接一个,牦牛时常穿过岩石之间的洞穴,但幸运的是没有跌落下去。我不禁要赞美几句这些牦牛在选择道路中的灵性,尽管骑牦牛并不完全是一种享受,在你能够感觉到骑在鞍子上完全无拘无束之前,你需要一些练习。这一瞬间,沉重的牲畜在一块岩石尖锐的边缘上平衡着身体,下一片刻它失控地跳过裂着大口的陷窟,不知怎么设法保证在对面一侧立足。有时它又振作起来,拖着僵硬而不屈的四条腿,开始滑下一个陡峭的砾石坡。这对于一个两条腿的人将会不可避免地发生灾难。然而尽管牲畜有不可否认的优点,但骑一头牦牛,由于它性格的绝对迟缓,则是对忍耐力的一种磨炼。它时常死死地停住不动,让人不得不用棍棒来提醒它它的职责。对任何鞭子的运用,它是完全没有感觉的。而它把不轻不重的击打视为一种爱抚,用快乐的哼哼声来回应。也只有大头短棒才能使我骑的这头牲畜听话,明白我们并不是在进行愉快享乐的旅行。尽管挨着打,它仍用惯常迟钝的步伐沉重缓慢地走着。

我现在弄清了在古鲁姆德赫大冰川左侧的冰碛区比昨天想象的要宽。我们花了两个小时骑牦牛走过了一个接一个的宽阔的山脊,最后到达一个小冰斗湖,里面是绿色的泥水,流入一个有许多小支流正潺潺流水的小河。小河水泛着泡沫,向下流到其中最外面的一个冰碛。在它的脚下,形成了一个淤积泥和岩屑的三角洲。在它的上方,小河的支流再次被分开。

这条小溪流似乎是从其中一个更小的冰川流出来的。虽然它的水量是每秒70或100立方米,冰斗湖既没有看到出水口,也没有升高到一定的水位,而从冰碛底部流出的剩余水量流入了总的冰川流域。即便它自己带过来的沉积物可以形成使水滞留的一种河底,但是冰斗湖根本就不可能存在于材料如此粗糙的冰碛壁中。

离开冰斗湖,我们在两个巨大的冰碛墙之间向南攀登。它们之间的沟谷地上丛生着稀疏的野大黄和其他植物,并被冠以好听的名字——加尔特恰伊洛(Gultcha-yeylau,野绵羊的牧场)。这里远离冰川,我们发现了野绵羊的踪迹。

随着冰碛再向前走,道路变得越来越糟,全部都是由巨大的裸岩块体组成。我们留下牦牛，步行向冰川前进。经过最后一个次冰碛之后，顺便说一句它仍在形成之中，我们到达坚硬的冰上。起初，它大片地被砾石和圆石所覆盖，偶尔才能隐约看见清澈的冰状角锥。继续向冰川后面走下去，侧向冰碛宽500码，突然有所中断，此外又是白色的冰，这形成了混杂的角锥形积土石堆，但没有锋利的边缘，只是许多圆形的并且结着一层软的潮湿的水的冰块，像白垩那样的白色，类似于雪。当然，这是消融作用的结果，或是空气和当时到处都在进行的大的活动使冰暖热的破坏性影响。在巨砾和石头中间，四面八方都可听到冰隙里面和冰面上小洞穴中的涓涓流水声和滴水声。冰川隆隆地响并发出爆裂声，不时地听到较小的圆石和砾石落入张着口的裂隙中所发出的响亮的回声。

现在太阳升高了，远处，冰川汹涌的奔流声从各个角落被充分地传来，从山上带下来的物体大部分是我们以前通过湖泊已经看到过的灰色片麻岩组成。但这里不存在像巴斯克库勒旁边那样的巨大石块，较小的碎石因为吸收了更大的热能，沉入冰中的孔洞里，待在小水坑的底部。另一方面，较大的石块保护着下面的冰免于融化，因此，形成了基于冰的低平台上的冰川台地。

向北扫视过去，也就是说，冰川的下面，左边展现在我们眼前的是大部分灰色次冰碛，只是偶尔隐约显现出冰的闪光，右边，光秃的冰川白色的表面起着波纹。中间两个冰碛逐渐合为一体，这是我在慕士塔格峰见过的最大的一个冰碛。在背景中，深深的洼地表明连续的一排冰川大概是古鲁姆德赫以前流出，穿过伊克拜尔苏冰川，虽然那个古老的终极冰碛已完全被冰川河流所冲掉。

最后，我们下到冰川岬附近的一个地方，这个冰川岬被一个有着清澈透明的水的小湖分成两部分，我们到达的冰川最高高度为海拔14700英尺。

向南是广袤的冰原或是原始冰川，从峭壁周围滑下来的雪聚集成为盆地，留下像台阶一样的平台。

7月29日，我们再次拔营，开始进行新的工作，即寻找一个更适合对向西流出的冰川做调查的地点。

我们向西南南方向出发，行进在长草的斜坡上。天气寒冷，薄雾笼罩，偶尔会下场暴风雪。我们终于到达了塞瑞米克（Sarimek，黄色弯头隘口）。这个地区的一个重要特征是在向西北绵延的慕士塔格峰的一个巨大的山嘴上形成了一条通道，把北边斜坡的冰川和溪流与西边的冰川和溪流隔开。隘口上遍地都是卵石和小砾石，在它的南面，散布着开裂的非常坚硬的岩石，黑色的结晶状片岩，其向北倾斜坡度的倾角为38°。

如果站在这个隘口上，我们转向慕士塔格峰巨大的凸岩，跟随画面从左到右，或从北到南，展现在眼前的是按照透视法缩短了的距离。首先是岩石扶壁和一个小的被雪覆盖的冰川，接着，部分被雪厚厚地覆盖住的两条山脉中间，有另一个小冰川，冰川顶非常洁白，但它的底端被碎石覆盖，使得蓝色的冰只能从四处的裂缝中显露。在冰川中部，横向冰隙占绝大多数，而在底端，则是纵向冰隙。冰川岬被巨大的冰碛包围，冰碛破碎一直向上到几个山脊。

在第三个岩石扶壁中间，是我们4月份曾到过的慕士塔格峰的地方。在高高的山腰上，有一条深深的峡谷，塞瑞米克和喀姆波齐士拉克冰川流入到它们的溪流中。而它们的转弯处被一面巨大的被雪覆盖的

● 从东南方向塞瑞米克和喀姆波齐士拉克冰川望去

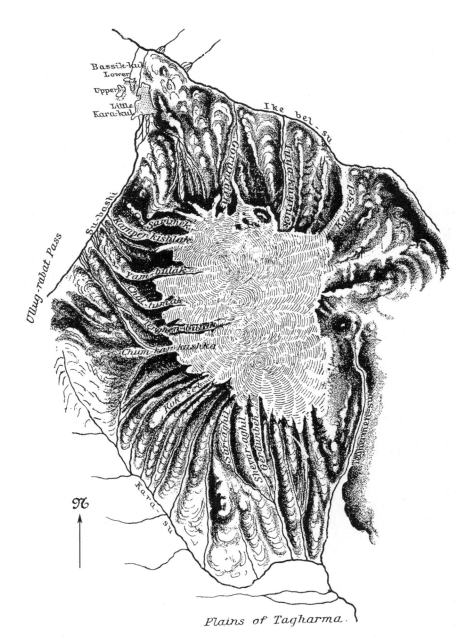

● 慕士塔格峰的草图

● 慕士塔格峰的雅姆布拉克冰川的一部分

岩壁分开,前面的冰川被冰碛阻塞,后者则闪着白光。最后,在南边,是乌鲁格塔伯特隘口,在西边整个塞瑞克库尔山脉,上面铺着厚厚的雪。它有一部分被隐藏在格外美丽的白色卷云之中,与背景中的帕米尔高原上空那钢青色冰冷的天空形成了鲜明的对照。

从隘口出来坡度非常陡,我们骑着牦牛下到一条从塞瑞米克冰川右边流出的溪流旁。河水疾速欢快地沿着它的石头河床流动,翻腾着流下来,奔流而去。我们离开了其外表让人印象深刻的终端冰碛,穿过几条溪流,到达一小块被水浸湿了的草地。在这里我采集到了几种新的植物。一群野山羊正安静地吃草,看见我们,它们立刻跳到山坡上。接着我们又穿过了5个以上的由冰川水灌注的小河,它们中间低矮的伸长的山脊一直伸向塞瑞克库尔山谷,形成了黑色朦胧的岩石扶壁的延长物,就像辐条或肋骨,把冰川一个一个地分开。

有些随着旅行队在前头行进的人在我们到达时已扎下了营,选择了一块水草丰美的草地,为牦牛提供了丰盛的牧草。

那天晚上雪下得很大,第二天早晨,山上都披上了薄薄的一层雪。柯尔克孜族人说,山里的冬天已经来临,天气会变得越来越冷。

7月30日,冬日的严寒完全降临,大雪下了一整天,一刻也没有停止。有时，整个景色都被浓厚的鹅毛大雪所遮蔽，使得大片的山体或山谷被深深埋在它们之下，看不见。天又黑又冷，刮起阵阵大风。荒凉的大山在雅姆布拉克巴什接纳了我们，就像此前在4月份它接纳我们时一样。那天是没有指望做什么远足勘察了，因为在暴风雪中，我们不可能看到在我们前面的众多足迹。

　　我的冬装是羊皮大衣、软毛帽子、马甲和俄罗斯毡靴，还没有开封。为了不为随身用品所累，我这次只带了一顶小帐篷，我在里面坐了一整天，一直写写画画，时不时喝上一杯热茶暖暖身体。队员们穿着羊皮大衣拥挤在一起，蜷缩着蹲坐在片麻岩石块的遮蔽处，听着莫拉赫·伊斯拉姆朗读一本旧书上的故事。由于暴风雪更加猛烈，我让他们进到我的帐篷里来，让他们继续朗读。到了晚上，暴风雪停了，但灰色浓密的云团掠过深深的山谷，留下它们伸得长长的流苏和帷幔。飞扬的碎块时而从它们中间分离出来，白色的雪糁散布在岩石上。

　　晚上，我拜访了来自雅姆布拉克帐篷村的长老。另外有6个柯尔克孜族人前来向我们表示欢迎，并带来了一只羊作为礼物，我用茶和馕招待他们，照例，给了他们与羊等值的东西。

● 搭建中的柯尔克孜帐篷

　　天气终于晴朗,所有的山脉都重现耀眼的白色外表,我们彻底被冬景所包围。但白色的披盖一个也没有到达塞瑞克库尔山谷底部,因为每年的此时在低海拔处雪会转变成雨。

　　7月31日,天气很好,我们能够出发登上雅姆布拉克冰川。它的外表完全是白色的,被柔软、潮湿而又有黏性的雪覆盖。小冰川河流水温在31.5°F(−0.3℃),欢快地从冰上潺潺流过。我们沿东南南线路穿过崎岖的冰层,朝右手边的次冰碛前进,冰层厚3~7英尺,沿着月牙形的支流朝冰川中部延伸过去。这里还有几个小冰川台地或冰川柱,14英寸高;还有一个6英尺宽、32英尺深的冰隙,它的裂口应该再往前走一会儿才会合上,如果不是这个冰隙的边缘一直悬着的话,我们就能够跨过它了。冰的侧面是纯正的蓝色,雪堆位于底部,冰川大部分被薄薄的一层柔软的半融雪覆盖。其原因部分是由于新的降雪,部分是由于消融的破坏作用。美丽透明的蓝冰只能在裂缝中看到,在沟渠中,小冰川河流流过冰川表面,这些河流带着欢快的潺潺流水声,晶莹剔透的流水

　　● 向东望去的雅姆布拉克冰川的冰川河流　　　　**201**

都不大，通常是因为它们很快就会被一些裂开的冰隙所吞没。

我们在冰川上前进了440多码，大约是穿过全部冰川路程的三分之一之后，道路开始变得十分难行，迷宫般的冰丘、冰锥、冰隙和河流，这些持续不断地延展在深沟中，沉没在无规律的冰与被雪桥隐藏的部分之间。

从这点朝山脉岩石部分向上望去，它坐落于它的垂直扶壁之间。也就是说，朝东，我们看见冰川的走向在当时是三个不同的方向，即向东、向南和向西。或换句话说，向前方和向两侧，一离开山脉上游，它就流过一个相当陡的瀑布，接着穿过破碎的地面。因此，它的下游部分极其破碎，被横向的冰隙裂开，右边冰碛的支脉是由片麻岩和无数各种片岩组成，远达我们正站立的地点，也是在那里，我们又发现了一些冰川台地。在一个冰柱上的一个台地差不多有4英尺高，完全偏向西南。像往常一样，太阳以最大的能力在逐渐削减它的基础，还是在那里，形成了一条非常狭窄的出水口，一条冰川河流正流水，我们听到在底部50英尺或更深处轻柔的潺潺流水声。

我们一返回冰碛，就把牦牛留下拴在大石头旁。此地边缘的冰碛脱落，就像冰川的边缘被剥去了皮，它的侧面升高到40英尺高度，角度为64°，下面光滑如镜的表面流淌着许多极小的小溪，是雅姆布拉克巴什的河源。在冰川边缘的两个小冰碛水坑中，水是灰绿色的，水温为31.2°F（−0.4℃）。

我们的考察证明，冰川在外表上与4月份时有很大的不同。裂隙部分被落在其中的岩石所填塞，没有那么深了。它们的边缘也没有那么锋利了，而大体上，其表面更松软更圆润。简单地说，一切现象都趋于证明冰川是处在大的活动状态，其所有消融的动因在起作用，向下拉平它的外部形状并填塞它的低洼处。

后来我们跟着右边的次冰碛到冰川岬，但还没有到达，一阵猛烈的大风就从南面刮过来了，夹杂着冰雹，打在脸上刺痛刺痛的，迫使我们寻找伸出的岩石在其下躲避。像往常一样，冰雹过后，紧跟着就是倾盆大雨。我们只等候了一个小时，之后就继续完成我们的任务。

就在冰川岬的前面，我们停止了前进。这里尖塔形冰、长垄形（脊形）冰和巨大的碎冰块混杂一堆，都是饱经风吹日晒的，外表类似4个

● 从东向雅姆布拉克冰川望去

● 向西望去的雅姆布拉克冰川一景　　**203**

冰山,两个大的在中间,两个小的一边一个,相互之间均被冰隙隔开。它们好像是故意面朝西南竖立着,太阳正晒着它们,并破坏着它们。右侧的一条小溪流过一个仅24英寸高的冰川入口,在远处看起来就像在岩床或地面冰碛和冰之间的一处狭窄的裂缝。溪水呈灰色且混浊,沿着冰和冰碛中间泛着泡沫汩汩地流动,被磨掉的碎岩石材料一直保持悬浮在水中。这里也有许多小河和小溪流,它们在各自的河道里汇流入冰川河,并跌入十分清澈的小瀑布中,小瀑布还没有人的手臂宽。它们以名副其实的喷泉和瀑布从冰川墙的顶上喷出,细细的水花喷出来,五颜六色,有着彩虹所有的色彩。其中一个小终极冰碛似乎表明,自从4月份我们上次考察以来,它已有了进展。

晚上,山坡被猛烈的雹暴所冲击,冰雹持续猛降在帐篷顶上,迫使我们关上了出烟孔,熄掉炉火。冰雹直径约有0.25英寸,随之而来的是雪,又大又稠密的雪片降落在山坡上,冰碛很快又披上了寒冷的披风。约尔达西正在帐篷门口站岗,在冷空气中冻得凄厉嚎叫。恶劣的天气持续了第二天一整天。8月1日,大部分时间都在下雨,使得雪很快消融了。这一天就这样浪费过去了,什么也没干成,除了坚固帐篷和绘制完我上次未完成的草图。

8月2日,我们专用于考察喀姆波齐士拉克冰川。这些更小的冰川结束在一个相当的高度,积聚在它自身前面的是一个巨大的终极冰碛,高750~1000英尺,这颇有点儿巨大砾石墩的外观,材料是由冰碛经摩擦逐渐跌落或滑下来落至陡峭的山坡所致。冰碛墩倾斜的角度为35.5°。

现在是要继续登上喀姆波齐士拉克大冰川顶的问题。我们骑着牦牛一直沿着冰川左侧走在冰碛上,坡度十分陡峭,这使我们被迫把牦牛留下,步行前进,直到到达坚固的山上——坚硬的结晶片岩——在岩石扶壁的左侧。整个天空阴云密布,但一般雹暴不会使大地变白,因为冰雹在不断地滚动,跳来跳去,跳入数不清的冰碛裂隙中。当一阵冰雹过后,被淋湿的石头很快就在干燥的空气中变干了。

冰山向下一直延伸到它的底部,其形状为平坦的长条形、狭窄的匙形,上上下下轮流交替(整个山体上上下下),四面八方都被冰碛脊所围绕。它的整个表面是平的,随着逐渐延伸,起伏变得平缓,看不见横向冰隙,但另一方面,有两三个非常长而狭窄的裂隙一直纵长地伸向岬的中部,整个左侧的冰都被紧靠边缘的小裂隙切割得参差不齐。当我们从岩石上再次下来到冰上时,对于侧向的冰碛是怎样形成的,我立刻就变得十分清楚了。只要我多走哪怕一步,我就会从松散的岩屑(冰块)上滑落,就像塌方一样继续跌落下去一直到侧向冰碛上。

我们一度越过边缘的裂缝,感觉在冰上行走是一件很容易的事。冰被厚厚的一层雪所覆盖,但这里有时把纵向的裂隙隐藏起来,我们不得不用我们的铁头登山杖试探。一块约有140立方英尺大小的片麻岩石块因为重量而穿过冰坠落下来,而不是形成一个冰川台地。我们行走了大约660码之后,穿过了冰川(它的整个宽度约为0.75英里),再向前,道路被一个深深的冰隙向四面八方切断。冰隙12英尺宽,45英尺深,它的两侧是深蓝色,并悬挂着长长的冰柱。

8月3日,我们开始了一次新的旅程,即再次回到雅姆布拉克冰川,插入测杆,通过测杆,在过了一定的时间之后,我们就能知道冰的移动速度是多少了。而找到一条作为测杆这么长的棍子实在不是一件容易的事,因为整个塞瑞克库尔山谷看不见一棵树或灌木,除了喀音德赫麻扎(Kayindeh-masar)旁有6棵还没有长大的白桦。当然,那是不能碰的,因为它们正生长在供神的地方。玉希姆巴依成功地发现一捆木杆,或是用来支撑帐篷圆形顶篷的支柱。

有了这些装备,我们成功地穿过冰原差不多580码,插入了9根杆子,有几根插在小冰碛脊上,其余的就插在冰上,它们的位置标志在按1:4480的比例绘制的地图上。把它们按一条直线穿过冰川插入那将是更好的,但这不能实施,因为整个左边这部分是绝对进不去的,此外,与右边相比较下,它上面还凸起了一个小丘。这是因为冰川左半边完全被它南面的山顶所遮蔽,与此同时它的整个小径封闭在岩壁中,没有一丝阳光,因此,到达冰川的这个地方要一直等到阳光从山背出现之后。另一方面,甚至在峡谷中时,右半边直接暴露在阳光下,因此融化得比左边快很多。这个事实从冰川的形状上可以清楚地看出,由于右半边比左半边低约130英尺,它出现之后,冰川岬比以前的宽度扩大了2~3倍,相应地变得更薄,使得在更大的表面上发生融化过程,岬很快就缩得相当狭窄。

下午4点钟，不可避免的雹暴袭来。首先，在我们下方深深的山谷中，可见淡淡的云就像烟雾一样，在北风刮来之前匆匆而过。然后，它们迅速升上山腰，在我们查明所处的地点之前，把我们包围在那讨厌的烟雾之中。天又暗又冷，冰雹打在冰上发出咯噔的声音。我们什么工作也干不了，只有坐在高高的冰塔下面的遮蔽处等待。当我们回到帐篷中时，已过了很长时间，我们非常疲乏，人都快冻成冰了。

　　又是新的一天，我们指望有好天气的愿望落空了。我们仍在喀姆波齐士拉克冰川的右侧进行考察，在这里我们经历了一次令人愉快的旅程。冰川的那一侧伸出一个巨大的"脊柱"，几乎碰到了塞瑞米克冰山侧向冰碛的左侧。它是由一层冰组成，几乎有100英尺厚，表面几乎被垂直折断，整体显得纯洁无瑕，非常壮观。在冰川前壁上没有真正的冰碛，只是偶尔有片麻岩和云母片岩石块，最大的石块是850立方英尺。这个残留的终极冰碛是由非常少的碎岩石提供的，我们已在冰川表面上见到过散布其上的碎岩石。

　　在冰川壁的底部有一个大洞穴，12英尺高，差不多12英尺深，很明显是由地面相对温暖造成的。从冰缘有4条冰川小河和几条小溪流落下，呈现出漂亮的小瀑布，最大的一个落差是60英尺，把冰缘融蚀掉，从而冰缘并不是从顶部顺畅而下。另一条河切入冰中将近20英尺，碎冰块堆积在它的顶部。小河流就像一个喷泉从水平的冰壁中的一个洞里流出来。这是一个美丽的景观，站在大瀑布底下，注视着它射入空中，就好像是从一所房子的檐槽喷出，分离出成千上万的水滴，在太阳下像珍珠一样闪闪发光。到处都是冰，像海绵一样软，以使我们能够用它来做出"雪球"。水正在滴，滴向各个方向，不管我们转向哪一条路都能听到冒气泡和流水的声音。冰受气温不稳定地带的影响，不断地融化。冰山表面的下面是已分离的大块冰，许多是相对融蚀的冰，断裂开并迅速融化。当刚刚提到的洞穴被掏得足够空时，压在上面的大块冰太重，后者将会轰然坍塌下来，对冰山的加速融化起到一定作用。

　　我们一直紧靠着冰的旁边行走，当时我们围着冰川表面骑牦牛而行，继续登上它的右侧。在冰川脚下有一个地点，一个小瀑布喧闹地叮叮咚咚地将水溅入到它自己冲出来的水坑中，喀姆波齐士拉克与它附近的塞瑞米克冰川的侧向冰碛如此接近，使得我们几乎不能穿过那狭窄的通道。

冰川表面斜角在25.5°，因此，与阿尔卑斯山冰川相比是非常陡的。阿尔卑斯山冰川在它们的下游冰川倾角不到1°。塞瑞米克和喀姆波齐士拉克这两个相邻的冰川相互靠近几乎成直角，在它们之间把它们共同的粒雪盆地隔开的岩石脊附近，有一条小河流出并援助填补那片布满砾石堆和草块的空地。但后者仅仅是山中的野山羊所需的。

我们发现，就像雅姆布拉克冰川一样，喀姆波齐士拉克冰川左半边比右半边高出很多，而且被巨大的冰碛所塞满，而右侧几乎什么也没有。这种现象清楚地表明，冰河正倾向于岩壁左边，在这里，它紧紧地贴在山脚下，使得它的冰碛材料由附近而来。在左侧，冰位于冰碛之下，而在右侧，冰碛则位于冰之下。

第二十七章

再次试图登上慕士塔格峰

　　整个考察期间,我一直都在密切关注着慕士塔格峰,观察着找到一个合适的机会登山,但天气总是十分恶劣,使我们一时不可能登上山去。

　　一次天气是雪夹雹,另一次是寒冷的北风,夺走了登上更高地区的全部希望。那里,旋风卷着细细的雪粒,使之就像尘埃一样飘浮在浓厚的云雾中。还有一次天气晴朗,阳光明媚,诱惑着我们动身出发,但突然间恶劣的天气到来,打乱了我们一整天的所有计划。有两三次,我们实际上已把牦牛准备好,每一头牦牛所需驮载的物品也分配好,即将出发,但一场暴风雪耽搁了我们。为了不浪费这一整天,我们放弃了慕士塔格峰,去冰川做了一些更短途的考察。

　　到8月5日,我们吃尽了苦头,决定做好第二天出征的准备。帐篷里一片肃静,我有着一种不祥的预感,我们很快就要在天国与尘世之间徘徊。近来工作非常勤奋的牦牛被解放,跟随它们的主人回家去了,而莫拉赫·伊斯拉姆设法找到新的健康状况极佳的牦牛来代替它们。晚上,鞍子、登山杖、绳索、粮食和各种仪器被收拢到一起打包。天已放晴,但黄昏时刻,照例是雹暴降临,并伴有大风。山上,一片雪原和白色的冰原刚才还在非常晴朗的晚空下闪闪发光,现在再次被浓厚的云雾所遮蔽。傍晚,风神旋转着围着它们中最高的君王狂飞乱舞。

8月6日,留下斯拉木巴依照看营地,早晨6点30分,我出发了。同行的有玉希姆巴依、莫拉赫·伊斯拉姆和其他3个柯尔克孜族人,还有7头健硕的牦牛。

这一天晴空万里,阳光明媚。天空如此之晴朗,甚至从山脚下都能辨认出山上最细微的细节。山顶似乎相当近,虽然斜坡假装把最高部分隐藏起来,空中没有一丝风在扰动,没有一片云破坏到天空的纯净晴朗。最初,我们慢悠悠地骑着牦牛沐浴在阳光中,逐渐登上雅姆布拉克巴什的正在上升的陡坡,接着在岩石的遮阴处登上悬崖,直到太阳升起老高,完全晒在脸上。

我们取得了很好的进展,到7点10分,已到达14760英尺的高度。陡峭的山坡上满是与更高的山上坚硬的岩石相同种类的砾石材料,砾石紧紧地填塞着,以致没有植物能够钻进它的根部。两头牦牛已经"罢工"了,因此它们耽搁了我们大量时间。我们把它们留了下来。柯尔克孜族人宁愿走路,他们轮流引导着我骑着硕大的牦牛爬上了陡峭的碎石路,明显没费什么大劲儿。到8点钟,我们到达莫特布兰克的高度。不太远处约16250英尺高,我们到达了雪线。最初,雪是一小块一小块的,碎石位于它们之间,接着就连成了一片,到处都有岩块伸出来。雪是坚实的,且是粗颗粒状的,但没有硬外壳。在我们又攀登了600~700英尺之后,雪结成了块,有一层薄薄的壳,被压得非常紧密,人的软底皮革靴踩过去竟留不下脚印,但木制鞋踩上去可以留下脚印。雪在牦牛尖尖的蹄子的踩踏下发出嘎吱嘎吱的响声,但牲畜们从未曾绊倒过。我们爬得越高,雪就越深,尽管它从未形成名副其实的雪堆。它的深度从0.25英寸增加到4~5英寸。我们到达的最高点,雪深在14英寸之内。持续不断的风、过分的蒸发和使雪暴露在风的作用下的下垫面像圆顶的形状,都使雪难于堆积成雪堆。成千上万个雪晶体的刻面在阳光下闪烁着,令人眼花缭乱,尽管我戴着双层雪地护目镜,仍有轻微雪盲,而没有戴眼镜的人则抱怨说,一切物体似乎都在动,有时景色看起来好像十分黑暗。

我们越来越频繁地停下来休息,我利用这个时间绘制草图,用指南针确定方位。我们沿着冰川右边的岩壁边缘前进，因此可以看到它整个表面的壮观景色在我们下面熠熠生辉。在峡谷上方，岩壁逐渐变低，因而冰川表面上升更高，在那它们相互有些岔开，直到最后合并到连接两个最高的山顶的圆形山脊上。远处有一个槽形低洼地的壮丽景观。

在冰川中部，纵向裂缝居多，最大的冰隙刚刚伸展到岩壁之间，向着冰川岬末端延伸下去。特别是在三个地方，冰滑过一个天然洼地，它们被横向裂隙横切，带有冰立方体和冰柱的方格网就是其结果。有一处，裂隙看起来是从一个共同的中心向四周成辐射状伸展出去的，它们在中间是宽而豁开的，但朝着它们的末端渐渐变窄。冰川大约0.58英里宽，它的宽度各处基本上相等。它看起来比它实际上要陡得多，但这是眼睛形成的错觉。山顶高高地在我们之上，而冰川岬却绵延不休地在我们之下，没有受到阻碍，变得稀薄的高山空气在这两点之间的距离显得十分短。在屹立在冰川表面的1300英尺高的垂直岩石上，看不到刮擦的痕迹或冰川的擦痕，但这种反证没有多大价值。如果在任何时候这种迹象都存在的话，它们将会是在很久以前由于岩石经受风吹雨打已把痕迹都侵蚀掉了。在这些部分中不停地持续进行的作用，主要

● 从西望去的慕士塔格峰

是因温度的巨大的突然变化引起的。我们当时登上山的这个地方因而有一个高低不平、参差不齐的边缘，是由一系列完整的岩石凸起部分和起伏波动组成，和冰川什么关系也没有，它们只是风吹日晒的结果。

山坡向苏巴士平原倾斜的角度为22°，在稀薄的空气中，斜坡很容易被感觉出来。雪越来越纯净，越来越耀眼，听得见冰壳噼噼啪啪地在响。我们缓慢前行，岩石凸起物一个接一个。我们沿着山脉中的凹处或在它们之间的深处的边缘，忠实地走在岩石的外缘上。而我们登上更高处，相类似的远景一个接一个出现。在16700英尺高度上，莫拉赫·伊斯拉姆和两个柯尔克孜族人把他们的牦牛留在雪中，认为走路会更好。然而，他们还没爬600英尺高就筋疲力尽地倒在地上，头痛，很快就沉睡在雪堆中。

我和两个留下的柯尔克孜族人以及两头牦牛继续前进，我的牦牛总是由另一头牦牛带领着前行。两个柯尔克孜族人轮流骑另一头牦牛，他们也抱怨头痛欲裂，快要停止呼吸了。我没有这两种症状的强烈反应，虽然我有点头痛，越向高处攀登，头痛越加剧，但我只是从牦牛上下来做观测时喘不过气来。再骑上牦牛的轻微的费劲，使我的心脏剧烈地跳动，我几乎要窒息了。另一方面，牦牛的行进现在更加费力，但一点儿也没影响到我。我曾在波西亚（Persia）的达马万德更低的高度上有过更痛苦的经历，但那次我是步行的，诀窍在于尽可能地避免消耗

● 牦牛在慕士塔格峰的陡坡上休息　　　　　**211**

体力。例如,你骑牦牛登上相当高的高处,就不大会经受那些不舒适。在这次登高中,所有的柯尔克孜族人都病了,甚至有两个人叫嚷他们"快要死了",而我却正相反,一直都保持着相当充沛的精力。但柯尔克孜族人不顾我的劝告,坚持留下牦牛,挣扎着穿过雪地,在稀薄空气中爬上陡峭的斜坡,他们耗尽了力气。

同时,一股狂劲的风从西南方向刮来,吹起面粉一样细的雪,没有硬壳,旋转着,天空被浓厚的云层遮蔽起来。由于现在大家都精疲力竭,我们决定停止前进,做一些观测。拿出馕和茶叶,烧开水煮茶,但我们只是看着食物,窒息的感觉一阵阵袭来,没有一个人想去碰它。我们唯一的感觉就是口渴,渴望地望着雪,而牦牛则大口大口吞着雪。

从这个地点(20660英尺)呈现的景观是想象不到的雄伟壮观,我们可以看到右边穿过塞瑞克库尔山脉远到坦斯阿拉依和摩哥哈布那别具一格的雪山。在塞瑞克库尔山更近的地区中,只有几个顶点似乎超过16500英尺高,而在慕士塔格峰延长部分的慕士塔格山脉,北面有两个山峰远达不到"冰山之父"本身的高度。整个塞瑞克库尔山谷就像一幅地图在我们脚下展开,从乌拉格罗巴特到布伦库勒清晰可见,除了阿波巴斯克库勒被插进岩石隐藏。每座湖都在冰碛一片灰色的景象中闪着蓝绿色的光,但从我们这个位置看上去,它们就像一个个小水池。雅姆布拉克冰川的冰指向下面的山谷,我们能够辨别出以前的终极冰碛同一中心的半圆体,尽管终极冰碛很久以前就消亡了。它们的基床在山脉伸展的支脉之间,要观望到美丽的景观,冰川河流的任何地方都找不到比我们现在站着的地点视野更加开阔的位置了。

雅姆布拉克与丘姆柯喀什喀(Chum-kar-kashka)冰川的大河与山谷的最端头平行,山谷的冲积层像钢灰色一样。

我们上方仍有4个岩石扶壁,在它们后面,山顶北部现在显得相当近,它和最远能看到的山脉之间,是一片平坦的远景。

我们现在举行了一次制定行动计划的会议,这天正逐渐接近尾声,天气已开始在风中变冷(在下午4点钟是33.3°F或0.7℃)。此外,柯尔克孜族人已精疲力竭,不可能走得更远,牦牛不停地喘着粗气,将它们的舌头伸出来。我们已到达圆盖形高地的脚下,此地逐渐并入平坦的峰顶,在它的山坡上,雪堆积得越来越厚,一层一层越来越紧密。雪中有裂隙和位移,暗示着有雪崩的趋势。柯尔克孜族人警告我不要企图登上这个陡峭的雪坡,他们认为雪稍一动就要崩落下来。牦牛由于自身的体重,可能会轻易地引起雪崩。在这种情况下,虽然条件十分恶劣,我们还是要比预期更快地赶到山脚下。此外,他们告诉我,从山谷下游,有时可以看见雪崩正是落在这个雪坡上的。当时,雪高高地飞扬在巨大的云雾之中,卷缠在一起滑行到悬崖之上,把它们笼罩在朦胧的雪糁之中。当雪终于到达山谷时,已有一部分变成了冰。

在我们当时到达的这个高度上,雪主要下在岩石和砾石地基上,地基常常暴露在被牦牛踩出来的足迹中。雪只待在紧沿着岩石边缘的冰上,岩石边上挂着长长的垂直向下的冰柱,冰柱尖指向冰川表面。另一方面,在对面的山顶上或南面的山壁上,有一层厚厚的纯蓝色的冰,好似为它量体裁衣一般地披上了如同邮递员身上的外套一样柔软的大衣。

虽然事与愿违,我现在决定返回。我们迅速踩着我们自己的脚印下山,很快就到达了更加温暖的地方。收容了几个队员和牦牛,他们仍待在我们把他们留下来的地方。晚上7点到达了营地,我们发现拜访者正等着我们,并带来了礼物——粮食。

除了观望形势,除了已做的观测,这次考察使我确信,只用一天的时间几乎不可能从北面爬到慕士塔格峰顶。因此,最好在将来有机会安排两天时间,第一晚宿营在一个相当高的地方,第二天继续用余下的健康的牦牛并只带少量轻便的设备突击冲上峰顶。一等到好机会出现,柯尔克孜族人和斯拉木巴依就会非常强烈地希望做另一次的尝试。

再向东仍有三座大冰川要考察,因此,我们8月8日拔营,搬到了特罕布拉克(Terghen-bulak)。我和莫拉赫·伊斯拉姆围着山西脚迂回,我想去看看雅姆布拉克冰川河接受它的补给者的地点。我们穿过河流的地方,宽33.75英尺,深13.75英寸(最大),流速是每秒7.25英尺,温度为42.3°F(5.7℃)。它的两侧是片麻岩和结晶状的片岩的巨大冰碛,碎块从5000立方英尺大到小碎块不等,与冰川泥土材料结合在一起。虽然没有任何层理的迹象,但沿着河道,土壤被从大石块中间冲掉,致使泥土阻塞河床,引起瀑布和奔流。因此,骑着牦牛穿过河流不是件容易的事。由于水是如此混浊,牦牛不可能看到它们的蹄子踩在了哪里。我

213

常常觉得我的牲畜不见了踪影，尤其是我骑着它穿过的两块不稳定的大石块之间，是一片泛着泡沫并起着漩涡的水域。壮丽的景观向东延伸，在那里，白色的冰川岬牢牢地镶嵌在高山脚下它那巨大的冰碛之间。

　　我们骑牦牛离开冰川岬，沿着左边的冰碛向上攀登，来到冰从它的被岩石包围的发源地流出的地方。边缘的冰碛整个是由巨大的片麻岩石块组成，大部分测下来每一个约3500立方英尺，而且岩石本身是坚硬发暗的结晶状片岩，朝西北北方向倾斜，倾角为21°。当时，冰碛从更高的区域接收到它的材料，从其他情况来看很明显，下游的岩石不可能给它提供组成物质，因为岩石和冰碛之间有一个冰川后大裂隙或裂缝，砾石铺就的斜坡阻碍冰接触到岩壁。

　　穿过这么错综复杂的片麻岩石块前进不是容易的事。对牦牛来说石块太大爬不上去，骑牦牛别想前进一步。我让莫拉赫·伊斯拉姆带着牦牛绕道走，在冰碛底部与我会合。我由忠实的约尔达西跟随，独自尽最大努力前进，时而爬过岩石，时而在岩石上保持平衡。它们互相之间被黑暗冰冷的裂隙分开，在它的深处，水在底部的石头上汩汩地流淌。一次，我设法向下滑到了一块大石头旁，非常成功，但我的脚却卡进了它与另一块岩石之间，不得不脱掉靴子才使我的脚获得自由。我发现了更好的涉水过河的另几处，是在大石块下面和中间，带着一种强烈宽慰的心情，我终于成功地使自己摆脱了危险和无望的迷宫。如果我没有指南针，也许轻易就会在那里迷路。在经历了许多惊险之后，我到达了冰碛脚下的斜坡，然后回头望去。使我感到惊愕的是，我看见约尔达西正在一块大石块上凄惨地嚎叫着，它既不能向后移动也不能向前移动，然后，它消失在大石头后面，我听到了它扑通落入水中的声音。终于，它从冰碛底下浮了出来，显得十分高兴，虽然一只脚稍微有点跛。同时，它对我使它陷入这样一个尴尬境地颇不高兴。

　　横向穿过一块倾斜的草地之后，向下有一条新的小河正在流水，我们到达了查尔土玛克（Chal-tumak）冰川岬，它有一个相当大的倾角——24.9°。它的表面铺着黑色的砾石，穿过砾石，单独竖起一个一个的白色锥形体，但冰川侧面像钢铁一样光滑。

　　到达新营地时已是黄昏，一切都已安排妥当。这里离查尔土玛克的阿西尔帐篷村不太远，这个村共有4顶帐篷。托格达拜（TogdaBai）伯克，一个看上去漂亮又精干的塔吉克族人立刻前来表示问候。他告诉我，村子里共有25名村民，有一顶帐篷由塔吉克族人居住，另三顶由乃蛮柯尔克孜族人居住。他说，他们一年到头都住在附近，只是从一个夏牧场徘徊到另一个夏牧场，每个地方待一到两个月。冬天，天气极为寒冷，天降大雪，导致很难为羊群找到牧场。连续降雪之后，巨大的雪崩频繁发生，也带下来大石头和碎石。

慈祥的老伯克给我们一只羊和一碗牦牛奶，并十分抱歉，他说，他一大把年纪，不允许他和我们一起去登山考察。他告诉我们老村长的故事，老村长登上慕士塔格峰，还看见一个白胡子老人和一峰白骆驼，但他却从一口巨大的铁锅般的顶部跌落下来，至今仍被埋在希恩德赫山谷中的一个墓中。

我们交谈了许久，主要是关于我的计划，在老人回到他那冰碛之中的孤独的家中时，已是晚上很晚了。

天气比平常更加温暖，夜晚是明亮寂静的，雪地在月光下闪烁着银白色的光。在这万籁俱寂的神秘夜晚，冰碛投出深深的阴影，它下面的山谷裂出黑色的深渊。远处伯克的羊群咩咩的叫声、流水的叮咚声，不时地传入我们的耳朵。

8月9日，我们考察了查尔土玛克冰川左侧，登上冰碛到山腰。在冰川上方，壮丽的景观尽收眼底。冰川形状十分整齐，被两条冰隙横切，一条是横向的，另一条是纵向的。这导致了在一系列的塔形冰尖中，冰川具有各自的外表。从冰碛上落下来的石头和岩石碎块落入冰隙中，看上去就像黑色条纹。

在我们站着的地方，片麻岩洞不知何时已被以前的冰层

托格达拜伯克　　　　215

磨光。这个冰层仍覆盖在慕士塔格峰侧翼的广大区域,像一件裹着巨人身体的被撕碎的披风,将山体斜坡上的突出部分和褶皱遮住,而它的边缘常常被突然切断,使我们可以看到覆盖在白雪下面美丽的蓝绿色的冰,产生出眼花缭乱的感觉。当然,它只是在山的凸面。这种冰川的构成类似于挪威的冰川,能发展壮大,因为在凹面,我们发现碗形粒雪平原和一个又深又窄的冰川床——通常为阿尔卑斯冰山的结构。

在返回的旅途中,我们一直走在冰锥形体和侧向冰碛之间。那里有一条小溪流,就像油在一个光滑通畅的金属管道中无声地向前滑动。它已将其中一个锥形体的基础下面冲刷掉许多,以致其时刻都处于倒塌的危险之中。

最后,我们拜访了托格达拜伯克,他把村里的长者都招呼到一起,并给我们提供了茶点。他的帐篷村在冰川河岸上,周围都是牧场。帐篷村里的骆驼、牦牛和马都正在牧场吃草,妇女们在忙于挤牛奶,有几个塔吉克族妇女很漂亮,看上去又快乐又温柔,只是穿着不整洁。好一幅风景如画的田园美景! 她们好像有许多事要到帐篷里来办,常常创造机会好好看一看这些陌生人。

向东的景色是我见过的最宏大的景色之一。

在我们前面,巨大的山体高高耸起,直到令人目眩的高度——如同在天上的作坊里,在那儿,永恒的白雪织出细软的网向下送到山坡,作为给太阳的礼物,风任意嬉戏着,死一般的寂静与寒冷共同分享着统治权。冰川平静而庄严地从山口中间移动着,就像国王从他的堂皇的皇家大厅中走出来。冰碛朝着它的上方像堡垒一样围绕着坚不可摧的城堡,混浊的冰川河流欢快地舞向它的石床,高兴得如同中学生要去度假,愉快地从冰的束缚中逃离,到达更温暖宜人的地方。

8月10日,我们骑牦牛上到了冰川河流附近,接着,在它的岸上扎了营。冰川河通向附近的特罕布拉克冰川的右侧,它的确从这里得到绝大部分水量,但它也从冰层接受了几条支流。河流的侵蚀力是很大的,它的河床被又圆又光滑的石头所填塞,1点钟时,它的水流量是每秒210立方英尺。

右边侧向冰碛约100英尺高,把冰川隐藏起来,只有几个孤立的锥形体将近50英尺高。牦牛谨慎地辛勤劳作,带着它们那一贯迟钝淡漠的表情爬上冰碛和一个巨大的砾石坡之间的深深的溪谷,砾石坡聚积在北边的垂直岩壁脚下,上面盖着厚厚的冰层。它的边缘一部分伸出来,一部分被折断,从边缘处,冰柱悬挂下去,它们滴水的末端达到了30多英尺远。从锋利的岩石边缘,就在冰的底下,冰川水向前喷射出无数的小瀑布,大大小小,晶莹剔透地射流,落到很深的地方,在到达底部之前被散成像珍珠一样的颗粒或粉末状,变成五颜六色的雾霭。更加剧烈的大风将水花砸溅到岩石上,然后水向下滴去,终于找到溪流的河道,砾石坡上上下下有无数条极微小的小河和小溪流。

特罕布拉克是由三个侧面补给的三重冰川,中间的冰河比其他两个要大得多,占据着相当大的面积,较小的一个从右边并入,河床深入到高山深处,以使主要冰川表面比支流表面高得多。两个冰川之间隆起一个巨大的山肩,而且就在两条冰河之间,岩石山肩最外部的下游有一个三角形的洼地,也就是说,形成了一个漩涡或回水,就如所见过的河里的桥墩的底部一样。左边有一条宽阔清澈的支流,河水源自于冰层,但它被较大的主冰川体压制到如此程度,以至于被挤成像是较大冰川和岩石山支脉之间一个窄窄的楔子。

冰噼啪地响着并裂开,石头和砾石发出咯噔声掉入冰隙中,在它们的底部有冰川台地。在各个方向都能听到涓涓细流滴水的声音,冰面是柔软易碎的,事实上,一切事物都趋向于表明,这个冰川也是处在大活动状态。

当我们下山返回时,看见两匹大灰狼从冰碛中间逃跑,在那个地区,动物非常常见。常听说有小牦牛被吃掉,使得托格达拜伯克十分小心地带着一群凶猛的狗守护着他的羊群。

当天晚上,伯克为两天登上慕士塔格峰临时准备了一个凑合可用的小帐篷和其他必需品,我们想在第二天,8月11日,再努力尝试一次。

第
二
十
八
章

第三次试图登上慕士塔格峰

第二天,我们早早起床,准备对这个巨物发动"进攻"。夜间寒冷的空气猛然扫过高山,最低气温显示在23.4℉(−4.8℃)。沿着河岸,在河床石头之间,有片片的冰,水拍打着冰汩汩地流淌。但整个河已缩小成微不足道的小溪,比往常更加混浊,大概是因为清亮的冰川水已在更高的地方结了冰。天气特别有利于登山,看不见一丝云,微风很快减弱停止。我们打算爬到2万英尺高度,在那里过夜,第二天继续尽最大可能地向高处攀登。因此,我们随身带了一顶小帐篷,准备了四大捆骆驼刺作燃料,并带有铁头登山杖、绳索、冰斧、皮外套和粮食——一切都由9头健壮的牦牛驮着。

当我们准备好开始从容登山时,有6个伊斯兰教徒在喊着什么。我打算尽可能节省我的力气,为此,当真正爬山时我们只带了一套轻便的设备,只有3个人。我的牦牛被当作驮畜对待,一个柯尔克孜族人或骑行或步行,一直都在牵着它的鼻绳引路,而另一个则在后面用棍棒驱赶着它。因此无论什么时候,这头牲畜都认为我的计划太过野心勃勃,它停下来思考,想知道这不断地攀爬究竟是准备干什么。通过这样的安排,我甚至不必用棍棒驱赶牦牛,它本身的差使就已经使它筋疲力尽了。我可以双手插进口袋十分安静地坐着,只是不时地掏出空盒气压表看看。这些仪器的指针在这几天中就没休息过,我们一直徒劳地试图用它们来按比例测量"冰山之父"的海拔等数据。

这支小小的旅行队慢慢地奋力前行在蜿蜒曲折的山坡上,路尽头是查尔土玛克冰山左侧一个长长的水平山脊。牦牛哼哼着喘着气,它们蓝色的舌头从嘴里伸出来滴着口水。

山脊与我们8月9日到达的是同样的砾石覆盖的主要山脉,也与当时第一次停下来休息的地点相同。此处正南,冰盖随着陡峭的岩壁伸出来一个凸起物,在它的底部,落下来的碎冰片融化在一起形成了一层冰。中午1点钟,我们已到达海拔1.7万英尺的高度。这里雪稀疏地一块一块分布在裂缝中,它们只在较大的洼地中。在峡谷边缘的裂缝中,堆起了大量的雪。雪是柔软有黏性的,在阳光下融化了,因而地面是湿的。冰盖下面光秃秃的山脊逐渐变小,最终消失了。后者不是突然折断的,它的边缘十分薄,我们可以毫无困难地在它上面行走。它上面覆盖着薄薄一层雪,牦牛偶然会因此滑一下,但我们很快就攀爬到雪更深的地方,当时牦牛走得十分稳固,就像它们从前走过砾石和碎石路一样。

突然,我们听到从查尔土玛克冰川另一侧的岩壁右边传来一阵震耳欲聋的爆裂声和轰隆声,这是从冰盖上滑落的雪崩。蓝色的大冰块从边缘猛冲下来,撞在一起,碎裂成白色的细粉。它们先是撞击在突出的岩石上,接着跌落下来,像面粉铺在主冰川表面。响声就像回荡在耳边的雷声,第一轮回声在平息之前,来回多次地在岩壁之间横冲直撞,继而又是一片寂静。但一层薄薄的粉末状的冰针却长久地悬浮在冰川前面,同时,我们有一个极好的机会观察冰川是如何生成的。沉重而巨大的冰盖一直在岩石边缘滑啊滑啊,它不断地断裂,跌入冰裂隙和冰盖中。巨大的冰块猛然下落,到达主冰川时变成面粉一样细的粉末,不过又消散于它的表面,并且逐步产生出一个新生的寄生冰川。

从同样相当高的高度上明显看出,查尔土玛克冰川是如何从冰盖上每一面的裂痕那里得到供给的。

小块小块的晶体岩屑位于雪下的地方,雪融化时间更长。但大约中午,阳光照射下的温度增加到112.8℉(44.9℃),阳光明媚,万里无

219

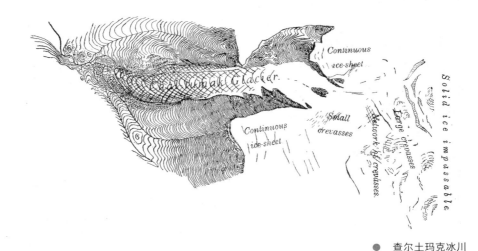

● 查尔土玛克冰川

云,砾石上落着一层雪,有3~6英寸厚,可以防止牦牛滑倒,虽然倾角几乎是24°。

在这里我们发现4只野山羊的行踪,这些动物向两块隆起的冰峰的方向逃上了山。在另一处,我们在雪地中发现了野山羊的骨架。

光溜溜的冰盖尽其所能地闪烁着它那耀眼的洁白,冰盖在我们前面向上展开,当然我们十分清楚,它将承载得住我们。这未知地带,以前几乎没有人类踏足过,我们仿佛正冒险走在薄冰上,此地冰景的背后或许有着威胁我们生命的险情。

我们很快就发现自己处在迷宫般的相交的冰裂隙之中,然而,裂隙通常还不足1英尺宽,我们被迫沿着"之"字形道路前进。为了躲避裂隙,因为裂隙一般是向两个方向变宽的,有时我们在雪桥上通过,在另几处,牦牛走过它们毫无困难。柯尔克孜族人认为,为安全起见,我们最好跟着野山羊的踪迹走,我们采纳了这个建议。有时印下它们足迹的雪桥虽吃得住,但牦牛常常不能走过去,因为雪虽然支撑得住身体轻盈而敏捷的野山羊,却不足以牢固到能经得起肉厚身沉的牦牛。

再向前行,我们花了整整一个小时才走完一部分冰碛。冰碛被横向冰裂隙切割得极为细碎,因而我们几次摔跤都摔得很厉害。照例,还要感谢为我们鞠躬尽瘁的牦牛们。当牦牛将它的前腿走过靠不住的雪而跌进一个隐藏的冰裂隙时,它会小心翼翼地把它的口鼻撑在另一面上,再次爬上来。

冰被一层8英寸厚的雪覆盖着,但雪层很快就增加到15~20英寸厚,牦牛拖着蹄子费劲地前行,艰难地通过妨碍行动的雪堆。另一方面,冰隙不是很多,因此很长时间"走"得都更好。在我们上方的冰盖似乎是均匀的圆形,但我们希望能在那些高耸的、有蓝色反光的边缘和雪壳表面的冰隆之间找到一段路。

有几个地方冰盖向上凸起成为凸台和小山,我们一个接一个地走过。我们刚刚走到其中一个隆起物相当平坦的顶部,莫拉赫·伊斯拉姆的牦牛正由它的主人在队伍的前头牵引着,突然,除了它的后腿和犄角还有骆驼刺柴捆这些仍然留在雪的上方可以看见,其余什么都看不见了。这头牲畜掉进了大约一码宽的完全被雪覆盖住的冰隙中,被悬在冰中裂着大口的深渊上。在那里,它呼噜呼噜喘着气,就像一个行将死亡的动物一般。但它一动不动,表明它完全意识到危险就在眼前,若它尝试挪动哪怕一小下,它将会猛然掉入冰隙,而冰隙随着它的下降越来越狭窄。

因此,长时间的耽搁随之而来。柯尔克孜族人把绳索围着牦牛的身体和犄角缠绕起来,再把绳索牢牢地拴在其他牦牛身上,然后两头牦牛与人们一起尽最大力量用力拉,笨重的牲畜被成功拉扯上来。没走多远几乎相同的节目再次上演,只有牦牛及时停下来才能自救。接下来,是其中一名队员。那之后,我们认为是该停止前进的时候了,要先对四面八方的陷阱附近的冰做一番勘察。

勘察发现,我们正站着的地方的冰盖上到处都被向四面八方相互纵横交错裂开的冰隙裂成网格状,阻断了各个方向的前进道路,而更糟的是,我们发现一个冰裂隙9~12英尺宽,18英尺深,它的底部堆积着大量的雪。我们仔细窥探边缘上方,看见断层向两个方向延伸,就像一条巨大的深沟,向北,它一直远到查尔土玛克冰川的低谷,向西南方向,一直到其中一个最高的冰隆起部的脚下。要想走过它或绕过它似乎完全不可能,所以,我们停下来,召开会议,讨论行动计划。

覆盖着冰盖的雪层10英寸厚,穿过冰隙延伸过去,就像一张油布。它是唯一能够穿过更宽的裂缝或往里坍塌的断层的地方。牦牛从那里

● 向北望去的查尔土玛克冰川

越过了断层，它们身后留下了裂口，当我们初次往里看时，只有漆黑一片。但当我们的眼睛变得习惯于黑暗时，我们看见裂口被雪埋住，冰壁是最纯净的蓝色。冰川水的涓涓细流淌下，结成一排一排长长的冰柱向下悬挂在深渊上，这些冰隙最深处为22.25英尺深。

夜晚来临，我再次被迫匆匆撤退。因为要一直等到第二天，然后再找寻另一条路，否则将是无路可走。没有专用的登山装置，不能由我们自己做主，冒险从这个山腰登上慕士塔格峰显然是不可能的。在我们上方高耸着山的最高峰顶，它陡峭的山腰向下滑动着永恒不化的冰，部分涌向冰川的聚积盆地，那里斜坡是凸面的，冰盖被位于地下的起伏的地势所阻碍，它自身建立起名副其实的台地、冰壁、冰塔和巨大的坚硬冰块。从我们自身所处的位置来判断，继续前进似乎超出了人力所及。

最初两次从雅姆布拉克冰川右壁旁边登山的经验，把我们带到非常有利的地形，我们决定试试那条路，我们曾经最终放弃了的毫无希望的一条路。

我们成功到达18500英尺的高度，这相当不错，同时考察已被重要的制图成果所伴随。此行使我对更高地区的地理环境——圆柱形高山表面附着的难以解释清楚的冰以及几个冰川之间冰盖的关联，有了更加深入的了解。后者实际上是巨大的冰河，从那个高度上看，就像小小的白色带子，与巨大的冰盖相比，根本就不大。

8月12日，星期日，我们休息。我上午在静静地读《圣经》，老天根本就不打算邀请我们去远足，大气浓雾弥漫，大风刮过，山脉笼罩在一片浓厚的云雾中。我所有的队员都休假出去了，他们被托格达拜伯克邀请去参加某种节日庆典了，只有我和约尔达西留在家中，享受休闲。

岩石外面，风啸啸地怒号着，在那些遥远的冰川当中，我从未感到孤独寂寞。总的看来，在那里，一天完全就像是另一天——为什么？我说不清。当我感到伤感的时候，无论如何没有太多的时间去考虑它，我还有更多的事要做。唯一打扰我的事是夏天很快就过去了，以至于我看不到任何能够实现我的全部计划的可能。时间总是太短，早上我只要穿上衣服，第一件事就是观察气象仪。

斯拉木巴依准备早餐。我们的伙食从不变化，都是由下列几道组成：用烤肉铁扦在火上烤的羊排，米饭布丁（ash）和馕。馕有时是从柯

223

尔克孜族人那得到,有时我们自己烤,全部都是就着茶水咽下去的。我很快就变得厌烦起烤羊排,以至于我都不能看它一眼,就靠米和馕过活。我们的伙食两年半来一成不变,直到踏上前往北京的路途。偶尔我打开一听罐头食品,但这个补充太少了。很长时间,我不得不节俭着吃这些精美的食物。幸运的是,我从不厌烦米和茶,也因这简单的饮食而身体健康。总是有丰富的牦牛奶和奶油掺在茶水中,所以我们没有必要节省这些原料。我从塔什干随身带了许多烟草,主要是烟斗和卷烟,但也有一点雪茄烟。我必须承认,当我们从事冰川工作时,如果我嘴里没有烟斗的话,我会感到力不从心的。

当天气迫使我们留在室内时,我总是有许多工作要做,例如绘制地图,把绘图分段或绘制纵断面图,记日记,制订计划,等等。帐篷内是十分舒适的,以至我感到就像在家里一样。在地板中间,有一个小火炉,添加骆驼刺柴火和牦牛粪。另外,地上铺着毡制的小地毯,我的床就在门的对面,四周通常摆放着包裹,也有一些食品罐头和粮箱、枪支、鞍子、仪器等。我一天只吃两餐饭,早餐吃完后,再就是晚餐时间。当我上床时,通常我会就着行将熄灭的烛光看书,其中主要读物是我已经说过的瑞典杂志。接着我翻过身子像一根木头一样睡着,不管外面风刮得多么狂暴,不管约尔达西冲山中狼群吼叫的声音多么危急——直到斯拉木巴依早上把我唤醒。

第二十九章

慕士塔格峰的月光

我希望读者对这些不会感到厌烦,也许,对冰川的描述有点单调了。但我想对这个主题专门进行一些详尽无遗的探讨。既然它是处女地,我走的每一步都是新的,只有雅姆布拉克冰川以前被人考察过,即1889年被波格丹诺维齐❶考察过。但我决心考察完成并把它们全部绘制进地图之前,将不会离开这座山。只剩下两三段处女地,我将尽量简短地作一描述。

为考察丘姆柯喀什喀冰川,我们留出8月13日。那天我们登上了特罕布拉克冰川巨大的侧向冰碛和末端冰碛。在崎岖多石的地区,时而被砾石覆盖,时而又有些稀疏的植被,一处隆起的地面从前者冰川附近开始向下进入到塞瑞克库尔山谷,在那里,它继续进到乌拉格罗巴特隘口,这充当了一个重要的分水岭。来自丘姆柯喀什喀冰川的水流向左边到喀拉库勒小湖,而来自冰盖的溪流再向南流入加尔彻托克

---

❶　波格丹诺维奇,俄国中亚探险家,1890年率领一个分队在中国新疆与西藏做过探险考察。

(Gallchötöck)小湖,从那里起,向南到叶尔羌河。湖旁坐落着有6顶帐篷的帐篷村,隶属于塔加玛伯克。

这个冰川类似于喀姆波齐士拉克冰川,像它一样,倾向于右边。右边的侧向冰碛相对较小,左边的还算大。冰川岬又平又圆,上面没有值得一提的冰隙,仅有的似乎完全显现出来的裂隙是在侧面的那些。朝向冰裂隙,通常许多小溪流的最为清澈透明的冰川水流入到裂缝内。最大的一条溪流宽35.5英寸,深9英寸,水温在32°F(0℃),沿着冰的沟槽,水在里面无声地流着,冰被磨得光亮,透着蓝光。另外,整个冰的表面十分潮湿易碎,所有的石头已深深沉入冰下,使冰面上裂开很多个孔洞,看上去冰面上仿佛立着密密麻麻的小针头或树叶,因此我们走在上面就像走在雪上一样不容易滑倒。

继续上到冰川是十分容易的,但从左侧再下来就是一件非常困难的事。因为冰川非常膨胀,侧面陡峭险峻,形成两个高台阶向下到陆地。我们发现冰上有无数个小坑,直径1码,约8英寸深,甚至在白天时间它们也被一层薄冰壳所覆盖,使我们偶尔能洗个手脚。我们在这里也插了一些测杆,查明冰的移动速度。

8月14日,我们沿特罕布拉克冰川的左侧冰碛向上攀登,然后沿着冰川后部的冰碛继续前行,在这之后,从它的表面下了山。有两个侧向冰碛很大,但只是开始,在冰川道的下游部分,它们出现在冰面上,就像小小的黑色楔形物。然而它们逐渐变得越来越宽,终于,在冰川岬的下游端头,形成了一大堆的石头和碎石。

特罕布拉克冰川正在运动过程中,隆隆的响声和嘎吱嘎吱的声音不绝于耳,大冰块震耳欲聋地撞击着猛地抛入冰隙中。新的裂缝出现在四面八方,充满了水的溪流疾速流入冰和侧向冰碛之间。后者在冰川下游区400码宽,开始非常平坦,很容易通过,后来在它的冰面上升起了相当高的冰锥——当石头铺在一层薄薄的地层上时,冰从它们当中凸出来就像细针、剃刀鲸(即蓝鲸)和小尖塔。这是由于石头逐渐沉入冰中而形成的状态。

我们设法进入了迷宫般的冰碛脊、锥形体和冰裂中,穿过这些冰碛,继续越过冰川中部,在很快就变成黑暗的黄昏时分,多次遇到险情。旅行是如此不顺利,致使我们宁可走路,跳过冰隙和溪流。柯尔克

● 特罕布拉克冰川

孜族人驱赶着他们前面的牦牛,看到这些牲畜是那么敏捷地爬上几英尺高的冰坡很是令人愉快。在冰坡中,它们时常还未能够站稳就被迫继续前行。我们终于到达了右侧的冰碛,在那里,在冰上发现了几个小冰川湖。由于冰堆缓慢地移动,它们的下游端头总是凸面的。两个侧向冰碛向前延伸出一条合适的路,比冰川中部还要低,因为它们盖着的冰被遮住,不受阳光照射,因而融化得更慢。

在冰川岬的下游,我们不得不连续经过末期老冰碛,它们就像防御墙一样矗立在冰川岬的前面,并且被汇合起来的溪流穿过。天色现在变得十分黑暗,我不得已紧紧跟着一个柯尔克孜族人的脚印走,以便看清我正走向何处。另一个人用刺棒驱赶着牦牛,而第三个人正寻找其中一头牦牛,它在冰碛当中擅自走丢了,直到第二天才被重新找到。遭遇了许多麻烦并走了许多迂回路之后,我们才设法回到了营地,再也没有更多的险情了。

在夏天的计划中,有一条是进军帕米尔高原。由于有些贮存品快用完了,特别是茶叶和糖,我决定把这次的考察与在帕米尔要塞的"购

● 向南望去的特罕布拉克冰川

物"结合起来。

　　作为这种性质的旅行,也许将占用整整一个月。我们在秋天之前不可能回到慕士塔格峰,我希望在动身启程之前尝试做另一次的登山,正如我前面提过的,分成两天行进。

　　因此,8月15日,我们沿着熟悉的小路赶回我们的老营地,尽管晚上天刮着风,下着冰雹,我们为第二天的最后冲刺做好了一切准备。

　　两天的行进以充分的装备为依托,由6名柯尔克孜族人陪同,还包括我忠实的随从斯拉木巴依和10头牦牛。8月16日,从4月18日和8月6日试图登上它的同一个地点向慕士塔格峰攀登到达雪线之后,我们跟着旧足迹前进,这样至少可以保证不会有危险。可以十分清楚地看到,小路弯弯曲曲地沿着围住右边冰川山峡的岩石边缘蜿蜒而上。雪不深,在我们以前的足迹中大块大块的雪已融化掉了,露出下面光秃秃的砾石,再向上一些,每个脚印都被蓝绿色的冰所填满。最高处全都覆盖着像纸一样薄的少量的雪。实际上,在有些地方,小路已被部分地掩盖住,雪不是很深,能看见路。我们顺着小路走下去,因为只有这样做才能远离危险。实际上,这里从未下过长达10天的雪。

228　　我与斯拉木巴依和一个柯尔克孜族人一起,于4点钟到达了我们6

● 开始攀登慕士塔格峰

● 向东南东方向望去的雅姆布拉克冰川的右侧冰碛

日停下来的地方。其他人慢慢地跟着,玉希姆巴依骑着牦牛走在他们前头。全体人员再次一到齐,就召开会议商量,决定晚上就在这地方宿营,这里有几个小岩石岛伸出雪海。10头牦牛被拴在松动的片岩石上,柯尔克孜族人认真地清扫了在锋利的砾石下面的雪,同时也清出一块地方来支帐篷。帐篷又小又简陋,只能供三个人睡觉,但十分便捷。没有炉火或烟道孔,当支柱在顶端会合在一起时,简单地穿过一捆绳子和碎布把杆子插在适当的位置就好了。虽然我们已尽最大努力试图将地表用铁锹铲平,但帐篷仍是斜立着。因此,我们不得不用粗壮的骆驼毛绳把它固定在两块大石头上。

晚上,突然吹来一丝轻风,刮了一小时,扬起团团细雪穿过帐篷的众多缝隙。所幸柯尔克孜族人在帐篷外面筑起了一圈雪墙。

起初,一切顺利,我们用骆驼刺柴捆和牦牛粪生起了大火,烤暖我们僵硬的关节。但不幸的是,帐篷内充满了令人窒息的烟雾,熏得眼睛针扎般刺痛,只有打开门让烟雾找到它的出路慢慢散去。帐篷内的雪融化了,果然不错,但是当火势减弱时,融雪又都变成了冰块。

同时,柯尔克孜族人一个接一个地开始抱怨头痛,其中两个头痛得很厉害,他们要求允许他们返回。我欣然同意,因为他们不堪于进一步的劳累。当夜晚降临时,其他的症状产生了,例如持续的耳鸣,轻微的耳聋,心动过速和体温低于人体常温,并兼有持续性的失眠,很可能到早晨头痛会变得更难以忍受。除了所有这一切,我们还有轻微的喘不过气的症状。有些人整夜地苦苦抱怨,我们的皮衣沉重地压在身上,躺着的姿势只能加重气短,我能明显感觉到我的心脏在剧烈地跳动着。茶水准备好了,但没有人需要它。当夜暮降临时,柯尔克孜族人的沮丧心理变得十分明显,因为他们和我一样根本就不习惯于在高于海拔2万英尺的地方过夜。

这是一个较大的营地,我从未在比这世上最高峰之一的雪盖斜坡开阔的地方安营扎寨过。在它的脚下,冰川岬、溪流和湖泊已然被隐藏在一片黑暗当中。在边缘——也是最大的冰川之一,向南几步,我们将会跌落到1200英尺深的深渊,直到跌在那钢铁般铮亮的蓝色冰上。

我期待着日落时分的灿烂景色。但那天晚上没有什么非凡的景象,太阳落入被火黄色的光照亮的云朵中。太阳落山后,仍在很长时间内放射出霞光,照在轮廓极为鲜明的帕米尔山脉上。整个塞瑞克库尔山谷暂时陷入一片黑暗当中,而太阳仍在慕士塔格峰上散发着它最后的光芒,但很快,甚至我们营地也被笼罩在寒冷、黑暗的阴影当中。山顶一闪一闪的,就像红红的火山口,然后日光线就被淹没在无边无际的天空。

我走出帐外看见满月升起,注视着在它的映衬下略显暗淡的群星,它们刚刚还在深蓝色的夜空中璀璨地闪烁着。月亮离浩渺无边的太空不远,这个夜晚的统治者伴着耀眼炫目的银色光辉浮现出来,此刻我只能依靠意志力来紧紧地盯着它。我似乎把它看作一个在阳光中或巨大的电灯中悬挂着的发亮的银色盾牌。月亮安静而又庄严地飘过对面的冰川峡谷壁,飘过又大又黑且垂直的岩石壁。冰川本身仍在下面深处的阴影当中,我不时地听到单调沉闷的爆裂声,这是一条新的冰隙正在形成,又或是冰块从冰盖上崩落的碰撞声。月亮施魔法般地显现出最迷人的外观,慷慨地把她银色的光线洒在营地上。牦牛被投射在黑暗当中,在白雪的映衬下,轮廓极为鲜明。它们把头低垂下来,就像石头一样寂静无声,时不时拿上颌上套着的纤维垫磨磨牙,或在变换姿势时嘎吱嘎吱地咀嚼脚下的雪。帐篷看上去就像一个坐着的巨人的奇特的画像,支柱顶部的圆圈就是他的头,挂着毡毯的框架是他的身体。

有三个柯尔克孜族人不能被容纳在帐篷内,他们在两块大岩石之间生起了火,当火快要熄灭时,他们蹲起身子以跪姿用皮大衣裹住头,像冬天的蝙蝠一样围着行将熄灭的余烬紧紧挤在一起。帐篷和牦牛拉长的窄窄的阴影如此之黑暗,穿过西北方向的斜坡向外伸去,与无数像萤火虫一样闪烁在闪光的雪原的小冰晶形成了鲜明的对比。帐篷的四周围,雪已被踩踏掉,亮光和阴影在小块小块的地上交错着。西北方向陡峭的斜坡上巨大的雪原那被变幻莫测的风雕琢成的美丽曲线和宏伟壮观的轮廓,正散发出魔幻般的魅力。而我在徒劳地寻找着太阳在雪原上引起的奇特色彩。只有黑色和白色交替——月亮的银白色,阴影处的黑暗。荒芜、单调就像月亮自身的表面,但同时又是巨大的,迷人的。

塞瑞克库尔山谷被月光映照得非常明亮,在多数以砾石岩屑为主的灰色当中,不容易识别出界标。尽管困难,但我还是能辨认出更暗的

● 雅姆布拉克冰川的最高部

喀姆波齐士拉克、雅姆布拉克和苏巴士的夏营地，它们的牧场被冰川溪流灌注了水。喀拉库勒小湖的轮廓仅能勉强看到。在这个方向，正对着帕米尔峰顶的整个景色一片浑浊，没有任何一个能引起注意的区域。

　　只露出四分之一的月亮看上去是最美的，我站在这，好像被拴在噼啪作响的雪地中的这个地点，什么也不干，只是巡视着，观赏着。一个魔术舞台如此巨大，既没有笔也没有笔刷能够充分地描绘出来！来自大自然的建筑物在这里通过大胆而娴熟的设计图为我们所见证，蓝色的冰川沉入由冰与雪的凯甲覆盖的黑色的岩壁之间。巨大的五头山高高耸立在大地低处山谷的上方。前面的岩壁在如此深的阴影中，我勉强才能分辨出它的半透明的冰盖在哪里中止，黑色的山墙从哪里开始。左边，在我上方几百码，冰川最外层的部分沐浴在月光中，东南向的暗色峰顶是白色面纱形状，危险的小精灵飘舞过令人眩晕的悬崖，穿过冰川的冰面，远远掠过冰山之父的北山顶。这些轻柔的云朵在柔和的北风前舞动着，快速变成连续的同心圆圈、晕圈等，彩虹般五颜六色，不需要把想象力延伸多大，就可以把云朵变成任何能想象到的形状——穿着皱巴巴的破布的鬼怪们相互追逐着，仙女们翩翩起舞，吃人的魔鬼淘气打闹着，一排高山国王率领着他们的儿子们巡视四周，去世的灵魂正被它们身着白色长袍的守护神带领着从大地前往更加幸福的地方……尽管寒冷，我仍呆呆地、出神地站在雪地里，随着百感交集的思绪，惊异这快速千变万化的形状。

到处都是死一般的沉寂——对面的岩壁没有传来回声，稀薄的空气没有一点儿生气，它需要雪崩来制造点儿震动。牦牛的喘息看得见但听不见，牲畜们静静地站着一动不动，好像它们也被夜晚蛊惑了一样。云朵无声地飘来飘去，月亮似乎在向下紧紧盯着如此大胆放肆敢公然蔑视世上高山巨人之一的凡间小人物。来自于大地广阔地域的一种奇怪的感觉占据了我的内心。四块大陆实际上在我的脚下，了解它是很难的。将我当时站着的水平线围绕地球拉长，会形成一个环形带，它只会隔断亚洲和南美为数不多的几个山顶。我更加强烈地认识到人类的渺小与宇宙不可想象的巨大。我似乎正站在太空的领域——寒冷、寂静，无边无际。

● 我们在雅姆布拉克巴什附近的营地　　　233

帐篷内显示出来的总是另一种场景,斯拉木巴依和玉希姆巴依身穿皮大衣正尽可能近地坐在即将熄灭的余烬旁,一句话不说。我们都冻僵了,牙齿打战,并且身体不舒服。续起炉火时,帐篷内开始充满令人窒息的烟雾。在做了夜间观测后,每个人缩进皮衣里和毛毡内,火熄灭了,月亮透过帐篷的每一个细长裂缝和罅隙好奇地向里窥视着。

空盒气压表显示气压是14.3英寸,气温25.5℉(-3.6℃),水的沸点是176.9℉(80.5℃),最低气温降至10.4℉(-12℃)。

这是一个漫长的、令人厌烦的夜晚,似乎永无止境,不管我们把膝盖顶在下巴上多紧,不管我们多紧地尽力缩在一起以保持温暖,只靠身体的热量抵御帐外透进来的寒冷是不可能的。我们越发感到夜间东南风在不断地增强,我们没人能睡一会儿觉。终于,到了早晨,我打起瞌睡来,但被空气的稀缺而唤醒。队员们呻吟着,哼哼着,好像他们正被吊死在刑架上,但不全是因为寒冷,还因持续增加的头痛所致。

终于,太阳在我们的痛苦中升起来了,但黎明的天气根本不利于我们,十分猛烈的被称为飓风的西南风沿着山腰刮来,细粉末般的雪雾令人窒息。三个柯尔克孜族人在露天过了一夜,冻得半死,我们勉强才把他们拖进帐篷。帐内正燃烧着旺火,我们大家都觉得病了并沮丧困惑。没有人说话,没有人吃任何东西。我如此精疲力竭,甚至热茶准备好了时几乎都送不到嘴边来。牦牛仍在前一天晚上我们让它们待着的地方站着,雕像一样一动不动。山顶被掩蔽在浓厚的白茫茫的雪雾中,在这种天气下继续攀登,冰面很可能会随着冰隙裂开。逆着凛冽的冷风,最终或许会在那些荒凉的地区迷失方向,会触犯天意,导致丧生。

我立刻意识到与此山相对抗的愚蠢,但由于我想看看我的队员有怎样的耐受力,我命令他们准备出发。他们没有一个人说一句牢骚话,大家都立刻起身,开始拔营,但当这道命令撤销时,他们非常明显地感到宽慰。

打开帐篷朝外看去,我们立刻就又钻了进去,那里至少是我们的避风处——风穿透了皮衣、毡子和毡靴。我希望到中午风会减弱,我们就可以继续工作了。但正相反,暴风雪变得更加猛烈。到晚上12点钟,很明显,这一天浪费掉了。因此,我留下三个柯尔克孜族人拔营,将设备装载到牦牛身上,而我和斯拉木巴依及玉希姆巴依把一切能够找到的东西都裹在身上,骑上牲畜向下飞快地朝雪原行进。牦牛猛然头向前地冲下斜坡,像水獭一样潜过雪地,尽管它们姿势不雅,但笨重的身体却从未绊倒或滑一步。坐在鞍上有时就像坐在在大海中前后摇摆颠簸的快艇上一样。在这种情况下,一个人若对他的坐骑没有把握,那他的行程就相当艰难了。我时常被突然向后甩过去,直到我的背触到牦牛的背,以致我不得不经常调整平衡,以适应它那突然但敏捷灵巧的动作。

当我们把白茫茫的雪雾留在高高的上方,看见营地远远地在我们脚下,而我们与芬斯特亚霍恩(Finsteraarhorn)处在同一个高度上时,多么令人高兴啊!

我们吃午饭,需要就着热茶咽下,当时我们的体力恢复了,很快就酣睡起来,每个人都在他的一隅。但第二天一整天,我们感到就像正在从一场大病中恢复的病人。

我的计划是登上慕士塔格峰,这已经是第四次了。然而不用我说,以目前的状况登上山顶是一件绝对不可能的事。8月11日我们强行登到它的顶上是不可能的——没有专门的装备,在这样的位置登顶是奇谈。但4月18日、8月6日、8月16日的实践证明途中没有不可克服的天然障碍,任何一个拥有足够强壮肺脏的登山人,都应该可以排除困难登上北山顶。虽然它不是一对山峰中更高的一个,但它通过一个较低山口与它的较高的山峰相连。雅姆布拉克大冰川的两个延长的冰原或粒雪间隔的下面,很可能被冰隙和覆盖的深雪所横贯。

人类的身体功能绝不会只在很小的程度上受到空气稀薄的影响,为了查明这种影响是如何体现的,我登记了不同高度下我们的体温和脉搏跳动情况。观察对象是我(29岁)、斯拉木巴依(43岁)和来自沙格南的玉希姆巴依(40岁)——齐普恰克部落的柯尔克孜族人。

下表是我的调查结果[1]:

---

[1] 我寄给皇家地理学会的论文中所给出的高度,是上表中括号内重复的数据,它们不十分准确,是因为在喀什噶尔对我的计算没有做出必要的修改。括号外的数字是修正过的高度。——原注

日期	时间	人物	体温 （℉）	体温 （℃）	脉搏 （次）	高度 （英尺）
7月28日	上午10：00	我	96.8	36	98	13450
		斯拉木巴依	97.5	36.4	92	（13550）
		玉希姆巴依	96	35.6	66	
7月29日	上午10：00	我	95.9	35.5	88	14440
		斯拉木巴依	97.3	36.3	92	（14100）
		玉希姆巴依	95.5	35.3	74	
8月5日	上午9：00	我	96.8	36	88	14440
		斯拉木巴依	97.5	36.4	90	（14100）
		玉希姆巴依	97.9	36.6	84	
8月6日	中午12：00	我	95.9	35.5	86	17390
		玉希姆巴依	96	35.6	82	（17200）
8月11日	下午2：00	我	97.2	36.2	94	18700
		斯拉木巴依	96	35.6	86	（18600）
		玉希姆巴依	96.6	35.9	84	
8月16日	上午8：00	我	95.6	35.3	106	20660
		斯拉木巴依	97.9	36.6	98	（19500）
		玉希姆巴依	97.9	36.6	116	
8月17日	上午9：00	我	97	36.1	102	14440
		斯拉木巴依	97.9	36.6	82	（14100）
		玉希姆巴依	98	36.7	84	

　　虽然这个表会有大量的例外,但它似乎必定表明随着高度增加体温降低而脉搏加快,同时也表明接下来是片刻的缓慢。因为从相当的高度上下来,脉搏在一些时候会比正常情况下跳动得更快。就我本人的情况,体温变化通常不超过1℃,我的脉搏仍十分有规律。这大概是由于我格外注意避免消耗一切体力的缘故。而我的队员正相反,他们经常步行。脉搏变化最大的就是柯尔克孜族人玉希姆巴依,他的脉搏

在13450英尺的高度上是66次,在20660英尺的高度上是116次。换句话说,高度增加了7200英尺多一点儿,脉搏加快了50次。表中数据无规律,无疑是有几个其他原因,例如,或多或少的体力问题,或多或少对稀薄空气的敏感度问题,偶然的不舒服,等等。不过,在经过了适当一段时间的休息之后,我总是特别注意做这些观测,以便排除气短、过度出汗和心脏活动的过度加速的影响,以及容许从最不利的精神疲劳中恢复过来。

我们的经验表明:一方面,在一天内到达山顶是不可能的,从山的西麓到山顶水平距离相当大;另一方面,睡在2万英尺高度上是不慎重的,因为在这样的高度上过夜有损体力,并会引起疲乏和意志消沉。到达山顶的最佳方法,无疑将是在7月初等待一个晴朗平静的日子,从一个坐落在1.5万英尺高度上的营地早早拔营,用最后的一天登山。倘若制定出这样的计划,牦牛应该被带到尽可能高的地方,当它们不能再前行一步时,继续步行登山。不幸的是,我没有时间进行一次新的尝试,一部分是因为这一年的登山季节已过,一部分是因为秋季暴风雪即将来临。

总之,山的西麓是登山的最佳出发点,因为它是从1.2万~1.3万英尺的高度开始的,并且那一侧的坡度不太陡,从东、南和北面,此山难以接近。

一个勇敢的阿尔卑斯山攀登者一切准备就绪,由两名身强力壮且富有经验的瑞士向导陪同,也许会到达一个相当的高度,也许是北面山顶。但即使是一个瑞士向导,而且准备得相当充分,也会发现本人处在一个十分陌生的世界中。因为慕士塔格峰峰顶直接暴露在太阳光线的整个威力之下,超过欧洲最高的山峰至少9000英尺。

那么,再会!冰山之父!你使我跪倒在你那雪白的脚凳前,但却不允许我面对面、眼对眼地注视你那庄严的风采。

再会!帕米尔高原巨人!在你的膝下,是你非凡的孩子——昆仑山、喀拉库拉姆山、兴都库什山和天山,手拉手端坐在一起。

再次告别,我们可敬的地球母亲脸上的一颗小痣,地球母亲的面颊在你的周围泛起了如此深不见底的皱纹!

在记忆中,我仍可听到你那山间小溪潺潺的流水声。从那些甚至无人踩踏过的地区带来的异乡的信息,正如从高耸的信标灯塔中放射出的你保存的光线,穿过荒凉的海洋,从你的东侧伸向遥远的天际。让你那银色山顶的微微闪光散播在沙漠飓风的尘雾中,让你那永恒洁白的宫殿中清新凉爽的空气被吹送向正在艰苦跋涉在酷热的阳光下和沙漠中的疲乏的旅行者,让从你那伟大心脏中流出的生命之河在未来的数千年中充满力量,数千年仍继续保持它们气吞山河的战斗力,吞掉荒漠之沙!在亚洲的日光中,你就是,也将永远是最亮的一个,在最壮丽的星球之一——地球的山脉中,你就是最雄伟的一个!

第
三
十
章

到帕米尔要塞并返回

8月18日，我最后一次考察了雅姆布拉克冰川，取出了在8月3日为测量冰川移动速度插入的测杆。间隔15天，几乎看不出冰川前行，但仍有一点点移动，最大位移被表明是朝冰川中线，差不多是每天1英尺。我在侧向冰碛附近做了一次有趣的观测，那里的冰川向前伸展，在冰缘附近形成了回流。观测内容类似于河流岸边回水的因果关系、移动所需的时间，一定要确保移动可以察觉得到，与测量冰川的长度相比，这的确需要很长的时间。那些有可能堆积在涡流上的冰很容易会因融化而体积缩减。

冰的表面在这段间隔时间内改观相当大。在我们第一次见到它时，它是被雪和雹覆盖着，现在正相反，它完全暴露出来，边缘像刀一样锋利，而所有的石头都已沉入深深的洞中，通常，冰是滑的，走在上面很危险。

返回时，我们观察到一个以前没有注意到的现象，即右侧冰碛旁边的水坑位于一条由地震引起的裂隙之上，裂隙全程从喀姆波齐士拉克大冰川一直伸到我们的测量点附近，多半是一条，但偶尔也有两条，类似于深沟或渠道，大约16英尺深，50～70英尺宽，底部被逐渐落入其内

239

的砾石、沙和土填满。两边持续保持在同一个高度上，地震裂隙在它底下穿透的地点，冰碛表现出明显的沉降。柯尔克孜族人告诉我，裂隙是18年前（即1876年）由一次强烈的地震引起的。当时阿古柏仍活着，地震波及塔加玛、特布朗（Tur-bulung）和慕士塔格峰西侧的所有地区，但不论在苏巴士还是在喀拉塔什达瓦都没有震感。因此，侧面冰碛在整个18年内没有变化。地震在只两个小时路程远的苏巴士竟没有被感觉到这个事实表明，大概是地壳构造的问题或局部范围内的基础震动。它对冰川影响有多大，柯尔克孜族人没能告诉我。在冰川表面没有任何天然沉淀的痕迹，因为任何地震造成的裂缝，必定很快会被填满。然而，它提供了一个调查冰的厚度和内部构造的绝好机会。相对来说慕士塔格峰附近地震不经常发生，刚刚能感觉到的轻微震动，每3～5年发生一次。

当我在6月份离开喀什噶尔时，打算留下两个月的时间在慕士塔格峰附近进行考察，但我对时间的计算不十分精确，致使当两个月期满时只做了一半的工作，并且没有剩余的粮食了。因此，我被迫向帕米尔要塞前行，以设法弄到一些新的供给。但当我知道汉族人正在监视着我，几乎把我当作特务来看待，我不希望引起没必要的怀疑，决定晚间穿过一个没有设防的隘口通过边境，随后回来时也以同样的方法。没有任何远足的概念，我只带了两个柯尔克孜族人和我永远忠实的斯拉木巴依，其余人都被遣散了。当时，有了托格达辛伯克的帮助，我们到处散布说我已到慕士塔格峰南侧的喀拉库拉姆去了。

8月19日晚上，我带着所有行李和科学采集物到我的柯尔克孜族朋友老玉希姆巴依的帐篷中，他把这些东西都安全

● 来自塞瑞克库尔的柯尔克孜族老人

地藏在他的地毯和毛毡后面。在我们从帕米尔要塞返回之后,我们知道了那个汉族人对我的消失感到极大的震惊,他开始寻找我,于是玉希姆巴依认为最好把我的行李转移到一个更安全的藏匿处,于是把它藏在了喀姆波齐士拉克冰川前面的一块巨石之下,同时采取了预防措施,把这些箱子包在毡子里,以保护它们免受恶劣天气的影响。

我们在玉希姆巴依的帐篷里做好旅行的准备。我们有4匹上好的马匹,把地毯、毛毡、仪器和其他必需的设备以及三天的粮食打好包,因为我们准备骑马穿过一片人迹罕至的地带——大约有80英里的路程。我们围着火堆坐了两个小时,谈话、喝茶,美餐一顿老一套饭食,照例必有的伙食包括羊肉和牦牛奶油。但月亮刚一从云缝里钻出来足以照亮寂静的大地时,我们就把装载物捆扎在队员的马背上。11点,一个多风的夜晚,我们穿好皮衣,骑着马,成一路纵队,在慕士塔格峰古老的冰碛中间向下出发了。

骑乘了两三个小时后,我们来到了塞瑞克库尔山谷。从那里,我们的小路蜿蜒而上到山谷的对面,穿过玛斯库罗峡谷来到同名的隘口。这个隘口位于塞瑞克库尔山脉,帕米尔高原东侧上的边界山脉。这个峡谷是旅行的关键地点,一个哨卡或警卫帐篷村(营地)位于那里以便警戒。我们悄无声息放慢脚步骑马经过了隘口,实在是太近了,以至柯尔克孜族人用他们鹰一般的眼睛能看到帐篷。但没有一个哨兵觉察出我们临近,甚至连狗都没有吠。虽然有约尔达西和我们在一起,我的队员极度恐慌,直到我们远远离开营地之后,他们才从恐惧心理中恢复过来。因为他们知道,如果被捉住,等待他们的是在赤裸的背上鞭笞200～300鞭子。

8月20日凌晨4点钟,我们安全抵达玛斯多兰隘口,我在那里做了一些科学观测。我们在那里也遭受到暴风雪的猛烈袭击。从那儿开始,地表逐渐向西倾斜,我们骑马穿过了宽阔的那加拉库姆(Nagara-kum,鼓沙)山谷,它的底部被黄色的细流沙覆盖,而它一侧的斜坡有形状很好的沙丘,沙子被西风和西南风吹积到了那里。帕米尔高原几乎总是在刮风,但由于它们不能越过塞瑞克库尔山脉的高原边界,它们把沙子丢弃在山谷中,致使沙子沿着山脚堆积起来。由于这个地带完全缺水,夏季没有人烟,柯尔克孜族人冬季来到这里,冬天有足够的降雪给他们提供水源。我们只在塞瑞克布拉克（Sarik-bulak，黄色的泉水）这一个地方见到水，那里有一股细小的泉水从地面涌出来，给上好的青葱的草木提供着滋养。我们在那里从上午10点钟休息到中午1点钟。

接近傍晚，我们出现在柯什亚奇尔宽阔的平原上，平原又硬又平，就像铺筑过的路面一样。植被只有零零落落的骆驼刺灌木丛，在落日的余晖中，它们的影子投向地面，拉得长长的。我们的路线引导我们穿过了帕米尔高原那特有的景观——宽阔、平坦、无水的山谷，与低矮的山脉接壤，完整并相当贫瘠。

我们在黄昏时刻到达了摩哥哈布，现在是夏末，洪水上涨，成为一条壮观的河流。我们在右岸一小块草地上安营，露天度过了夜晚。

关于我忠实的约尔达西，还有一句话：它在这次穿越帕米尔高原的旅行中再次跟随着我。在最艰苦的旅行的日子里，它甚至都没有大声吠叫过。在晚上，它保持最高警惕，守卫在我们营地四周，并总是精神饱满。它不能算在胆小者之列。每当我们接近一个帐篷村时，它都像闪电一样冲在前头，向此地的狗寻衅挑战。虽然它开始左右进攻，决心受到赞扬，然而它总是被打败。甚至面对十余条狗时，它也从未表现出丝毫畏惧。但去帕米尔要塞的路上，它擦伤了后脚，因此，队员们给它做了一双皮制的靴子，使它变成像一只穿靴子的小猫一样的滑稽形象。它第一次试穿它那奇妙的靴子时过分小心的样子，简直是忍不住地好笑。在刚开始，它只是用它的前脚以非常难看的坐姿拖着后脚走，后来，它试着用三条腿跑，轮流抬起一条后腿。但终于它发现靴子是实用的，并意味着保护它的脚免于进一步受伤。

第二天早晨，我们穿过摩哥哈布的另一侧，继续向下到它的左岸，即向西。终于，在穿过连续伸入山谷梯次配置的山嘴之后，就像剧场的边幕（侧幕）一样，山谷突然在我们面前展开，变得十分辽阔。穿过去，它接受了阿克拜塔尔支流的汇入。帕米尔要塞位于其中。

我们骑马艰难地走了一整天，大约下午5点钟，我们发现在对面那更暗的背景中，有一股淡蓝色的烟雾慢慢卷起，一小时后，我们走进了要塞的院子。

一切都寂静无声，周围没有官员，但有一个哥萨克哨兵喝问："谁？"我自由自在地在这个孤独的要塞漫步，很快就发现了要塞无人的原因。看来,好像是一个来自于圣彼得堡的年轻中尉,前一天作为客人来到要塞。他正荣幸地被附近的官员请去参加野餐活动。在我们到达之后不久,他们全都回来了,我的老朋友塞特斯夫上尉走在前面。上个冬天他手下的那些年轻军官们此时正在战场上,在尤诺夫上将手下反对沙格南的亚弗加恩斯(Afghans),正忙于积极作战。他们的空缺被其他人补充,他们将在斯格斯基(Skersky)上尉——总参谋部的一个官员指挥下,在要塞度过这个冬天。

自从我前一次拜访以来,这里的人员已做了两次更动。这个孤寂的要塞,我在费尔干纳的一个朋友称它为伊甸园,因为它的大墙之内没有妇女,现在,因一位新任指挥官的年轻妻子——斯格斯基夫人的出现而蓬荜生辉。她是一个有着德国血统并且温柔漂亮、性情和蔼可亲的女人。她在进餐时以优雅的举止尽着主人之道。我们也知道,现在这里给人的感受不一样了,但依照我的看法,要塞现在比以前更加像是伊甸乐园了。旧的外衣和满是灰尘的靴子被更加相宜的外表所代替,到处都有内衣袖口、黑皮鞋和梳妆台的小艺术品存在的迹象。实际上,一切都证明了这个女人的贵族风采。

另外,要塞有了12个人,每天晚餐期间都在食堂窗外玩耍。食堂本身是被重新取名的,它现在的名字是"军人俱乐部",它的墙上贴着帕米尔高原地图和要塞规划。

俯瞰帕米尔要塞,南面经过纬度方向的山脉,把摩哥哈布河谷从阿利彻帕米尔分开,被认为是巴扎达拉赫(Bazar-darah)。就在这一点上,它变成向左弯曲的形状,迫使摩哥哈布逼近岩石之下,使得河流几乎画了一个半圆,在适当的位置奔流而下。

哥萨克兵临时赶造了一条小船,在一个轻型框架上张开着一张浸透油的帆。他们乘着小船撒下渔网,穿过河流到对岸下面的捕鱼场。一天,塞特斯夫上尉和我用这个临时小船试着碰碰运气。我们乘船向河上游划行了很长一段距离,每人一只桨,然后让小船在河湾漂流,并留心避开拐角附近一些暗藏危险的沙堤。在某些地方,水被推动着穿过又深又窄的沟渠,小船以使人头晕眼花的速度迅速前进,驶近峭壁。一路上两岸风景不断变换着。由于有许多短小曲折的河流转弯,引起了最为稀奇古怪的视错觉。地平线似乎一直来回地移动着,在这一时

243

刻,我们一侧是阿克拜塔尔山谷的开阔地带,在我们的前面是另一直线。然而另一时刻,在真的能看到它之前,周围的景色十分美丽。一会儿,要塞在我们的右边,不一会儿,它又移到了左边,直到把我们完全弄糊涂了。

水拍打在岸上的声音几乎听不见,因为干流沿着河床像油一样滑动,小船就像一个不可抵抗的小果壳被不可抗拒的洪流继续推动着。有一两次脆弱的小船刮上了河底的石头,但没有因此而受损。我们就像两只落水狗一样湿,并仍在水中,在水下走了很长一段路。在不太远的一处,河流又变宽了。一小时刺激的令人兴奋的划船之后,我们靠岸了。

在萨赫珍(Shah-jan,国王的灵魂)的一侧,有一处几年前建立的第一个俄罗斯要塞,在现在这个要塞向下2.5英里处。摩哥哈布河谷变狭窄,同时河流变得更窄更深,流量增加。那一点上,有一个有6顶帐篷的柯尔克孜帐篷村,有唯一可安全涉水而过的地方,一条小道总是被那些去西帕米尔高原的人使用。

8月27日,我们动身向叶西尔库勒(Yeshil-kul,绿湖)出发,在第一天的全程的行进(25英里)中,均由塞特斯夫上尉和一个年轻中尉陪同。柯尔克孜族人在萨赫珍带错了路,劝说我们穿过河流再向前走6.5英里。因为,他们说右岸的路更好走,并且洪水已经平静下来。当我们到达他们指出的可安全涉水的地方时,其中一个柯尔克孜族人被派去先过河探路,但河水中间4英尺深,他的马跌了一跤滚入河中。幸亏马设法再次踩到了河底,到达了对岸,只是它的骑手却湿透到腰部。在几个柯尔克孜族人骑马过河之后,塞特斯夫上尉策马来到河边,安全抵达对岸。但他全身都被弄湿了,以至于他小心地脱掉了整个泡在水里的靴子,几乎脱光了衣服,并把他的衣服在向阳的山坡上晒干。由于没有要洗澡的愿望,我一直等到驮着我们行李的三峰骆驼上来,爬上最高的一峰,设法到达了对岸,一点儿都没有弄湿衣服。

塞特斯夫上尉的衣服刚一晾干,我们就继续前进,黄昏时分到达阿克奥尔哈(Ak-alkhar)山谷的入口。我们把营扎在离开地面竖起来的一块孤立的巨大岩石的遮蔽处。塞特斯夫上尉带来了丰富的晚餐,包括两瓶红葡萄酒,跟中国灯笼的颜色一样。烧起一堆很旺的篝火,吃了一顿丰盛的晚餐,我们谈论着各种话题,唱着歌,没完没了,但都是不完整的歌曲。歌声回荡在峭壁上,但我必须承认,如果有个歌剧演员听到这极不和谐的调子,他会想用他的腿而不是用他的嗓音唱歌。我们唯一感到愉快的观众是柯尔克孜族人,他们围了一个圈看着,感到非常惊奇。很明显,在他们眼里我们都发疯了。接近午夜,当音乐会结束,我们沉入了酣睡之中。

第二天,我们在阿克奥尔哈停下,在那里,塞特斯夫上尉曾播下的一些大麦、小麦、萝卜、小萝卜的种子,都出乎意料地长成了,尽管是在1.1万英尺的高度上。在一天的行进中,我绘制了向西的部分河流图,后来我们在一起度过了另一个愉快的夜晚。29日一大早,我们分手告别。俄罗斯人返回帕米尔要塞,我和我的队员继续骑向阿克奥尔哈山谷。

两天的行进中,我们穿过了巴扎达拉赫山脉,并发现了一个新的隘口(15970英尺),我给它取名为"塞特斯夫",这只是次要问题。由于它很难通过,斜坡非常陡峭,上面覆盖着细片岩状砾石,马很难在其上站稳。一条勉强能看得见的小路显示出它的常客就只有野山羊和野绵羊。

在隘口南面,地面渐渐向下倾斜,通过玛斯耶尔加(Mus-yilga)峡谷到阿利彻宽阔的河谷,那里有居住着120名柯尔克孜族人的帐篷村。这个山谷在阿克奥尔哈的经度上,比摩哥哈布山谷高约2000英尺。经两天多的行程,我们来到叶西尔库勒东端的苏米赫(Sumeh)。在我们经过阿克巴利克(Ak-balik,白鱼,这个地方也叫"鱼的胜地")的路上,在山谷北侧有几眼泉从地面涌出,汇聚到一个小水坑中。水坑约10英尺深,直径20码左右,水是深蓝色的,却又不断地变换着它的色彩,但总是晶莹剔透的,水温在39.2°F(4℃)。有许多肥鱼在里面来回游动,大约1英尺长,有黑色的脊背。从烹饪的角度,它们看上去格外诱人。因此,为捕捉到它们,我们在水坑边停留了较长时间。我们既没有钓竿又没有其他捕鱼工具。然而这有什么关系呢?用一块羊肉做钓饵,加上一些又粗又结实的包装线和瑞士表链上的钩,我们很快就拉上来3条"美人鱼"。到达营地后,队员们用牦牛油把鱼煎熟作为晚餐。真希望有一只漂亮的盘子,但——哎呀!我们的希望落空了,鱼不能吃,有

245

一股腥臭难闻的味道。可约尔达西却津津有味地吃着，尽管我们可以从它后来凄凉地哀嚎了一晚上断定，它肯定因过度食鱼而相当后悔。

在阿利彻河的左岸，我们经过了一个被一堵石墙包围住的坟墓，这是7名阿富汗士兵的葬地。他们是在前两年与俄罗斯人的一次小规模战斗中阵亡的。他们居住过的地方一些碎毡片和帐篷支杆仍残留着。我们拿了一些支杆当柴火烧，尽管玉希姆巴依提出抗议，说那是盗墓，犯了盗窃圣物罪。

9月2日夜晚，我们在苏米赫的罗巴特（招待所）度过。这里有三个蜂箱形塔（gumbez），是由布哈拉的阿不都拉赫可汗（Abdullah Khan）建造的。第二天上午，我们去视察了一个含有硫化物的温泉，它是从附近的地下流出的，水温为141.1°F（60.6°C）。在同一地方，我们还参观了一个立方体形状的汉族人制作的塔姆加塔士（图章石或石刻），表明汉族人是帕米尔高原的主人。在它的上额部有一个空心洞，里面有一块石碑，刻的碑文是原始刻字（象形文字，中文），但它现已被迁移到圣彼得堡。

接着，我们继续沿着叶西尔库勒北岸向西赶路，越过巨大的砾石斜坡。砾石是从崩解的小山上滚落下来的，向下一直延伸到湖边，湖岸的

　　　　　　　　　　　● 从叶西尔库勒西端向东南方向望去

倾角是33°。在这一地点,阿利彻山谷变得非常狭窄,致使湖宽只有2英里,而它的长度则大于14英里。无疑湖水是非常深的,因为水是略呈蓝绿色的,水温为64.4°F(18℃)。不过它没有喀拉库勒小湖的水清澈透明,它的高度在12460英尺。

有几个侧向山谷带有溪流流过它们,沿两岸到达湖中。虽然它的流量在我们到来时不到每秒105立方英尺,不过,它形成了一个三角洲,伸出一段距离进入湖中。

我们在紧靠湖边的喀姆波奇克地势低洼的一块狭长地面停了下来,把我们的毡毯铺在长有浓密的灌木丛的地上,灌木早已干枯无叶。烧茶煮饭,我们吃了一顿简单的晚餐。借着把附近整个地方都照亮的熊熊大火的亮光,我在日记簿中草草记下一天的经历,然后,裹进皮衣中,在波浪单调低沉的拍岸声中入睡。

9月3日和4日,我们考察了叶西尔库勒的西端,一个特别有趣的地点。南岸被悬靠在巨大的山脊的一条支脉上,山脊把叶西尔库勒同沙格南地带隔开,那个地区有一个普通的名字,是喀拉库拉姆。在湖的西端附近,干特(Ghunt)河流出,它的山顶被雪覆盖。我们甚至能看出一个残留的冰川,从前它一定非常大,和它的冰碛在一起一定是完全覆盖住了那个地区的山谷。叶西尔库勒显然是和喀拉库勒小湖同时期形成的,那就是说,它也是蓄水池或是阿利彻山谷的集中排水流域。是否可以这样说,冰碛是开始,接着,是名叫干特的河流,它通过狭窄的又陡峭又荒芜的峡谷开辟了出路,最终汇入帕恩济(Pänj)河。冰碛是由巨大的花岗岩石组成,要想穿过它极为困难。最初我十分震惊地发现具有与摩哥哈布一样大的名字的干特河却只是一条很小的溪流,其流量充其量只有每秒280立方英尺多。但秘密很快被揭晓,绝大多数水流在冰碛"底下"找到了它的河道,那里可以很清楚地听见激流向前涌动的声音。

我们穿过阿利彻帕米尔,越过那萨塔什隘口返回帕米尔要塞。从那里传来消息说,托格达辛伯克被罚在赤裸的脊背上抽打300鞭,其原因是没有向简大人报告我已通过边境,伯克现正半死不活地躺在帐篷里。由于我害怕汉族人也许得到了我留下的所有东西和采集物,我们谢绝了好客的俄罗斯人的真诚挽留,急匆匆经过塞瑞克库尔隘口

（14540英尺）赶回到慕士塔格峰，于9月16日不被注意地到达了那里。我们得到确切消息，传说是假的，托格达辛伯克既安全又健康，并在很晚的时候前来看我，汉族人没有发现我的所有东西，虽然他们彻底搜查了我用用过的柯尔克孜族人的一切，我藏匿在岩石下的东西仍是安全的。

我们离开时，冬天已大踏步前进，雪不知不觉下到山上，整个塞瑞克库尔山脉披上了一层薄薄的白色面纱。河流已变成小溪流，大自然似乎已充分准备进入它那漫长的冬眠。慕士塔格峰高耸在我们上方，冰冷，没有吸引力，使得我们也没有萌生要更进一步打扰它的愿望。

我们没有再试图直捣冰山之父的城堡，而是沿着山脚向南旅行。我的目的是结束我夏天的绘图工作。9月20日，我在丘姆柯喀什喀冰川进行了一次新的考察，为了寻找我们在8月13日插入的测杆。它们的位置变化表明只有十分微小的移动，移动速度最大的点是在冰川中部，平均为一天1.75英寸以内。这种缓慢的移动大概是慕士塔格峰所有冰川的特征，其结论主要建立在漫长的冬季、大量的散热及蒸发的基础上。由于重力作用而产生的移动在某种程度上被抵消，受刚刚提到

● 斯拉木巴依和两个柯尔克孜族人带着平板仪在丘姆柯喀什喀冰川上

的作用的影响,冰川在体积和重量上有所缩减。

　　丘姆柯喀什喀冰川是一个重要的界标,它所有的河流都朝喀拉库勒小湖流去,并最终到达喀什加河(Kashgar-daria),而这一地区的其他的水则排到它的南面,流入叶尔羌河。我们在进一步的旅程中穿过的所有河流,都已在山的较低的斜坡中水平冲刷出相当深的沟渠。它的斜坡是由碎石和变得圆润、低矮的年代久远的冰碛组成,偶尔铺有一些片麻岩石块,有时还有些稀疏的小草点缀其上。在我们的左侧,岩石山崖在碎石斜坡下面突然倾斜,并出现了几个锋利的山顶。也是在同一侧,库克塞尔冰川从一个巨大的峡谷中流出,冰碛相当大,铺盖有巨大的片麻岩石块,而它的河水是从几个方向提供的。我们发现,越向西走冰川越小,老冰碛越大。这无疑是由于南坡的融解力比北山坡大的缘故。

　　9月21日,我们朝东南东和东方向围着山底绕了一个长长的圈子,一直远到萨亚奇尔冰川的冰川河流。22日,我们经过谢瓦亚奇尔(Shevär-aghil)和赫都姆拜赫(Gherdumbeh)冰川,由于被难以逾越的冰碛壁围绕着,这两个冰川是不可能接近的,甚至连牦牛都不可能登上它们。在那个地带,山脉的外形极为崎岖,实际上,山壁是垂直的,外形峻峭,山岭和坳口崎岖,冰川很短,使得它们很少在山臂之间形成。它的较低处的坡度呈现出古老的冰碛景色的特征,有冰斗、峰脊、漂块和水坑,再向前,它们渐渐并入到塔克拉玛干平原。在山的主体旁边的两个主要的长峡谷,被称为喀拉库拉姆。它们没有冰川,但在它们的底部,古老的冰碛被流水深深冲刷开,整个地区由美丽的灰色片麻岩的巨大石块和更小一些的结晶片岩所覆盖,许多野兔在它们当中到处跳跃。

　　最后,我们岔开向东北方向,进入到泰赫曼苏(Tegherman-su)峡谷。我们在小河旁停下来,在草丛和灌木丛中扎下了一个合意的营地,在那里一直休息到9月23日过完。最低气温为41°F(5℃),表明我们已下降到更低的区域。下午4点钟,小河的水温是46.9°F(8.3℃),河水透明清亮,很好喝,河流流量为每秒70立方英尺。

　　我已提到过,我要从泰赫曼苏北和西北方向一直到我来过的喀拉库勒小湖,围慕士塔格峰绕一整圈。令人遗憾的是,柯尔克孜族人认为

● 喀拉库拉姆，在慕士塔格峰的南面

　　这个计划行不通，由于山东侧是一个险峻陡峭的迷宫并有崎岖的峰顶，甚至步行都不可能攀登。为了使我自己确信这一点，我对小河源头做了一次踏勘，发现柯尔克孜族人十分正确，除了围着山脉沿老路经由盖迪亚克和乌拉格罗巴特行走，我的计划根本就不可能实现。

　　1894 年 9 月 30 日，我们到达了喀拉库勒小湖东岸我们常去的老地方。

第三十一章

乘船在喀拉库勒小湖冒险

　　这次在喀拉库勒小湖旁扎营，从9月的最后一天一直到10月9日，一方面是因为我们需要休息，直接从位于较高的地带下行到温暖的山谷是不明智的，另一方面是因为我希望对湖泊做一次水深测量。我希望它会证实我第一次考察期间在那个地区所做的关于湖泊的形成的观测。

　　在离我们营地很近的地方，有一个有6顶帐篷的帐篷村，我们到达后的第一天，我和帐篷村的居民、托格达辛伯克以及我自己的几个队员商量关于做水深测量的最好方法。当然，没有船只。有一个柯尔克孜族人在阿姆河下游的确曾见过一条船，而其他人对船是什么东西一点儿概念也没有，甚至不能想象这样一个东西是怎样被造出来的。整个塞瑞克库尔宽阔的山谷只有6棵小白桦树，生长在喀音德赫麻扎旁。除了这几棵树，方圆100英里内没有一棵灌木。

　　在我们附近，唯一的材料就是未加工的兽皮和稍有弯曲的杆子，杆子是用来支撑帐篷的圆形毡顶的。但这些材料如何能变成一条小船，最聪明的柯尔克孜族人也猜想不出来。我开始工作，用被油浸透的亚麻布做了一个小船模型，有桅杆、帆、舵和龙骨，它行驶得很好，

251

柯尔克孜族人感到大为惊奇。托格达辛伯克直截了当地说，按这个模型做出的船将会使我丧命，我最好还是等到湖面结冰的时候做测量。他认为大约6个星期内湖面就会结冰。晚上气温已下降至14°F（−10℃），每天早晨，湖岸上的小潟湖都会覆盖上一层薄薄的冰外套，但随着一天时间的推移，冰会融化。湖本身的表面非常不平，容不得冰的形成。10天里，我们都是在它的岸边度过的。羽毛丰满的大风用它那飞速、强壮的翅膀从南飞来，相互竞争着飞过湖面，仿佛心中充满着渴望急切要越过布伦库勒。正如大气中虽然没有一粒尘埃，伟大的简大人仍率领他的整个驻军坐在稀薄的空气中喘息着，我没有灰心，在那时我已听见海浪在翻腾，在冲击，我更喜欢勇猛健壮的风神，正等待着直到冰的形成。

　　我把帐篷搭在离湖岸仅2码远的地方，为的是我可以躺下来倾听到波浪的音乐声。"造船厂"紧挨着我们的帐篷，那里即将开展造船业务。我们把龙骨放在这里，用绳子把坚韧结实的肋材捆绑在龙骨上，不到两个钟头框架就做好了。它只有6英尺长，3英尺宽。一匹马恰巧在我们要用它的皮的前一天死了，一只绵羊也献出了材料。因此，东西一开始就显得更像船形，最后需要添加的几笔就是做一根桅杆和一张以一块鲜红色棉织品为材料的帆。我们在船的两侧各扎牢一个充了气的山羊皮，另一个被牢牢绑在船尾，不知怎的总是疑心船尾朝下。我们的桨是将枯树一端劈成薄片制成，一张山羊皮穿过叉状支撑物展开。至于舵，我们就只用了一把铁锹，把它牢牢捆在船尾。

　　这是一条非常古怪的小船，于10月3日正式起航。说真的，它几乎没有为瑞典人造的船带来荣誉，完全没有宏伟的航线，没有我们国家著名快艇的完善的比例。正相反，它和空的沙丁鱼箱子一样到处都是弯曲和尖角，而我打算乘船到喀拉库勒航行整整一星期。我们勇敢的小船在湖岸附近正随着充气的山羊皮上下浮动，它使我奇怪地想到一只未知的古老动物正在孵蛋。

　　托格达辛伯克第二天一大早就来审视这个怪物，他隔了一段距离停下来，措辞实在好笑，大概是说："为什么你不打算告诉我'船'看上去像那个样子？我从来就没有想象到船是这样一种东西！"紧接着，他的嘴唇咧出一抹讽刺的笑容，似乎正在思考事情看上去是多么古怪！但他十分圆滑，什么也不说了。我咬着嘴唇一直保持着镇定。同时我邀请他今天晚些时候乘船游览。他犹豫了一会儿后，接受了邀请。当这个时刻来到时，他远没有像他的同伴那样感到害怕。

小船下水那一天，远近的柯尔克孜族人都集中在这儿，甚至还有大约20个妇女，戴着白色的头巾形状的大头饰，在一个冰碛石后面偷看。我问老人们，如果我们带简大人上船，他们会不会取笑他。送他到湖上去这个主意使他们激动不已，他们已准备好要捧腹大笑了。

总之，整个事态是这成为一个轰动事件，是非常罕见的场面，它的传说像野火般迅速传播在整个东帕米尔高原。在我们回喀什噶尔的路上，在柯尔克孜族人的帐篷村旁，甚至在离喀拉库勒小湖很远的地方，都经常会有人问起我们是否真的有一个长着翅膀的陌生人飞上慕士塔格峰，随后又来回地掠过湖泊。莫拉赫·伊斯拉姆甚至到了为此创作出一首歌曲的地步，这首歌后来被盖迪亚克（小提琴）演奏了一个晚上，无疑将被以传唱的方式传至后代。

小船下水之时，的确是我这一生中的一个决定性时刻。柯尔克孜族人随着船的节奏屏住呼吸，见我迈进船中并乘船游览了一小段距离，他们对我的轻率感到震惊，因为正刮着猛烈的大风。但小船与5个山羊皮袋子恣意地在水上航行，托格达辛伯克看着深受鼓励，以至于下次在我的试航中，他甘愿前来陪我。

这样碧蓝、清澈、有生气的波浪，从不曾将哪条船摇得像我们造的小船这样剧烈。它似乎像一只母鸡或一只猫无拘无束地浮在水面，没有在喀拉库勒首次乘风破浪前进的自豪，没有在海拔如此高的地方迎接挑战的狂喜！它在活跃的涡流波浪中急切地摇摆着，看起来就好像波浪在蓄意以玩弄她的恐惧为乐。哦！我那可怜的小船！一条完全像笼中困兽的小船！它的骨架是由马、绵羊和山羊合成，适合于一匹骡子的称谓。它的姿态使人想起一头母牛正在优雅地蹦跳着。然而它完全给它的屈尊带来荣誉，因为它就像一头骡子一样顽强，当跌入波谷时，像一匹野马又踢又跳。哦，爱尔兰野马一样的小船！当你对它喊"右舷"或"左舷"时，它从不明白，"右"和"左"对它来说和普通人所理解的意思是完全相反的。航行的所有规则它全不在乎，你就像一个划船的奴隶一样在它那里干活：它用水浸淹你，并一意孤行。不管我们是想到

253

●　我们在喀拉库勒小湖上的临时小船

南还是想去北,它总是载着我们逆风面对。如果我们试图抢风头转变一点点航向,它必定要不受控制直到把风和浪抛在后面。总之,它的点点滴滴都和牦牛一样顽固!

　　由于风持续不断地从南方刮来,每当我们想要使用宝贵的船时,我们必须拉着它绕到南岸,然后让它随风漂过湖泊。在我们去的时候进行探测,这个方法是在10月4日当小船被一匹马拉着穿过浅水到南岸中部时开始的。当时,我和一个柯尔克孜族人穆罕默德·图尔都(Mohammed Turdu)进入小船。风不大,但天气寒冷,使得我用皮衣紧紧地裹住了身体。在我们离开岸边来到很远的地方之前,一阵飓风从南边掠过湖面,猛烈地吹皱小船前头的水面。我们落下帆,紧紧抓住船的两侧,因为小船就像一匹难以驾驭的野马正横冲直撞。我们的处境是危险的,小船正漂离岸边来到湖泊中央,离哪一岸都有很长一段距离。我正在掌舵,突然它向后倾斜,波涛冲击着我们,船上水填到了一半,我们都湿透了。支撑着船尾的山羊皮袋漂浮着,依靠自己浮起在水面上。第一道能追着我们的波浪直接冲击着我们,我试图用桨挡住它们,而柯尔克孜族人穆罕默德·图尔都却为逃命拼命地往外舀水。

254　　　　形势确实严峻,尤其是右侧的两个山羊皮袋开始瘪气,空气带着尖锐刺耳的嘶嘶声从里面冒出来。小船侧向右边,波涛从四面八方冲击着我们,像披散着乱发的恶毒且野蛮的海巨人一样跃过我们。

于是我们漂浮着,颠簸在越过未知深度的怒涛之上。我怕其他山羊皮袋与我们分离或在我们到达岸边之前失去浮力,一直计算着我是否能够游过这一段距离。我的精神并没有受到因晕船而变得凄郁的穆罕默德·图尔都的感染,他的面色无疑已像一张纸一样白,他已不是和被晒得黑黑的吉卜赛人一样。他一直在舀水,两边均衡地舀水,舀完一边再舀另一边——可怜的人! 他在以前的生涯中从未上过船,从未听说过晕船,显然他相信最后时刻已经到来。

骑在马背上的和步行的柯尔克孜族人挤满邻近的湖岸,时刻等待着看到船的下沉,但幸运的是我们成功地使船一直保持着漂浮的状态,并终于带着难以形容的宽慰心情操纵它驶过浅水。除了全身湿透了,我们安然无恙地到达了岸边,急急奔向营地,点燃一堆大火,在火旁慢慢烤干湿透的衣服。

首次测深远足惨败,我们唯一的发现也许是,在很大程度上,像冰状的泥一样,流沙对使湖盆变平起到一定作用,因为冰川河流只有夏季展开活动,通常沙暴一年到头普遍发生。然而在夜间,暴风刮过后落下的流沙扫过光滑的冰面,有几次在湖上我们被很厚的沙团包围,使我们几乎辨认不出湖岸线来。晚上,暴风雨平息之后,水仍是混浊的,当我们用它做晚餐时,一成不变的羊肉汤竟然在牙齿之间嘎吱嘎吱地响。

第二天,我们尝试了3条适合测深的线路,没有再冒险。8日,从南岸的西端出发,我们白天很晚开始工作,为的是趁着风稍稍平息轻轻吹过湖面的时候不借助帆行船,以不干扰测深的精确度。一小时又一小时过去了,接着,黄昏来临,当我们到达浅水区时,天色已暗。在我们离北岸仅200码远时,突然一阵死寂,紧接着,一阵猛烈的大风从北面刮来,把船抛回到湖中,好像小船仅是一个小果壳。我们现在感到在前面是整个湖泊和黑夜的到来,我们尽力划船,但感觉不到船在前进:风太猛烈,无情地把我们吹到湖泊的正中间。天色一片漆黑,直到月亮升起,使我们感到一点儿宽慰,而斯拉木巴依在我们没有露面时心虑不安,在营地旁生起了一堆大火给我们当作灯塔。幸而北风持续时间短,

● 我的马皮船在喀拉库勒小湖猛烈的暴风雨中

由于我们尽力划船,所以在午夜时分到达了营地。

在那些水域航行的一个很大的好处是,我们不怕遇上其他船只或与晚上回家很晚的粗心的酗酒者相撞,我们是喀拉库勒公认的主人,我们的小船有宽广的航行湖面,因为湖面长约2英里,南端宽约2英里,北端宽有0.5英里多,中间约1英里宽。

让我对我们宝贵的船开个玩笑,说一句赞美它的话,就像在它的坟墓前的悼词。我的测深工作完成了,连续的不利天气终结了我们在湖上的考察。我很难过,不得不把我们快乐的小船拆散,把各种材料归还给它们各自的供应者,而不是将它送至斯德哥尔摩的人种学博物馆。毫无疑问,它将是采集物中的一颗明星,它的确已向柯尔克孜族人展示了船是一种什么样的东西。

同时,我们查明了喀拉库勒湖的等深或深度关系,总共做了103个测深。所有这些我都标记在一张放大的地图上。后来我在地图上描绘出了深度曲线,最大深度在湖的南半部,深79英尺,中部深50～70英尺不等。沿着整个南岸,冰川河水流入湖中,有相当多的淤泥,而北边,冰碛斜着沉向湖泊,稍有倾斜。在西北角,喀拉库勒河从湖中流出,许多小片麻岩漂块伸出水面。紧挨着东南岸,在陡峭的悬崖下面,测深索在

5～6英尺深处就触到了湖底,而北半湖却达到1000英尺或更深。西岸中部附近有一个小岛肯迪克玛瑟(Kindick-masar),每年春季是无数野鹅的繁殖地。在同一地区,我们也发现了两个大的浅河和一些水下的流沙沙丘,形成在某些伸出的岩石的遮蔽处。

关于湖水颜色的变化,较深的地方是深蓝色,浅的地方是淡绿色,沿着水藻生长的狭长带是深紫色。

柯尔克孜族人在他们的陈述中坚信,喀拉库勒小湖中没有鱼。实际上我只发现过一条,一条小鱼,漂浮在水面上的一条死鱼,它和我在巴斯克库勒附近采集到的那些标本是同一种类的,大概是被一只鸟叼来又掉进了喀拉库勒小湖。

湖水是淡水,很好喝,我们逗留期间湖岸附近的水温在53.6°F(12℃)到37.4°F(3℃)之间不等,湖中央底部,水温是46.4°F(8℃)。

有几个地方,无数的小喷泉流入湖中,在所有这样的地方几乎整个冬天在冰中都有不冰封的孔洞。喀拉库勒小湖11月中旬结冰,次年4月中旬开始融解。柯尔克孜族人描述说冰就像一面镜子一样,非常光滑,风会刮走上面的每一粒雪。他们还告诉我,他们能透过冰看到湖底宽阔的林地和牧草(水藻)。在冬天的夜晚,湖中星星的映像闪烁着和天空中真实的星星一样明亮的光芒。

现在我们每天都在工作,我们的生活就像以前待在湖边那样安宁平静地过去了。有时,当一天的工作结束时,天正刮着大风,我通常会出去坐在岸边的岩石上,想象着滚滚而来的波涛来到我的脚下,自由自在地击打在斯科加德森林的小岛上。我的出生地的多少往事涌上心头,就像火炬照亮了孤寂的黑夜。我想象自己是一名香客,在其中一个最漂亮的大自然庙宇中休息。在庙宇的门口,积雪的高山巨人们日夜守卫着,在它们的脚下是极为美妙的湖泊,就像一颗最纯净透明的宝石,它那明亮平静的水面成为一面壮观的镜子,它们从中注视着自己坚强的雄姿。

称喀拉库勒小湖为无生命之湖将是不公平的,在地形测量工作过程中,我常常打扰正茁壮成长的一窝窝野鸭或野鹅,心满意足地在岸边的灯芯草属植物丛中喂它们。我们一接近,它们就会飞入湖中,两腿下垂,脖子伸展。晚上我还常听到野鹅在呼唤它们的孩子,还能听到它们

257

大群大群地游过我们帐篷时嘶哑的叫声。偶尔一窝与其他窝的野鹅有纷争,我们也不愿意因此改变我们日常一成不变的伙食。

然而,一切中最美丽的是天空的景色,用一个大师的手描绘出的最迷人、最美丽的图画与此完全不同,以至我有时认为自己在几分钟之内就被运送到全世界两三处不同的地方。例如,太阳升起在碧蓝的天空,天气是平静而温暖的,慕士塔格峰的轮廓极为明显,它发着蓝色微光的雪原有着最为微妙的细节。它的圆形和陡峭的高处的每一种不同的色彩,都描绘出无可比拟的美丽线条。暗色的山腰被反射在不断变化的湖镜中,时而是美丽的淡绿色,时而是浓浓的深蓝色,而安息日的寂静无声笼罩在整个景色之上。接着,白云之后紧跟着乌云,突然急速地飘在北方的地平线上方,帕米尔高原上空显示出钢灰色的寒冷外表,立刻,整个天穹布满了云雾,一阵狂风呼啸而来,随后愈加猛烈。湖岸下方的湖水立刻变得像深海一样绿,但再向外,呈现出暗紫色。从头到尾湖水都被流动的白色浪花的线条加上了条纹,波浪不顾一切地猛烈撞击着湖岸,湖岸已被波浪撞击并侵蚀了数千年。但一小时内,暴风雨整个消失了,接着一阵冰雹袭来,然后是猛烈的倾盆大雨,风停了,湖水失去了它鲜明的色彩,由于雨滴的溅落变成了灰色。

但恶劣的天气不会持续太久,并留不下什么痕迹。每天下午,像时钟一样有规律,东风的尖叫声传到喀拉塔什隘口之上和伊克拜尔苏河谷之下,盘绕在薄雾笼罩的雾气中。除了紧靠我们身边的景色,什么也看不见,湖岸两个方向都逐渐消失在视线中。正对着我的前面,天空和水域融为一体。我在湖面上搜寻了半天,没有看到半点儿山脉的影子。我很容易想象到,我正站在无边无际的海洋边缘。

薄雾握住了画家手中的画笔,用它绘制出恢宏壮丽的景观以及细致入微的细节。我们远足后返回到伊克拜尔苏,它的河谷被浓雾充满,浓雾在慕士塔格山脊的低处斜坡上汹涌地波动着,把它们侧面的每一块洼地变得黑暗。如此迅速、如此寂静,雾不断地向上翻腾,以使山脉很快就消失不见了,就像卸下来的摄影胶片上的图像遭到曝光一样,而且较低处的地区被笼罩在浓雾的朦胧之中。慕士塔格峰那高耸的山顶发出强烈耀眼的光芒,就像电灯透过滚滚向前的雾的波涛。太阳沉落在山脊后,天空立刻昏暗起来,雾气向山腰上越爬

● 笼罩在一片薄雾中的肯谢沃——伊克拜尔苏从慕士塔格山中流出的地方

越高,一眼看去雪原就像银色的铠甲披在山肩之上,巨大山峰的最高峰沐浴在绯红色的光芒之中,渐渐变成亮丽的鲜黄色。阳光照亮的高度渐渐变得越来越低,带着不自在和仓促的心情,羡慕的影子爬上了悬崖的脸颊。这一刻,高耸的山顶在雾的洪流上闪闪发光,变暗淡的——被勾勒出难以辨认的不明显的金字塔形——映衬在黑暗的天空背景之上;随即,在几次快速退潮结束的时刻,它也被吞没在深不可测的雾海之中。

接着,夜晚美丽的画面降临,雾逐渐消散,月亮浮现在山顶之上,暗淡、寒冷,带着冷峻的威严移过深蓝色的天空,繁星点点不断地眨着眼睛,山腰的洼地披上了长长的像围巾一样的影子,并由于凸起的岩角正沐浴在银色的月光之中而显得更加黑暗。在这段时间里,令人敬畏的高山静默在如同鬼魅般的寂静中。我可以听到自己的心跳声。

我离开这个壮观的小阿尔卑斯山脉之湖,并不是没有遗憾。我几乎已把它看作我自己的领地,在它那宜人的岸边我们度过了那么多宁静、清新和有益的日子。但我们还是在10月9日离开了。

● 我的考察队在行进中

　　一阵狂风从南边刮来,波浪唱着它们令人伤感但却安慰人心的歌曲,这歌曲我永远也听不烦——这是为庆祝我们的启程而唱的。但回音很快就在远处消失了。由于我们再一次规划出了向更高处迈进的行动路线,于是折回原路朝着巨大的冰川领地前进。

生活在柯尔克孜族人中间

　　在我离开帕米尔高原返回喀什噶尔之前,我想谈谈柯尔克孜族人。我在这些人中间已旅居很长时间了,我已描述过他们的百加或固定的营地的生活场景,以及它们在除此之外那一成不变的生活当中起到的无可替代的作用。柯尔克孜族人感兴趣的事主要是照料他们的畜群,并随同它们定期迁居。他们在慕士塔格峰和帕米尔山脉更高处的山坡上的夏牧场度过夏季。冬天,当寒冷和大雪迫使他们从山上下来时,他们在山谷中寻找牧场。同一个帐篷村的男性成员一般来说都是亲属,并总是在相同的夏牧场和相同的冬牧场放牧,而且不允许其他帐篷村的人侵犯牧场和在没有获得同意时占用牧场。

　　当孩子出生时,男亲属在第二天前来祝贺,宰羊,举行盛宴并作祷告。第三天一位长者在一本书中查寻,给孩子起名字。奥格利(Ogli,儿子)的名字之前还要再加上一个名字,与父亲的名字连在一起,例如肯彻赫·塞特瓦尔迪·奥格利(Kencheh Sattovaldi Ogli)。

　　当一位年轻的柯尔克孜族小伙子想要结婚时,他的父母为他选择一个合适的他被迫娶的妻子。另一方面,如果选中的未婚妻不愿意,婚礼可以取消,尽管姑娘的选择在大多数情况下也是取决于她父母的意

柯尔克孜族姑娘

愿。如果年轻人没有父母，他就自己选择未婚妻，但他总是必须给姑娘的父母送嫁妆的，一个富有的柯尔克孜族人要付 10 ~ 12 个 jambaus（1jambau 等于 9 ~ 10 英镑），一个贫穷的柯尔克孜族人要付两匹马或两头牦牛。因此，姑娘的父母总是尽力为她选择一个富人做丈夫。年轻小伙子娶的长相普通且家境贫寒的媳妇，将以不过分的嫁妆为满足，如果姑娘既年轻又漂亮，总是索要一份厚重的嫁妆。

1894 年在慕士塔格峰附近，住着一位异常美丽的柯尔克孜族姑娘妮维拉·可汗（Nevra Khan），她的求婚者远近皆有，但她的父亲索要的嫁妆过分多，以至她到了 25 岁的年龄仍未结婚。一个年轻的柯尔克孜族小伙子深深地爱着她，乞求我借给他姑娘父亲所要求的嫁妆总额，甚至年轻人的父母试图说服我，不过，当然没有成功。

婚约被确定之后，订婚可以无限期地持续下去。但只要全部嫁妆给完，婚礼就将举行。一顶新的帐篷被搭建好，里面的婚礼将在愿意来的众多客人面前举行。羊肉、米饭和茶水等被端上来，接着主持人朝着新郎、新娘大声宣读夫妻之责。百加开始，每个人都穿着他们最漂亮的衣服，新娘穿戴着她最为华丽的服饰和装饰品。如果新郎属于另一个帐篷村，婚礼在姑娘的帐篷村举行，从那里，新婚夫妇由所有客人陪同前往他们今后的住处。

当一位柯尔克孜族人去世，尸体会被仔细清洗干净，穿上干净的白衣服，然后用亚麻布和毡子包裹起来，尽可能不耽搁地运送到墓地。地上被挖出 3 英尺深，在洞的底部，向一侧挖掘出另一个水平的穴位，尸

体被安放在那里。然后，外面墓
穴被填满，墓地上再盖上一块石
头。如果死的男人是一个富人，
他的坟墓的长方形地基上立有
一个小圆顶。尸体被埋葬之后
40天，送葬者前往墓地悼念。

一个柯尔克孜族家庭的财
产不是很多，当他们迁移时，一
般两三头牦牛就足以搬运所有
的家当了。帐篷本身有木杆和
厚毡罩，其与床上用品和宽大的
地毯是最笨大的，此外还有马
鞍、马衣等。接下来是家用器
具，中间有铁炉，一个烧饭用的

● 来自特布朗的柯尔克孜族小姑娘

大铁锅是最重要的，此外还有瓷盆和扁平的木盘以及带把手和盖子的
铁壶或铜壶。还有其他东西，例如织布机、揉面槽、粮食筛子、短柄小
斧，用来装谷物和面粉的麻袋、摇篮，与提琴类似的乐器和吉他，架锅用
的铁架子、火钳，等等，这些都是一个设备完善的帐篷中不可缺少的。
这些家当绝大部分是在喀什噶尔、喀什噶尔新城或叶尔羌购买的，尽管
在塞瑞克库尔山谷有本地的铁匠和木匠。他们的帐篷所用的木头是从
慕士塔格峰东侧的山谷中获取的，因为塞瑞克库尔山谷没有树木生长。

在每一顶帐篷里，总是要留出一块地方用于为家中贮存各种类型
的牛奶、奶油以及其他食物。最受欢迎的是酸奶子，那是一种在夏季喝
起来特别清爽的饮料。此外是最美味可口的牦牛的奶油，又黄又浓又
甜，有一股杏仁的味道。普通牛奶叫作苏特（Sut）。所有这些各种奶类
都被保存在山羊皮袋内。

柯尔克孜族人以牦牛奶和羊肉为主食，一周要宰一到两次羊，这个
帐篷村的居民因此可以享受到一顿丰盛的宴席。他们挤满帐篷，围着
火，大铁锅里的肉正沸腾着，一份份的肉被分发给在座的人。然后，人
人拔出小刀，开始啃骨头，一直到一点点肉也没有，只剩下干骨头，甚至
骨头也被敲开以便吸吮骨髓，他们把骨髓看作是最美味的食物。

263

● 柯尔克孜族妇女和儿童

　　日常生活中,妇女们挑起更重的担子,她们搭建、拆除帐篷,织地毯,搓缰绳,绕绳索和毛线,挤牦牛奶和山羊奶,照料羊群、孩子,料理家务。她们的畜群由许多只凶猛的牧羊犬看守,牧羊犬靠吃剩饭为生。

　　男人们可以说什么事都不干。实际上,他们一整天围着火炉坐着,至多把牦牛来回赶往更高的牧场。但他们常常和他们的邻居做买卖,或用他们的存货进行交换。冬天,他们通常整天都在帐篷内度过,围着火炉坐着聊天(往炉子里添加干柴或牦牛粪),而暴风雪在外面怒吼着,在浓厚雾霭中的帐篷周围打着旋。

　　因此,柯尔克孜族人平静、单调地度过一生,一年酷似一年,做着同样的事情,进行同样的重复性迁居。随着时间的流逝,他变老了,他看着他的孩子们离开他,建立起他们自己的新家;他的胡子变白了,终于,他被抬到雪山脚下的墓地。在这里,他和他的祖先都曾为生存而努力过,尽管缺乏快乐,然而真正无忧无虑。

　　由于这个原因,当时他们把我在他们当中长期逗留看作是一件有趣的事。他们以前从未有机会见过一个欧洲人,如此近距离地观察他所从事的一切神秘工作。他们从不能弄懂为什么我一定要去每一座冰川，为什么我要把一切都描绘成草图，甚至会把岩石劈成小石块塞满我的箱子。因为对他们来说，这不过是些平凡、无趣的东西罢了。

他们对外面世界的了解是非常有限的，但对他们生活的区域的确是相当了解，对穿过帕米尔高原的路线和到新疆西边的重镇的道路同样熟悉。但那边的一切都是一本密封的书籍。他们对世界上繁华地区的唯一了解，是从亚洲一些地方的镇子中或是巡游的商人那里获得的，但他们很少重视来源于此的消息，因为大多数事情

● 喀拉泰特部落的一位年轻的妻子

都与他们自己所关切的事物不相干。对他们来说，世界是平的，被海洋包围，而太阳每天围着它转圈。试想一下，我将怎样使他们了解真正的世界实况？他们从未能够领会它，他们只能沉着自信地回答：无论如何，他们自己居住的地方是静止的，从不会移动。

老人们常告诉我他们的生活故事，听听这些总是有趣和有启发的。因此，我们常常谈到深夜。蓝色的火舌在营火灼热的余烬周围闪动着，暗淡地照着帐篷内部，使围坐在地毯上蓄着胡子的男人们那粗犷而朴实的相貌几乎分辨不出来。我不知道柯尔克孜族人是否是带着遗憾同我分手，但当我离开时，许多友好的"霍希（再会）！"跟随着我，他们长时间地站在喀拉库勒小湖的岸上用惊讶的目光注视着我的考察队。

当我最后一次离开他们那片热情的土地时，无疑许多人内心都有疑问：他从何处来？他往何处去？他想在这里干什么？

第
三
十
三
章

返回喀什噶尔

　　10月9日，我们行进到土亚库伊拉克（Tuya-kuyruk，12740英尺）帐篷村，第二天，继续向上到达伊克拜尔苏河谷。它的流量现减少到每秒70或80立方英尺，不同于我们在夏季见到的那个泛着泡沫的河流。一到达巨大且庄严的库克塞尔冰川，我们准确地绘制出了河谷左侧的图形，继续沿一条弯弯曲曲的道路攀上河谷右侧陡峭的斜坡。这里部分是坚硬的片麻岩，部分是从高地上方落下的岩石碎块。那天晚上，我们到达特布朗帐篷村，这里的村民正要更换住处到喀拉库勒小湖去，因为特布朗冬季十分阴冷严寒，暴风雪每日光顾。狼、狐狸和野兔在这里司空见惯。

　　晚上，我们住在帐篷村中。10月11日晚，刮起了罕见的大风，柯尔克孜族人不断地点着火把，举到出烟孔上，为的是挡住风。每次特别猛烈的狂风袭来，他们便都跳起来紧紧抓住帐篷，尽管它已用绳索和石头固定得很牢靠。虽然风如此之大，我们还是设法远足到了喀拉叶尔加，这里牧草丰饶，吸引着众多的野山羊和野绵羊。斯拉木巴依射中了站在冰川上的一只野绵羊，但可惜的是，这动物倒在了裂隙下，而我们不可能到达那里。

12日,我们骑马穿过了臭名昭著的莫克赫拜尔(Merkeh-bel)隘口,西边的斜坡不是特别陡峭,但雪几乎是16英寸深。它是一个奇特的隘口,顶部宽阔且呈拱顶状,被一个薄薄的冰川岬覆盖,我们在其上方骑行了1.25英里。邻近的山脉相对较低,右边(南面)的山脉整个被包在冰里,北面的山脉或是裸露的黑色晶状岩石,或是稀疏地散布着一块块的薄雪。但东侧却异常地陡峭,是由一个冰碛构成,上面布满了相当大的岩块和一层层带尖角和锋利的边的片岩。由于马匹在那里受随时跌倒在地的威胁,我觉得还是选择步行比较明智。幸运的是,这次我们已租用了牦牛来驮运行李。逐渐地,斜坡变缓了,我们下到了莫克赫山谷,再没发生什么事情,在11780英尺的高度上扎下了一座孤零零的帐篷。

第二天,我们疾速朝着塔里木平原行进,在东侧的峡谷中,天上正一成不变地下着雪,此外,10月13日又刮起了大风,我们一整天都在雪中赶路。横穿莫克赫山谷的溪流,由于许多来自一系列侧向小峡谷的支流的加盟而增大,并冲刷出一道深深的沟渠穿过砾岩台地。沿着台地,我们时常不得不骑行。

溪流底部塞满了大块的片麻岩和粘板岩,在苏盖提(Sughet,9890英尺)——它的名字缘自生长在那里的河柳树,我们把帐篷深深地嵌入雪中,托格达·穆罕默德拜(Togda Mohammed Bai)村长友好地接待了我们。

10月14日,我们行进到恰特(Chatt),东柯尔克孜的村长穆罕默德·托格达(Mohammed Togda)伯克的营地。在前往那里的路上,我们经过了喀拉塔什伊尔加,路被从喀拉塔什隘口流下来的溪流横穿。第二天的行进使我们越过了第二个隘口盖迪亚克拜利兹(Gedyäck-belez,13040英尺),这个隘口顶部圆润平缓,是由湿滑的黄泥或岩状的细砾石组成。我们穿过邻近的峡谷,峡谷中飘浮着一团团浓密的雾霭。

我们晚上的营地有一个奇怪的名字——"黄色少女"(Sarik-kiss)。

16日,在离开我们右侧的肯库尔峡谷的入口之后,我们再一次来到了极为熟悉的地区,那天晚上在伊奇兹雅过夜,住在我们以前住过的同一个旅馆。我十分高兴地脱去了既笨拙又厚重的冬衣,现在在这温暖的天气里冬衣都是多余的。我们午餐吃着水果、烤馕和鸡蛋,那是多么美好啊!

10月19日,我再一次占有了在俄国驻喀什噶尔领事馆的我住过的房间,欣喜地看到一堆报纸和书信,那都是在夏天积累起来的。

　　我现在在老朋友、总领事彼得罗夫斯基的房子里过着安定的生活,并能够享受一段非常有必要的休息时间。我们度过了许许多多秋季漫长的夜晚,依旧靠着炉火,讨论许多重要的亚洲问题。我将不会详细讲述我在喀什噶尔的往事,除了我必须提到的两件事。我的第一件事将是把我从慕士塔格峰带来的地质标本整理出来并贴标签,冲洗我照的照片,然后写几篇关于夏季工作的科学论文。

　　11月初,一股来自欧洲的空气弥漫到我们在远东的孤独的群落。正在视察的俄国枢密顾问官柯比克(Kobeko)先生来到喀什噶尔。他是一个文雅、讲究、博学的人,他与我们在一起的一周时间里,日子过得比平常更快。我永远也不会忘记11月6日那天晚上,那是伟大的古斯塔夫·阿多尔弗斯●(Gustavus Adolphus)去世的周年纪念日。我们都围坐在一间大客厅的桌子旁,手里端着茶杯,谈论着政治,探讨塔里木的未来,直到炉火噼啪地响,俄罗斯式茶壶发出嗡嗡的叫声——一名哥萨克信使没有敲门就气喘吁吁地闯进来,径直来到柯比克先生面前,递给他一封来自固尔扎(Gulja)的电报。这是俄罗斯电报系统的最后一站,电报内容是亚历山大三世皇帝驾崩的消息。所有在场的人都站起来,信仰东正教的俄罗斯人用手画十字,深深的悲哀写在了每一张脸上。很长时间,屋子里死一般沉寂。仅仅花费了短短5天时间,这令人悲痛的消息就通过电报,渗透到了亚洲的心脏位置。

　　接到电报后的第二天,道台一行穿着多色彩的礼仪服饰,带着锣鼓、伞和旗前来吊唁,俄国驻喀什噶尔领事馆的彼得罗夫斯基领事上前相迎。他们带来的是盛大的场面,这与俄罗斯人寂静无声的悲哀形成了一种不可思议的反差。

　　由于气候剧烈变化,11月中旬我被高烧袭击,不得不在床上躺了一个月。

　　另一个不幸事件随之而来,发生在俄罗斯人的澡堂中。我由两个

　　● 古斯塔夫·阿多尔弗斯,即瑞典国王古斯塔夫二世(1594—1632)。

哥萨克人和斯拉木巴依陪伴去洗澡,浴水已被加热,一切都安排妥当,但我在里面待了很长时间之后,哥萨克人认为我应该洗够了,就过来看看我在干什么。他们一走到门口就发现我已晕过去了,加热装置中的某根管子出现了一个漏洞,水汽几乎就烫着我了。他们立刻把我抬到我的房间,我逐渐苏醒过来,但之后的两天我都感到头痛欲裂。

接着,圣诞节来临。圣诞节! 太多的记忆、太多的遗憾、太多的希望都在那一个词中! 是的,这是在喀什噶尔的圣诞节。雪在静悄悄地下着,但在干燥的空气里立刻就被蒸发掉了,甚至地面都不会变白。街上和市场上传来铃声,但它们是商队的铃铛发出的,且一年到头都在响。星星在天空中闪耀,但不像我们北方冬夜的星星有着魔幻般的光辉。光亮在房屋的窗户中到处闪烁,但它们不是圣诞蜡烛在冷杉树枝上摇曳,只是加了乾竺特油的灯,与耶稣基督时代一样简单。

瑞典传教士霍格伯格(Högberg)先生夏季与家人一起来到喀什噶尔,在这个神圣的时节,难道还有比他更合适的人需要去拜访吗? 英国代办马嘎特尼先生还有亨德里克斯老人和我一起去的,我们带了几件小礼物给霍格伯格先生的小女儿。

每天的古老日课要诵读,在管风琴的伴奏下唱圣诞赞美诗。接着,在圣诞前夜的黑暗中,亨德里克斯老人和我在周围散步,来到马嘎特尼先生的屋子,那里香甜的热酒和圣诞菜肴正等着我们。但午夜前不久亨德里克斯就离开了,我们没能劝他再待长久些。他正赶回他在兴都旅馆那孤寂的小屋,在时钟敲响12下的时候,他要做礼拜。

1895年1月5日,圣乔治·利特德尔先生与他勇敢的妻子一道,和一个亲戚弗雷彻(Fletcher)先生来到了喀什噶尔。我在他们的陪伴中度过了许多愉快的时光。利特德尔先生非常和蔼,且果断、谦逊,能和这种勇猛无畏又富有生存能力的亚洲旅行家结识,我感到十分荣幸。他本人认为,他要用评判的眼光去看待自己的旅行,他总是那么地谦虚,一点儿也不虚荣。他说他旅行仅仅是为了愉快,为了运动,因为改变生命的活动比在伦敦狂欢更合他的口味,但随着1895年那一年开始的旅行,他就把他的名字和他杰出的同胞扬哈斯班(Younghusband)、鲍维尔(Bower)一起,持久地书写在了亚洲考察探险的史册上。

1月中旬,我们的英国朋友乘着四辆悬挂地毯的大型二轮运货马车离开了喀什噶尔,他们驱车走出马嘎特尼先生的院子时,给人留下了深刻的印象。他们在车尔臣装备了他们的大型商队,从那里,从北到南穿过了西藏。

同时,我们惊愕地听说了达特维尔·德·瑞恩斯令人悲痛的结局。他于1894年夏天在泰姆布德哈❶遭到攻击并被杀害。这个消息是已返回到喀什噶尔的他的4个队员带来的。

圣诞节12天之后,随之而来的是俄罗斯圣诞节,领事馆又开始变得忙碌而有生气。圣诞节早上,那些沿街唱颂诗的哥萨克人的悲哀歌声唤醒了我,在领事馆内有盛大的庆祝活动。

对我来说,这是一件非常令人愉快的事,即我一返回到喀什噶尔,就遇见了一位叫霍格伯格的同胞、传教士,他和他的妻子、小女儿、一位瑞典女传教士❷、一个改变信仰的波斯人莫扎·约瑟夫(Mirza Joseph)去到了那里。本来与两个妇女去到那里就已显得冒失,后来莫扎·约瑟夫和瑞典女传教士又结了婚。当时,那个镇子的传教前景被打破,因为在未来的许多年中,在喀什噶尔人的心目中,莫扎·约瑟夫仍然是一个伊斯兰教徒。我很高兴地省略了对成为牺牲品的这次婚姻做出解释和它所引起的不愉快,但对喀什噶尔的许多人来说,它提供了这方面的惨痛的实例。

霍格伯格先生机智地发挥了他对各种家用物品的制造能力,例如他为原丝的加工制造了一个非常好的机器,更不必说纺轮、风箱等——一切都做得极为出色,并是本地人钦佩和震惊的根源。

遇见他和他妻子总是一件令人愉快的事,因为和所有其他传教士一样,在我与他们的接触中,他们都是友好热情的人,并总是从光明面来看待未来。人们不会不尊重那些忠诚地为他们所深信的信仰而工作的人,尽管他们也许会有判断失误的时候。

---

❶ 泰姆布德哈,即青海玉树三江源。

❷ 这里的瑞典女传教士,即瑞典传教团的成员恩瓦尔。